感 谢湖南工商大学学术专著出版资助

本成果系:

国家自然科学基金面上项目（71774053）

湖南省自然科学基金面上基金（2018JJ2205）

湖南省社会科学成果评审委员会课题（XSP18YBC160）阶段性成果

· 能源经济文库 ·

加快生态文明建设 推动能源发展转型

Theoretical and Empirical Study on the impact of energy technology progress on China's ecological environment governance

能源技术进步赋能
我国生态环境治理的理论
与实证研究

刘亦文 等著

中国经济出版社

CHINA ECONOMIC PUBLISHING HOUSE

· 北 京 ·

图书在版编目（CIP）数据

能源技术进步赋能我国生态环境治理的理论与实证研
究/刘亦文等著. -- 北京：中国经济出版社，2022.1（2022.11重印）
　ISBN 978 - 7 - 5136 - 6542 - 1

　Ⅰ.①能… Ⅱ.①刘… Ⅲ.①能源 - 技术进步 - 作用
- 生态环境 - 环境综合整治 - 研究 - 中国 Ⅳ.①TK01
②X321.2

　中国版本图书馆 CIP 数据核字（2021）第 269937 号

责任编辑　孙晓霞
责任印制　马小宾
封面设计　华子设计工作室

出版发行　中国经济出版社
印 刷 者　北京九州迅驰传媒文化有限公司
经 销 者　各地新华书店
开　　本　710mm×1000mm　1/16
印　　张　21.5
字　　数　350 千字
版　　次　2022 年 1 月第 1 版
印　　次　2022 年 11 月第 2 次
定　　价　88.00 元

广告经营许可证　京西工商广字第 8179 号

中国经济出版社 网址 www.economyph.com 社址 北京市东城区安定门外大街 58 号 邮编 100011
本版图书如存在印装质量问题，请与本社销售中心联系调换（联系电话：010 - 57512564）

感谢湖南工商大学学术专著出版资助

本成果系：

国家自然科学基金面上项目（71774053）

国家社科基金（17BJY131、17BTJ014、19BTJ060）

湖南省自然科学基金面上基金（2020JJ4015）

湖南省社会科学成果评审委员会课题（XSP18YBC160）

湖南省教育厅科学研究重点项目（20A135）阶段性成果

良性的生态环境是地球万物赖以生存和发展的前提和基础,但第一次工业革命以来,伴随着机器的轰鸣声和经济的高速发展,西方资本主义国家在加速对自然资源攫取和生态环境破坏的基础上创造了前所未有的物质财富,由此造成了严峻的环境污染问题。生态环境问题已成为世界各国最敏感的政治问题和社会问题。西方资本主义发展模式引起了人们广泛而深刻地反思。

中国自 1978 年开启改革开放和社会主义现代化建设以来,谱写了新的历史篇章,从规模和内涵上不断改变着中国乃至世界历史的进程。中国经济经历了长达 40 余年的高速繁荣,成为世界上仅次于美国的第二大经济体,也是世界第一大工业国、第一大货物贸易国、第一大中等收入群体规模国家和世界金融服务最大的单一市场,对世界经济增长贡献超过 1/3(OECD,2020),创造了"人类经济史上从未有过的奇迹"。越来越多的中国老百姓正共享着经济增长"红利",居民财富规模大幅增加,居民人均财富达到 36.6 万元(李扬、张晓晶,2021)。然而,国人在享受现代化带来甜蜜果实的同时,也品尝着环境恶化带来的苦涩后果。四十多年来,中国经济高速发展伴随着资源高强度消耗、化石能源大量消费、污染物与碳排放迅速增长,中国经济增长过度依赖生产要素的投入而非技术效率的提高,资源环境承载力逼近极限,使得发达国家上百年工业化过程中分阶段出现的能源和环境问题在中国集中出现,国家的可持续发展受到严重挑战。

生态兴则文明兴、生态衰则文明衰,建设生态文明是关系中华民族永续发展的千年大计。中国政府坚持绝不走西方现代化的老路,坚定用生态文明理念指导发展,将生态文明建设融入中国经济社会发展各方面和全过程,为全球可持续发展贡献了中国智慧和中国方案。特别是党的十八大以来,以习近平同志为核心的党中央全面加强对生态文明建设和生态环境保护的领导,将生态文明建设作为统筹推进"五位一体"总体布局和协调推进"四个全面"战略布局的重要内容,形成了习近平生态文明思想,推动生态文明建设的措施之实、力度之大、成效之显著前所未有,人民群众生态环境获得感、幸福感、安全感显著增强,厚植了全面建成小康社会的绿色底色和质量成色,实现了更高质量、更有效率、更加公平、更可持续、更为安全的发展。

绿色创新是针对环保压力的主动响应行为,具有良好的社会和环境正外部性,是实现经济增长与环境保护"双赢"的基础和关键,是引领绿色经济发展的基础力量和第一动力。党的十八大以来,党和国家高度重视绿色科技创新赋能生态环境治理和美丽中国建设。习近平总书记指出:"生态文明发展面临日益严峻的环境污染,需要依靠更多更好的科技创新建设天蓝、地绿、水清的美丽中国""依靠绿色技术创新破解绿色发展难题,形成人与自然和谐发展新格局"。党的十九大将"坚持人与自然和谐共生"纳入新时代坚持和发展中国特色社会主义的基本方略,并明确要求"构建市场导向的绿色技术创新体系"。当前,我国已奠定构建市场导向的绿色技术创新体系的良好基础。中国政府坚持以顶层设计为引领,在战略层面推动绿色技术创新体系发展。2016 年 4 月,国家发展改革委、国家能源局印发《能源技术革命创新行动计划(2016—2030 年)》(发改能源〔2016〕513 号),指出能源技术创新在能源革命中起决定性作用,必须摆在能源发展全局的核心位置,并提出到 2030 年,要建成与国情相适应的完善的能源技术创新体系,能源自主创新能力全面提升,能源技术水平整体达到国际先进水平,支撑我国能源产业与生态环境协调可持续发展,进入世界能源技术强国行列。2016 年 12 月,国家能源局发布《能源技术创新"十三五"规划》,明确了 2016 —2020 年能源新技术研究及应用的发展目标。2017 年,科技部等部委编制发布《"十三五"环境领域科技创新专项规划》(国科发社〔2017〕119号),全面谋划环境领域科技创新规划总体布局。2019年4月,国家发展改革委、科技部发布《关于构建市场导向的绿色技术创新体系的指导意见》(发改环资〔2019〕689号),提出到2022年基本建成市场导向的绿色技术创新体系。这是我国第一次针对绿色技术创新领域提出的体系建设意见。2021年2月《国务院关于加快建立健全绿色低碳循环发展经济体系的指导意见》(国发〔2021〕4号)文件从鼓励绿色低碳技术研发、加速科技成果转化两个方面对构建市场导向的绿色技术创新体系予以了重点部署。在国际上,我国率先发布《中国落实2030年可持续发展议程国别方案》,向联合国交存《巴黎协定》批准文书;2017年,同联合国环境署等国际机构一道发起,建立"一带一路"绿色发展国际联盟。这一系列顶层设计,自上而下推动了市场导向的绿色技术创新体系的构建。

　　能源是人类生存和文明发展的重要物质基础。我国能源消费总量大、强度高,需求仍在持续增长,带来的资源、环境、气候、安全等矛盾日益突出。能源技术创新在能源革命中起决定性作用,对于建设清洁低碳、安全高效现代能源体系具有引领和支撑作用,在能源发展全局中居核心位置。特别是随着新一轮工业革命兴起,应对气候变化日益成为全球共识,能源技术正在成为引领能源产业变革、实现创新驱动发展的源动力。能源技术创新领域的焦点性议题也引起了国内乃至世界范围内学术界的高度关注。本书从生态环境治理政策工具和手段的选择、设计与应用着手,研究能源技术进步理论内涵和外延,从理论上明确能源技术进步的政策内涵、影响因素、目标定位、绩效测评等体系框架,系统分析能源技术进步对经济主体行为、绿色技术激励、污染物和温室气体减排量、节能减排效果、宏观经济影响、社会福利影响等变量的影响;运用动态环境CGE模型仿真研究中国绿色发展过程中能源技术进步对中国能源—经济—环境系统的影响效应;结合实证研究与动态模拟结论,基于能源技术进步探讨中国绿色经济转型的战略目标、可行路径、优先领域和保障措施,提出有效的生态环境治理政策组合工具,以期实现中国经济社会发展与生态环境保护双赢的一种经济发展形态。

作为全世界最大的发展中国家和世界上最大的转型国家,中国的能源技术创新成为有史以来最大规模的能源发展与转型试验,无论从深度还是广度上来说,这次试验给生态文明建设和高质量发展带来的影响都是空前的。中国能源技术创新理论与实践还处在检验和发展阶段,作为一项庞大的系统工程,本书系统地将能源技术创新纳入整体研究框架,从理论基础、运行机理及发展效应等方面展开了全面研究,在能源技术创新及其效应一系列重要问题的研究上取得了一些突破性进展,将进一步丰富绿色发展理论、可持续发展理论、能源环境政策理论和公共政策等理论和知识,同时也为企业实践和政府政策制定提供理论借鉴和指导,为新发展阶段我国经济高质量发展,实现国民经济中长期发展目标以及奠定国家生态安全基础等方面进行理论和经验分析并提供重要的决策建议。

在党和人民胜利实现第一个百年奋斗目标、全面建成小康社会,正在向着全面建成社会主义现代化强国的第二个百年奋斗目标迈进的重大历史关头,我国生态文明建设进入了以降碳为重点战略方向、推动减污降碳协同增效、促进经济社会发展全面绿色转型、实现生态环境质量改善由量变到质变的关键时期。在2020年第七十五届联合国大会一般性辩论上,习近平主席宣示了2030年碳峰值与2060年碳中和的宏伟愿景,彰显中国政府应对气候变化的大国风范和国际责任担当,更是我国实现经济高质量发展、构建人类命运共同体的重要举措。党的第十九届五中全会将"做好碳达峰、碳中和工作"列为"十四五"时期乃至今后更长时期的重点任务之一,开启减污降碳协同治理新阶段。面向"碳达峰碳中和"重大战略决策,持续推进能源科技创新,不断提高能源技术水平,有效形成国内绿色发展与全球气候治理的良性互动。

当前能源技术进步新的发展趋势同样值得学界高度关注。随着数字技术(Digital Technology)在资源、能源和环境领域的深度融合与应用创新,数字技术在实现碳中和目标中的作用日益受到关注。数字技术是一项与计算机相伴相生的科学技术,将各种信息转化为计算机能识别的二进制数字后进行运算、加工、存储、传送、传播和还原,其本质在于提高整个社会的信息化、智慧化水平,提升资源配置效率。数字经济时代下数字技术已成为实现我国碳中和目标的最佳工具。随着数据通信技术的快速发展,以智能传感、云计算、大数据和物联网等技术为代表的数字技术有望重塑能源系统。大数据、人工智能(AI)、区块链、数字孪生(Digital Twin)等数字技术在碳足迹、碳汇等领域的深度融合可以促进能源行业的数字化监测、排放精准计量与预测、能源高效调度、能源市场运营、规划与实施效率提升,从而大幅提升能源使用效率,直接或间接减少能源行业碳排放量。数字技术引领的新业态、新模式变革还可以助推能源消费理念转变,重构能源商业模式,助力我国碳达峰、碳中和目标的实现。

由于作者的理论和学术水平有限,本书的理论与结构体系难免存在疏漏和需要完善之处,诸多工作亟须更深层次研究,但愿我们的工作能为深入研究中国农村金融理论与实践起到一个抛砖引玉的作用。我们深知,对于中国这样一个发展中的大国,有待深入探讨的研究课题还有很多,书中的错误和不足,敬请学术界的同行和读者不吝赐教。

刘亦文

2021 年 5 月

目录

第 1 章

绪 论

1.1　研究背景及意义

1.1.1　研究背景

中国经济列车飞速前行,改革开放短短40余载缔造了世界第二大经济体的"中国式奇迹"。世界银行公布的数据显示,2010年中国国内生产总值(Gross Demestic Product,GDP)现价总量达到401513亿元,成为仅次于美国的全球第二大经济体,创造了世界经济增长史的奇迹。另据国家统计局发布的数据,中国GDP由1978年的3678.7亿元人民币增长到2018年的900309.5亿元人民币,按平均汇率折算,经济总量达到13.6万亿美元。根据2018年末中国大陆人口数139538万人计算,人均GDP接近1万美元。同期,按可比价格计算,2018年GDP总量增加为改革开放初期的近40倍,年均增长速度高达9.5%。现在,我国是世界第二大经济体、制造业第一大国、货物贸易第一大国、商品消费第二大国、外资流入第二大国,我国外汇储备连续多年位居世界第一,中国人民在富起来、强起来的征程上迈出了决定性的步伐!

随着经济高速持续增长,人们生活水平显著提高,实现了从温饱不足到总体小康的历史性跨越。党的十八大提出了"两个一百年"奋斗目标,就是"到2020年实现国内生产总值和城乡居民人均收入比2010年翻一番,全面建成小康社会;到21世纪中叶建成富强民主文明和谐的社会主义现代化国家,实现中华民族伟大复兴"。据国家统计局发布的数据,中国实际人均GDP从1978年的

385 元/人增加到 2018 年的 64644 元/人,人类发展指数(Human Development Index,HDI)从 1990 年的第 105 位上升为 2016 年的第 90 位(联合国开发计划署,2017)。"现在,我们比历史上任何时期都更接近实现中华民族伟大复兴的目标,比历史上任何时期都更有信心、更有能力实现这个目标。"[①]

然而,在经济快速发展和人民生活水平迅速提高的同时,我国仍有一些"中国式难题"亟待解决。经济增长过度地依赖生产要素的投入而非技术效率的提高,资源环境承载力逼近极限,使得发达国家上百年工业化过程中分阶段出现的能源和环境问题在中国集中出现,国家的可持续发展受到严重挑战。中国以占世界 GDP 11.6% 的经济总量,生产消耗了占全球约 54% 的水泥、45% 的钢铁、35% 的化肥和 21.3% 的一次能源,排放了占世界 26% 的二氧化硫(SO_2)、21% 的二氧化碳(CO_2)和 28% 的氮氧化物(NO_x)。原环境保护部发布的《2012 年中国环境状况公报》指出,57% 地下水监测点的水质较差,甚至极差。张庆丰和克鲁克斯(2012)的研究显示,中国最大的 500 个城市只有不到 1% 可以达到世界卫生组织推荐的空气质量;在全球污染最严重的 10 个城市中,中国太原等 7 个城市榜上有名。在中国粗放式高速工业化进程中,生态环境成了"搭便车"的"重灾区",随着工业化进程的推进,中国经济发展与资源环境之间的深层次矛盾日益尖锐,特别是近年来雾霾在全国各大主要城市"风靡",让我们真真切切地感受到了环境污染的严重性。

中国全方位的严重环境污染不但体现在污染源上(工业污染、生活污染等),也体现在被污染对象上(空气、地表水、地下水等),还体现在区域范围上(城市、乡村、陆地、海洋等)。2000—2020 年中国城市地区空气中 SO_2 及粉尘含量是全世界最高的,PM10 含量是 $60\mu g/m^3$(世界平均含量为 $43\mu g/m^3$)[②]。水质的下降导致中国消化系统癌症的发病率和死亡率急剧攀升,2000—2011 年,男性癌症发病率保持稳定(+0.2%,P = 0.1),女性癌症发病率显著增加(+2.2%,P < 0.05)(陈万青等,2016),癌症死亡人数在近年来也呈现出快速上升趋势

---

① 习近平.青年要自觉践行社会主义核心价值观[N].人民日报,2014 - 05 - 05(002).
② 中国环境与发展国际合作委员会.区域空气质量综合控制体系研究[N].中国环境与发展国际合作委员会.

(周脉耕等,2010),胃癌和肝癌已经分别成为中国第四和第六大致死原因
(Ebenstein,2012)。根据耶鲁大学环境学院的相关测算,在 2018 年环境绩效指
数(Environment Performance Index,EPI)的排名中,中国得分为 50.74 分,在所有
178 个国家中排名第 120 名,中国 2006—2018 年的 EPI 排名均在后列,而空气
质量更是排名倒数第二,其得分为 18.81,较十年前下降了 14.15%。2014 年世
界卫生组织发布的全球城市空气质量调查报告显示,中国只有 9 个城市空气质
量进入前 100 达标城市行列。2014 年中国的环境竞争力在全球 133 个国家中
排在第 85 位,得分仅为 48.3 分,稍好于 2012 年。根据耶鲁大学等研究单位联
合发布的《2020 年全球环境绩效指数(EPI)报告》显示,在参评的的 180 个国家
和地区中,我国以 37.3 分位居第 120 位,这在一定程度上反映了我国生态环境
绩效状况依然不容乐观. 从历年的印工评估结果来看,我国的排名处在较为靠
后的位置。如表 1.1 所示,中国经济总量排名与 EPI 排名形成强烈反差。

表1.1 中国经济总量排名与 EPI 排名

年份	2006	2008	2010	2012	2014	2016	2018	2019	2020
GDP 增速(%)	12.68	9.63	10.45	7.67	7.3	6.8	6.6		2.3
GDP 排名	4	3	2	2	2	2	2		2
EPI 得分	56	65	49	42	43	65.1	50.74		37.3
EPI 排名	94 (133)	105 (149)	121 (163)	116 (132)	118 (178)	109 (180)	120 (180)		120 (180)

注:(1)GDP 增速来源于国家统计局数据中心。

(2)EPI 得分和排名均来源于耶鲁大学 epi 网站,http://www.epi.yale.edu。EPI 排名括
号中为所有国家和地区数量

不断恶化的环境污染形势向粗放的发展方式亮起了红灯,中国环境污染成本
占 GDP 的比例高达 8%~10%(杨继生等,2013),而且环境污染严重危害了居民
尤其是妇女和儿童的健康,社会健康成本大幅增加。吕铃钥和李洪远(2016)利用
泊松回归比例危险模型定量评价可归因于京津冀地区 PM10 和 PM2.5 污染的居
民健康效应,PM10 污染所造成的健康经济损失总额为 1399.3(1237.1~1553.1)
亿元,相当于 2013 年该地区生产总值的 2.26%(1.99%~2.50%);PM2.5 污染
引起的健康经济损失总量达 1342.9(1068.5~1598.2)亿元,占 2013 年该地区
生产总值的 2.16%(1.72%~2.58%)。慢性支气管炎与早逝是健康损失的主

要来源。由环境污染所导致的恶果,已经严重影响了居民的公共健康和日常活动。

促进环境质量改善是"十三五"时期实现绿色发展和最终全面建成小康社会的重要目标和任务。为了解决环境污染问题,党和国家不仅将生态文明和"美丽中国"建设提高到中国经济社会发展前所未有的战略高度,而且制订了世界上最大规模的节能减排计划,并提出"要像对贫困宣战一样,坚决向污染宣战"。在2014年修订的《中华人民共和国环境保护法》中,将保护环境作为"国家的基本国策",并首次提出各级政府必须将环境保护纳入国民经济和社会发展规划。党的十八届五中全会把"绿色发展"确立为"十三五"时期的重要发展理念,不断推动国家环境政策革新,构建现代生态环境治理体系,提升国家绿色领导力。而生态环境治理政策工具的选择、设计与应用是关系生态环境治理和绿色发展效果、政策执行成败的关键性因素。

环境治理体系和市场体系是生态文明制度"四梁八柱"的重要组成部分。作为追赶型经济体的典型代表,中国必须在节能减排和经济增长之间寻找合理的平衡,导致经济增长大幅下滑的激进减排措施在中国可能并不具备现实的可能性。党的十九大和党的十九届三中、四中全会《中共中央国务院关于加快推进生态文明建设的意见》《生态文明体制改革总体方案》《国务院关于创新重点领域投融资机制鼓励社会投资的指导意见》《国家发展改革委、科技部关于构建导向的绿色技术创新体系的指导意见》(发改环资〔2019〕689号)均将建立健全生态环境保护的市场化机制上升为国家治理体系和治理能力现代化战略层面予以部署。党的十八届五中全会、中央财经领导小组第六次会议和《能源技术革命创新行动计划(2016—2030年)》明确作出了推动能源技术创新的战略部署。特别是党的十九届四中全会明确提出:完善绿色生产和消费的法律制度和政策导向,发展绿色金融,推进市场导向的绿色技术创新,更加自觉地推动绿色循环低碳发展。现有研究表明,促进能源技术进步是推进节能减排、破解能源环境问题、实现经济可持续发展的核心。以雾霾治理为例,虽然形成雾霾天气的原因既有自然因素,又有社会经济因素,但从技术角度看,不利的气候条件引起空气污染物的持续积累,由于城市大气气压较低、风速较慢,空气中的微小颗粒在低空中不断聚集无法扩散,较高的空气湿度使雾滴与细颗粒物结合形成较大的混合颗粒,过密的高层建筑物导致城市间的污染互相传导,推进污染形成;从经济学角度看,政府对能源技术进步的激励机制尚待完善,以高煤耗为主的能源结构、工业化进程导致的重工业占比过大的产业结构、机动车保有量不断提高的交通运输结构,以及城镇化过程中建筑工地大量扬尘是造成雾霾日趋严重的主要原因。由于较少企业面临环境管制,市场不会对先进的污染控制技术和工艺存在需求,环境技术产业丧失了长期发展的激励。目前我国只有火力发电厂广泛面临环境监管,从而使得脱硫、脱硝设备的安装率较高,其他行业较少采用这些设备。

能源技术进步不是一个单纯的工程意义上技术变化的过程,而是与社会经济、市场结构、制度安排等密切相关、相互影响作用的一个复杂过程(Perez,2004)。一方面,能源技术进步会推动经济的增长,促使产业结构变化;另一方面,能源技术进步又受到经济发展水平、社会制度、机构等因素的制约,其发展方向和速度受到这些因素左右。当前理论界和实务界日益重视能源技术进步在节能减排和经济增长中的作用,国外学者和研究机构不断拓展原有能源环境模型,加入内生技术变化模拟功能,用于分析能源技术进步对能源环境政策和技术促进政策的响应,以及在应对节能减排和经济增长中的作用。然而,中国的经济发展、能源结构和技术水平现状对中国的节能减排目标带来巨大挑战,更凸显了技术要素的重要性。

2005 年,中国政府制定了《国家中长期科学和技术发展规划纲要 2006—2020 年》,把能源技术放在优先发展位置,按照自主创新、重点跨越、支撑发展、引领未来的方针,加快推进能源技术进步,努力为能源的可持续发展提供技术支撑。作为一个发展中的大国,中国可持续发展的核心首先是经济的发展,强制实施大规模的节能减排必将以放慢经济增长为代价,寻找一条实现经济发展、社会、环境协调发展的可持续发展道路迫在眉睫。因此,在经济发展和环境保护新常态背景下,我们要把环境治理工作放在"四个全面""五位一体""五大发展理念"战略布局中来,依靠制度创新、科技进步、严格执法保护生态环境,全面深化生态文明领域改革。现有经验表明,从低碳经济入手推动新能源技术及其相关产业的发展,是促进中国可持续发展和实现经济增长方式转变的一个重要手段。如果政府能够通过激励机制及相应的政策措施推动企业、科研机构和公众进行能源技术创新,中国完全可以实现中国政府颁布的短期目标和长期规划。因此,将国民经济各组成部分和经济循环的各个环节都纳入一个统一的框架下,分析能源技术变化对国民经济各部门产生的最终结构性影响,并据此分析外部冲击产生后经济体各部分经过不断反馈和相互作用达到的最终状态,可以为相关决策部门制定促进能源技术开发、运用及推广的市场机制和公共政策提供参考依据,具有很强的现实意义和理论价值。

1.1.2　研究意义

人类文明的发展史就是人与自然的关系史。从原始文明时期人类对自然的敬畏和崇拜,到农业文明时期人类对自然的模仿和改造,再到工业文明时期人类对自然的征服和控制,这一发展历程体现了人与自然关系的嬗变。在工业文明出现以前,人类对自然虽然造成了一定程度的破坏,但并未超出自然的调整能力,人与自然的矛盾还未充分显露。然而,到了工业文明阶段,由于自然科学的发展、生产技术的进步,人类在创造巨大物质财富的同时,也对自然造成了严重破坏,导致人与自然关系失衡。在全面深化改革和加强生态文明建设的背景下,中国的可持续发展进程正在进入新的历史转折期。要想治理环境问题,需要找到一条既能实现现代化又能保护环境的绿色发展之路。党的十八大报告提出了大力推进生态文明建设、深入实施可持续发展战略;作为未来十年治国总纲,党的十八届三中全会通过的《中共中央关于全面深化改革若干重大问题的决定》明确了生态文明制度建设的重要地位和作用,勾勒了生态文明制度框架,为今后加快制度建设指明了方向;党的十八届四中全会明确提出用严格的法律制度保护生态环境,加快建立有效约束开发行为和促进绿色发展、循环发展、低碳发展的生态文明法律制度,促进生态文明建设。党的十九大报告不仅对生态文明建设提出了一系列新思想、新目标、新要求和新部署,为建设美丽中国提供了根本遵循和行动指南,更是首次把美丽中国作为建设社会主义现代化强国的重要目标。美丽中国目标的提出,不仅寄予了人民对未来美好生活的期盼,也反映了中国共产党对人类文明规律的深刻认识、对现代化建设目标的丰富理解。特别是党的十九届四中全会对"坚持和完善生态文明制度体系,促进人与自然和谐共生"作出系统安排,阐明了生态文明制度体系在中国特色社会主义制度和国家治理体系中的重要地位,提出了不断完善和发展的总体要求和重点任务,充分体现了以习近平同志为核心的党中央对生态文明建设的高度重视和战略谋划,不难发现,作为世界上最大的发展中国家,出于转变经济增长方式的要求和大国责任感,中国正积极采取多项举措推进经济转型升级与经济社会环境和谐发展。但中国经济正处于工业化、城镇化快速发展的关键阶段,国情与经济发达国家差异较大,盲目发展低碳经济有可能影响到我国经济发展,因此,在新的发展阶段,我国如何在经济高速增长和工业化与城市化进程中实现自然资源的高效可持续利用,保持经济与能源环境的协调发展;如何实施合理有效的能源环境政策来协调增长、节能与减排的关系,该寻求一条什么的道路以实现能源可持续利用、环境保护和经济增长三者之间协调发展,这些问题的深入探讨在理论和现实意义上都具有非常重要的研究价值。

本书依据所处的新阶段(改革开放的攻坚期、全面建设小康社会的关键期)、面临的新形势(经济社会"新常态"发展)、遇到的新问题(环境问题成为现阶段中国敏感的政治问题和社会问题之一)、提出的新要求(绿色发展),从生态环境治理政策工具和手段的选择、设计与应用着手,研究能源技术进步理论内涵和外延,从理论上明确能源技术进步的政策内涵、影响因素、目标定位、绩效测评等体系框架,系统分析能源技术进步对经济主体行为、绿色技术激励、污染物和温室气体减排量、节能减排效果、宏观经济影响、社会福利影响等效应的影响,揭示能源技术进步对能源—经济—环境系统的影响机理;构建一个"新常态"转型期特征的动态环境 CGE 模型,仿真研究中国绿色发展过程中能源技术进步对中国能源—经济—环境系统的影响效应;结合实证研究与动态模拟结论,基于能源技术进步探讨中国绿色经济转型的战略目标、可行路径、优先领域和保障措施,进而提出有效的生态环境治理政策组合工具,以期实现中国经济社会发展与生态环境保护双赢的一种经济发展形态。我们相信,本书的研究成果不仅将进一步丰富绿色发展理论、可持续发展理论、能源环境政策理论和公共政策等理论和知识,同时也为企业实践和政府政策制定提供理论借鉴和指导,为保持我国经济持续稳定增长,实现国民经济中长期发展目标以及奠定国家生态安全基础等方面进行理论和经验分析并提供重要的决策建议。

目前,中国节能减排和经济转型工作还面临着经济、能源、就业、体制,尤其是技术等方面的约束。我国正处于经济增长转型和低碳经济转型的两难选择之中,我们必须既遵循经济社会发展与环境保护的一般规律,顺应低碳经济发展的潮流和趋势,同时还要根据我国的基本国情和国家权益,寻找一条协调经济发展和节能减排、长期和短期利益、权衡各类政策目标的低碳发展路径。因此,本书研究还具有一定的实践意义。

1.2 研究综述

1.2.1 中国绿色发展研究现状及发展动态

21世纪之初,联合国开发计划署发表了《中国人类发展报告2002:绿色发展 必选之路》,"绿色发展"一词进入人们的视野。在此日益严峻的发展背景下,中国政府积极响应,提出生态文明建设的重大方略,坚持走绿色发展之路。中国学者也对绿色发展予以高度关注,并开展相关学术研究,一批关于绿色发展的研究成果相继问世。例如,绿色发展内涵方面,胡鞍钢(2004,2005,2012,2014)对绿色发展的内涵及中国走绿色发展道路的紧迫性和重要性进行了分析;牛文元(2010)认为绿色发展是生态健康、经济绿化、社会公平、人民幸福四者的有机统一;赵建军和杨发庭(2011)认为绿色发展相对于低碳经济、循环经济更具有整体性、包容性的价值理念;刘纪远等(2013)以自然资本、经济资本、社会资本与人力资本四大资本为核心提出了中国西部地区绿色发展概念框架;卢宁(2016)认为从"两山理论"到绿色发展是马克思主义生产力理论的创新成果。绿色发展评价方面,欧阳志云等(2009)评价了中国城市的绿色发展状况;李晓西和潘建成(2011)编制了一个包括3个一级指标、9个二级指标和55个三级指标的中国绿色发展指数,并对中国30个省(区、市)绿色发展水平进行了测度;苏利阳等(2013)从绿色生产、绿色产品、绿色产业三个方面界定了工业绿色发展内涵,构建了基于综合指数法的"工业绿色发展绩效指数",并对2005—2010年中国工业绿色发展绩效水平进行了评估;李晓西等(2014)构建了人类绿色发展指数,对全球123个国家绿色发展指数值进行了测度;王兵和黄人杰(2014)研究了环境约束下2000—2010年中国区域绿色发展效率和绿色全要素生产率增长;郭永杰等(2015)运用熵值法、改进TOPSIS模型与障碍度模型对宁夏回族自治区 2013 年县域绿色发展水平的空间分异及影响因素进行了实证研究;胡鞍钢和周绍杰(2014)对绿色发展的功能界定、机制分析以及发展战略进行了系统性分析。绿色发展推进方面,夏宁和夏锋(2009)认为建立环保特区是实现绿色增长、绿色复苏的重大战略举措;刘燕华(2010)则认为绿色发展需要循环技术、低碳技术和生态技术三大技术支撑;邓远建等(2012)认为生态资本运营的内核和目标与绿色发展的要求是完全一致的,完善的生态资本运营机制框架体系应包括生态资本运营的积累机制、转换机制、补偿机制和激励机制;黄建欢等(2014)认为金融发展可以通过资本支持效应、资本配置效应、企业监督效应和绿色金融效应四个途径影响区域绿色发展;舒绍福(2016)认为在绿色发展中应积极推进环境政策革新,创造积极效应与竞争优势。还有学者提出了绿色金融改革对中国绿色发展的推动作用(王遥和曹畅,2015;陈雨露和 Andrew Steer,2015;金佳宇和韩立岩,2016)。

不难发现,越来越多的学者开始关注并投入关于绿色发展的研究,尽管研究的视角、研究的方法、关注的领域各不相同,但这些研究成果丰富了中国绿色发展的思想,建立起绿色发展的基本理论,这都为绿色发展观的构建奠定了坚实的基础。

1.2.2 生态环境治理政策工具选配研究现状及发展动态

一是基于环境价格型政策和环境数量型政策的选配。自从 Weitzman M L (1974,2015)从理论上探讨了环境价格型政策和环境数量型政策的优劣之后,环境政策越来越受到经济学界的关注。Weitzman M L(1974)的研究表明,当边际收益函数的斜率比边际成本函数的斜率大时,数量型工具比价格型工具更有效;而 Lawrence H Goulder 等(2013)将 Weizman M L 的研究结论扩展到环境交易工具与环境税的比较优势研究中,当边际环境损失函数比边际减排成本函数更陡峭时,数量规制型方法更优越,反之亦然。而近十年来,许多学者(Pizer William A. ,1999,2002; Hoel Michael et al. , 2002; Newell Richard G et al. , 2003; Karp Larry Set al. ,2005)的研究表明,边际减排成本函数比边际环境损失函数更陡峭,因此,他们认为碳税是一个更好的碳减排政策。吴力波等(2014)的模拟结果表明,MAC 曲线较为平坦,所以数量规制型方法(排放权交易制度)

更为有效,他们认为在中国目前的阶段选择排放权交易工具来实现碳减排目标更合适,傅京燕和代玉婷(2015)、沈洪涛等(2017)也得出了类似观点。

二是基于命令—控制型、市场型和自愿型环境政策的选配。国内外学者对生态环境治理政策工具选择的认识趋于一致,如 Atkinson 和 Lewis(1974)将生态环境治理政策区分为命令—控制型工具和经济激励型工具;Kemp R(1997)认为生态环境治理政策可分为命令的、市场的和相互沟通的三大类手段;World Bank(1997)将生态环境治理政策分为利用市场的手段、建立市场的手段、利用环境法规和动员公众;肖建华和游高端(2011)总结得出了生态环境治理政策工具经历了命令—控制型工具、基于市场的激励性工具、自愿性环境协议工具及基于公众参与的信息公开工具的发展演变。不难发现,无论国内外学者将生态环境治理政策分为两类、三类还是四大类,都是基于命令—控制型、市场型和自愿型三类的衍变。在命令—控制型环境政策工具方面,强制性问题被学者们反复研究(Debons,1971;Hopkins,1973;K. Pavitt & W. Walker,1976)。而自愿性工具是企业和公众为了执行提高环境水平的行动而遵守的协议(Jordan et al. ,2003;Rezessy&Bertoldi,2011;Fang Wang et al. ,2017),是一种没有强制性约束的协议(葛察忠等,2012;王惠娜,2013;张明顺等,2013)。市场化生态环境治理政策以污染外部性和科斯定理为理论基础,被认为是最精准有效的节能减排政策工具(彭海珍和任荣明,2003;崔先维,2010;陈青文,2008;许士春,2012;张全,2014;骆建华,2014;辛璐等,2015;黄钾涵,2015;张倩,2015;王有志和宋阳,2016)。

综上所述,目前研究主要存在以下不足:一是受制于市场型政策工具在国内出现时间较短,当前有关生态环境治理政策工具主要以命令—控制型政策工具研究为主,现有市场的政策工具(Market – Based Instruments, MBIs)研究不能满足生态环境治理现实需要;二是主要从单一类型的政策工具或特点的政策工具进行研究,对不同类型、同种类型不同政策工具的协调互动机制及其影响效应研究较少;三是对于为什么要建立市场化机制、建立什么样的市场化机制,以及如何建立市场化机制,学术界并没有一个清晰的回答。

1.2.3 基于市场的政策工具理论与应用研究现状及发展动态

基于 MBIs 这一实践问题也充分体现在理论研究的热点中。

其一,MBIs 在生态环境治理中的应用价值日益凸显。王猛(2015)认为构建现代生态环境治理体系,要改变过去由政府主导的单中心格局,着重理顺政府与市场、社会的关系,向政府、市场、社会合作共治的多元格局转变。欧洲环境总署(EEA,2005)评价了 MBIs 在欧洲环境政策中的运用,并建言进一步加强对 MBIs 的成本效益分析,以促使管理层更好地了解该政策工具在生态环境治理中的优势。20 世纪 90 年代以来,学术界从成本—效益等角度论证了 MBIs 比基于命令—控制型(Command and Control,CAC)的政策工具更具效率(Tietenber,1985,1991;Ackerman & Stewart,1985;Stavins,1988;Hahn,1989,2000;González – Eguino,2011;Qiang Wang & Xi Chen,2015;任玉珑等,2011;齐绍洲,2016)。Wenling Liu 和 Zhaohua Wang(2017)研究发现,MBIs 显示出更大的激励作用,促进企业技术创新与扩散,进而影响企业的长期战略规划或调整。Filatova(2014)通过对能源环境生态领域有影响力的国际期刊近十年研究文献的查阅发现,基于市场的政策工具的研究受到了国际学者的重点关注,特别是近年呈现逐年上升的趋势。中国情景也得到了很好的印证,如 Xianbing Liu 等(2013)通过对中国钢铁、水泥和化工行业的调查发现,受访公司对于 MBIs 的认知度和可接受性要远远高于其他监管政策,这对于中国工业节能政策的未来调整具有重要意义。齐绍洲(2016)基于中国工业行业专利数据对不同的节能减排政策工具执行情况进行了实证研究,研究发现市场型工具有助于实现"去产能"和工业生产方式绿色升级的"双赢"。市场化机制与手段与命令 – 控制手段互为补充,是中国能源环境政策工具的重要组成部分,是践行中国绿色发展理念的关键要素。因此,中国生态环境治理中 MBIs 研究能使能源环境政策工具研究得以深化,能使能源环境政策工具选择、应用的知识更加系统化,可以改变长期以来以"末端治理"为主导的能源环境政策工具研究体系,从而形成解决中国能源环境"前端防治"问题的理论准备。

其二,MBIs 在生态环境治理中的应用还存在很多急需解决的空白和议题。尽管这一领域在近十余年来得到了越来越多的学者的重视,但学术界过于强调 MBIs 在履约成本、技术激励等方面的优势,忽视其政策形成、执行和监控成本以及排放实体环境道德意识的影响(许士春,2012;王燕,2014)。Henderson 等(2008)认为 MBIs 需要综合经济和非经济因素,各国应根据本国具体情况采取相应措施。同时,国内外对于 MBIs 对经济的影响和效果主要集中在整个社会和宏观经济方面,对微观的经济主体行为以及所产生经济影响的相关研究较少(高扬,2014)。国内 MBIs 涌现的时间不长,相应研究范围主要集中在碳税(苏明,2009;曹静,2009;娄峰,2014;刘宇等,2015)、能源税(袁永科等,2014;杨岚等,2009;张为付和潘颖,2007;韩凤芹,2006)、排放权交易(安崇义和唐跃军,2012;范进等,2012;刘海英和谢建政,2016;齐绍洲,2016)和限额交易(何大义等,2016)等领域,近年来越来越多的学者加强了对两种或两种以上不同的市场型政策工具进行对比研究(王文军等,2016),但对不同的 MBIs 在生态环境治理中的应用仍存在诸多急需解决的空白和议题。本项目从微观和宏观层面、短期和长期期界、均衡和非均衡角度,对中国绿色发展过程中不同的 MBIs 政策方案及其实施效果和动态效率进行系统科学的理论与应用研究,以期提出调整能源环境政策调控模式、政策目标和政策工具的时机与导向,从而在“总需求和总供给双重管理”、“局部快速发展和全局均衡发展相结合”、能源环境政策的“区间调控、定向调控和相机调控”的宏观管理框架下,为加快中国“十三五”时期生态文明体制改革进程、健全市场资源配置的优化功能提供理论指导,提升绿色转型的国家治理能力,坚持创新发展、协调发展、绿色发展、开放发展和共享发展提供理论、实证、经验支持和方法论参考。

其三,MBIs 与生态环境治理的研究具有中国情景的管理特色。当前,关于 MBIs 在生态环境治理中应用的研究成果大多是基于西方经济体制背景下得出来的,相对西方国家而言,中国生态环境治理政策一直以来主要以命令—控制型的政策工具为主导,相关研究也较为集中在此领域展开。西方背景下的研究结论在中国情境下的适用性还有待商榷(王燕,2014)。因此,这一研究议题更凸显了中国情景的应用特色和现实价值。

1.2.4　能源技术进步相关研究综述

1.2.4.1　能源技术进步相关国外研究综述

技术进步与技术创新对经济增长的巨大推动作用已被广泛认可,经济理论(Dension,1962,1985;Griliches,1996;Slow,1957)和实证研究(Freeman,1989;Grubler,1998;Mokyr,1990)都表明:技术进步是长期经济发展最重要的贡献因素。另外,早在 20 世纪 70 年代初,Herbert Simon（1973）、Nathan Rosenberg（1976）等学者就指出技术是解决环境问题的最佳克星。Edmonds J 等（2012）总结了里约会议以来能源技术的经验教训,认为在 1992 年达成《联合国气候变化框架公约》时,当时的研究文献对节能减排技术的作用探讨相对有限,但此后的两个十年里,学术界和实务界就充分认识到能源技术的重要性。政府间气候变化专门委员会（Intergoverment Panel on Climate Change,IPCC）在《排放情景特别报告》（IPCC,2001）、《第三次评估报告》（IPCC,2001）、《第四次评估报告》（IPCC,2007）和第五次评估报告（IPCC,2013）中也多次重笔墨强调解决温室气体减排和气候问题中能源技术驱动的重要地位。Stiglitz（1974）、Solow（1974）、Garg 和 Sweeney（1978）研究发现,在一定技术条件下,人均产出持续增长仍有可能,初始的资本和资源存量对经济增长率不会产生影响,但会影响长期的经济增长水平,技术进步才是长期经济增长的源泉,但他们忽视了经济行为对环境质量的影响。Ordás Criado 等（2011）在新经济增长模型中考虑了环保技术投资,即在资本的动态方程中加入环保投资,从而影响整个模型演变的动态路径,作者最后推导出,人均污染物排放增长率同时与经济增长和人均污染物排放相关。随着 2020 年欧洲战略能源技术（European Strategic Energy Technology Plan,SET 计划）到期,目前欧洲学术界部分学者开始反思并重新审视其能源技术政策,Sophia Ruester 等（2013）在同时考虑到技术发展和碳价格不确定性的基础上提出了一套修订计划,使政策制定者积极主动地推动有前景的能源技术创新。Winskel 等（2014）研究发现,英国能源技术创新体系（UK:energy technology innovation et al system,ETIS）经历了从边缘到主流的过程。

　　国外学者还从不同角度探讨了能源技术进步对经济发展、节能减排等方面的影响。Nakicenovic 等（1998）基于不同的能源技术进步情景假设,得出 2100 年碳排放的预测值在 2～40GtC 这样一个非常大的范围内。Matson R. J. 和 Carasso M.（1999）比较了传统能源技术（如石油、煤炭、天然气）与可再生能源技术（如太阳能光伏、风能、太阳能热、生物燃料）对经济、社会、政治和环境的影响,认为快速部署再生能源技术有损区域内和代际公平。Lee Seong Kon 等（2009）分析了韩国长期的能源技术发展战略对该国能源环境、经济发展和商业潜力的影响,从而为确定哪些能源技术应该发展提供决策参考。Greene D. L. 等

(2010)基于相关能源技术开发的不确定性,探讨了推进能源技术成功率对美国实现能源目标的重要性,认为在碳捕获和封存、生物质能、电动或燃料电池汽车等各技术领域必须要实现50%的成功概率,才能有效实现CO_2减排,减少对石油的依赖。Spyros Arvanitis 和 Marius Ley(2013)基于2324家瑞士企业微观数据,实证分析了采用节能技术对公司和行业的异质性,战略性考虑和外部效应的影响,发现环境友好型技术具有积极的净外部效应。

1.2.4.2 能源技术进步相关国内研究综述

(1)能源技术进步对节能减排影响的理论探讨。

马有江和程志芬(2001)分析了不同阶段的科学技术发展对能源消耗水平的影响,认为科学技术的进步将提供美好的能源前景。任锦鸾和顾培亮(2002)在分析技术进步对能源系统是内生变量还是外生变量的基础上,综合运用从上到下和从下到上的系统建模方法,构建了一个能源系统模型,研究了在市场机制下,内生和外生技术进步对能源需求的影响。任锦鸾和顾培亮(2002)基于复杂适应系统对技术创新的产生机理进行了理论分析,计算了不同能源的竞争力,并在此基础上预测了能源供应结构。厉福荣和孙君(2004)以科学技术进步对石油储量增长的贡献为例,提出了依靠科学技术进步,推动以能源品种多元化和能源来源多元化为主要内容的新的能源革命,解决能源可持续发展问题。张磊(2005)分析了科技进步对于能源产生的加速利用与缓解稀缺的双重影响。吴巧生和王华(2005)为解释技术进步与中国能源—环境政策之间相互影响的复杂性,提出了一种能源—环境政策与技术政策相结合的最优政策设计框架,为中国能源环境政策的制定提供了参考。张明慧和李永峰(2005)对技术进步与我国能源消费关系进行了研究,发现技术进步对能源的相对消费有抑制作用,但会促进能源消费总量的增加。张九天(2006)系统研究了能源技术变迁的复杂性,指出技术变迁过程呈现出了动态性、系统性和不确定性三种特性。高永祥(2014)对能源与环境领域技术创新的空间布局状况及其发展进行了分析,研究发现不同于总体创新空间布局上的集中趋势,我国能源与环境及其分类技术领域创新的空间布局主要呈扩散态势;研究还发现地区开放水平和创新能力是决定该领域技术创新具有较高空间集中度的主要原因,而能源环境压力持续增大则构成其空间扩散最重要的推动因素;相比东部区域,低能源与环境约束下的区域经济发展模式,再加上深化开放环境下的"依附"角色,这些方面共同导致中西部区域能源与环境领域技术创新能力有所削弱。刘明磊等(2014)采用自顶向下建模方法构建关于能源—经济关系的综合均衡分析模型,并利用学习曲线描述新能源内生技术变化过程,分析了碳税通过减少能源需求、增加新能源替代和促进能源技术进步三种途径的减排效应,研究结果显示,能源替代与技术进步将逐步成为减排的主要来源。

(2)纳入能源技术进步的节能减排影响因素研究。

目前,学者将能源技术进步纳入节能减排影响因素进行相关研究所取得的成果最为丰硕,尤其是近年来的相关研究更呈井喷式状态。刘玉珩(1983)认为解决农村能源问题必须依靠科学技术进步。田洪斌和延涛(1984)通过总结多年来能源开发利用实践的经验教训,认为能源开发利用必须坚持技术不断进步的原则。程天魁(1991a,1991b)和杨铭等(1995)等学者认为能源节约和综合利用必须依靠技术进步。方士杰(1993)认为应依靠技术进步来发展农村能源产业。齐志新和陈文颖(2006)基于我国 1980—2003 年数据,应用拉氏因素分解法研究我国宏观能源强度和工业部门能源强度下降的原因,结果显示技术进步是我国能源效率提高的决定因素。王俊松(2007)利用对数平均加权 Divisia 指数研究了技术进步和结构变动对中国省区能源利用效率的影响。蔡文彬和胡宗义(2007)运用中国动态 CGE 模型—MCHUGE 模型研究了技术进步降低能源强度的问题,研究结果表明如果在 2006—2010 年我国能源使用技术进步0.762%,那么能源强度年均下降1%,其幅度大于技术进步的幅度,其中高能耗产业的技术进步起到最关键的作用。杨洋等(2008)利用我国 1978—2006 年数据,运用最小二乘法对影响我国能源强度的因素进行了实证研究,结果表明技术进步在较大程度上降低了能源强度。冯泰文等(2008)基于 1985—2006 年数据,采用层级回归方法研究了技术进步对能源价格、能源结构、产业结构对能耗强度影响的调节效应,研究结果表明技术进步使得能源强度有了显著降低。王守春和董秀成(2009)基于 1953—2006 年数据,运用协整理论和 Granger 因果关系检验方法对中国能源消费总量、经济增长、产业结构、技术进步间的协整关系和因果关系进行了实证研究,发现中国能源消费总量、经济增长、产业结构、技术进步之间存在着长期的均衡关系。朱文宇(2009)基于1978—2005年数据分析了技术进步因素和资源配置因素对中国能源利用效率的影响,认为技术投入和第三产业的发展可以有效地提高能源产业的利用效率。王俊松和贺灿飞(2009)采用对数平均的LMDI(Log Mean Divisia Index)方法将中国1994—2005年的能源强度变化分解为六大类产业结构变化、两位数产业结构变化效应和技术进步效应。研究结果表明,1994—2005年,能源强度降低主要得益于技术进步,但技术进步的贡献在2001年后不断降低,产业结构变动在1998年前降低了能源强度,1998年之后导致能源强度的上升。

在技术效应中,化学原料及制品制造业、黑色金属冶炼及压延加工业、非金属矿物制品业等高耗能产业部门及居民消费业的技术进步是导致我国能源强度下降的主要原因。龙如银和李仲贵(2009)通过建立误差修正模型分析了技术进步与能源强度之间的长期和短期关系。丁建勋和罗润东(2009)利用我国1953—2006年数据检验了与资本融合在一起的技术进步(资本体现式技术进步)、全要素生产率、产业结构以及能源价格对我国能源效率的影响,结果发现,资本体现式技术进步与能源价格对能源效率的影响较小。王群伟等(2009)采用更具小样本特性的自回归分布滞后方法检验科技进步和技术效率与能源利用效率间的协整关系,运用脉冲响应函数分析了科技进步和技术效率对能源效率冲击的时滞区间和作用效果。董锋等(2009,2010)分析了中国能源消费量、GDP、技术进步等五个变量之间的协整关系,结果表明政府财政用于科学研究的支出和第三产业比对中国能源消费量起到负向作用。范丽波和赵丽(2010)运用新疆1952—2006年数据分析了技术进步和产业结构对能源强度的影响,结果表明技术进步起到了降低新疆能源强度的作用。成金华和李世祥(2010)利用1990—2006年省际、四大区域、13个主要工业省区面板数据,以及工业行业数据,实证估计经济结构、技术进步以及能源市场化改革等因素对能源效率的影响程度。滕玉华(2010)运用面板数据检验了技术进步对区域能源需求的影响,结果表明,不管是东部地区还是中部和西部地区,技术进步均对能源需求有显著负效应;技术进步对降低能源需求的作用表现出东部最高、中部次之、西部最低的特点。樊茂清等(2010)基于1981—2005年投入产出时间序列数据,采用超越对数生产成本函数估计了我国制造业20个部门能源、非能源、资本以

及劳动的份额方程,对我国制造业 20 个部门的技术变化、要素替代以及贸易和
能源强度之间的关系作了实证研究,结果表明,技术变化、要素替代、贸易、一次
能源结构和部门结构变化是引起能源强度变化的重要因素。余泳泽和杜晓芬
(2011)运用空间面板计量方法研究了全要素生产率、产业结构调整与能源效率
的关系,研究发现全要素生产率提高对能源效率贡献明显高于产业结构变化。
姜磊和季民河(2011a)采用空间变系数的地理加权回归模型分析了资源禀赋、
产业结构、技术进步和市场调节机制对能源消费强度的影响,研究结果显示技
术进步能有效降低能源消费强度,但地区间存在一定的差别。此外,他们还运
用岭回归方法分析了技术进步、产业结构和能源消费结构三个指标共 11 个影
响因素与能源效率之间的关系,研究结果同样显示技术进步显著地与能源效率
正相关,技术进步会提高能源效率(姜磊和季民河,2011b)。白万平(2012)分
析了技术进步、产业结构调整、行业内部结构变化、能源替代等因素对能源强度
变化的影响,实证结果表明,在这些因素中技术进步对能源强度下降的作用最
大。李玮等(2012)基于山西省 1980—2009 年数据,采用能源加工转换效率指标
来表征技术进步水平,建立了能源强度与技术进步的 VAR 模型,研究了两者之
间的动态响应。研究结果显示,山西省能源加工转换效率的提高对能源强度的
负向影响将在滞后 30 多年中都会存在,滞后效应较长。王琴梅和高婕(2012)
基于 1990—2009 年西北五省区的数据、利益 Panel Data 模型分析了工业结构、
产业结构、能源结构、产权结构、对外开放度、技术进步对能源效率的影响程度。
申萌(2012)检验了技术进步对中国 CO_2 排放的影响。结果显示,中国当时的技
术进步还不能同时实现经济增长和 CO_2 减排,原因在于技术进步对 CO_2 排放的
直接负向效应不足以抵消其带来的正向间接效应。齐绍洲和王班班(2013)采
用 SUR 回归估计了 1998—2009 年我国自发技术进步、R&D、技术购买、FDI 和
国际贸易的技术溢出对能源要素份额和能源强度的影响,研究结果显示,技术
进步效应总体上导致能源强度上升,但 R&D 和 FDI 技术溢出均能促使能源强
度的降低;不同来源的技术进步对能源强度的影响存在区域差异;要素替代作
用有助于降低能源强度。张同斌和宫婷(2013)采用时变参数的状态空间模型
研究了经济增长、产业结构变动、技术进步在不同工业化阶段对能源效率的差
异化影响,研究结果表明,技术进步对能源效率的影响全部为正且影响程度较

高,且随着年份的递增,技术进步对能源效率潜力的贡献越来越强。王之军等
(2013)研究了影响中国能源消耗的八种主要因素,认为技术进步与出口结构变
化是抑制能源消费增长的最主要因素。陈子寅(2013)基于我国 2000—2010 年
30 个省区市的面板数据,运用面板门限模型对我国技术进步、碳排放与能源消
费之间的非线性关系进行了研究,研究发现三者之间存在门限效应,技术进步
对碳排放的积极作用随着能源消费量的增加而逐渐减小。方恺等(2013)基于
吉林省 1994—2010 年数据,运用 IPAT 等式和 LMDI 法分析了经济因素和技术
因素对人均能源足迹的影响特征和程度,研究结果显示以能源足迹强度为标志
的技术进步是抑制人均能源足迹增长的重要因素。刘玉萍(2013)将广义技术
进步区分为一般广义技术进步和碳排放专有广义技术进步,研究显示一般广义
和碳排放专有广义技术进步及其分解均对 CO_2 排放强度存在降低效应,且后者
对碳排放强度的影响要强于前者。张兵兵(2014)的研究显示,技术进步是降低
CO_2 排放强度的有效手段,外国投资对 CO_2 排放强度具有显著的负向影响,固
定资产投资、城镇化、工业产值、人口变量则与 CO_2 排放强度显著正相关。吴玉
鸣的研究显示技术创新对碳排放影响的作用并不显著,其原因在于技术创新在
改善能源效率节约能源的同时,也促进了经济增长,引起能源需求的增加,这些
额外能源消耗会抵消能源效率所节约的能源,即能源的回弹效应。李鹏(2014)
基于我国 1995—2008 年省际面板数据研究了人口规模及技术进步对 CO_2 排放
的影响,研究发现技术进步有助于减少中西部地区 SO_2 排放量,但在东部地区
情况截然不同。杨骞和刘华军(2014)将技术进步对能源效率的影响分解为直
接效应和间接效应,分别在邻接空间权重和地理距离权重下衡量了技术进步对
能源效率的空间溢出效应。研究发现,技术进步对能源效率具有"双刃剑"特
征,即技术进步对本区域能源效率均存在显著的正向促进作用,但对其他区域
均却存在显著的负向空间溢出效应;同时,技术变动的空间溢出效应明显大于
效率变动的空间溢出效应。陈晓毅(2015)基于 1978—2011 年数据,运用 ARDL
模型方法对能源效率与各影响因素之间的关系进行了实证研究,发现长期中能
源价格、产业结构和技术进步均显著有利于能源效率的提升。

(3)能源技术进步对能源效率影响研究。

陈军和徐士元(2007)运用向量自回归模型及脉冲响应函数和方差分解法,

对 1979—2006 年中国的 FDI、人力资本和 R&D 投入等技术进步变量对能源效率的影响进行了研究,研究发现增加科技投入、加速人力资本形成和促进 FDI 吸收和利用,对中国能源效率的提高具有长期效应。徐士元(2009)通过对技术进步和能源效率的协整分析和格兰杰因果关系分析,发现研究与发展经费投入、外商直接投资、人力资本和国外技术外溢四个变量与能源效率之间存在一定的长期均衡关系且研究与发展经费投入和外商直接投资与能源效率构成了单向因果关系。张林等(2011)采用面板数据模型分析了科技进步、纯技术效率和规模效率对农村能源效率的作用,研究结果表明,技术进步对农村地区能源效率的提高具有明显的促进作用,技术效率的贡献度最大,科技进步次之,科技进步与技术效率对农村能源效率的促进作用受地区经济发展水平和社会环境等因素的影响。姜磊和季民河(2011)采用 2008 年我国省级数据,建立了基于加权最小二乘法的空间变系数地理加权回归模型,研究了技术进步对能源效率的影响,研究结果显示我国各省的技术进步明显促进了能源效率的提高。平卫英(2012)通过构建 VAR 模型对我国农业能源利用效率及能源价格、技术进步之间的关系展开实证分析。谭盟盟(2012)对广义技术进步影响能源效率的机制、方向、路径的大小进行了探讨。陈治理等(2012,2013)基于 2005—2009 年省际面板数据,运用空间面板模型研究了国内 R&D 投入、人力资本和专利授权数对提高能源利用效率的影响,研究发现国内 R&D 投入、人力资本和专利授权数对提高能源利用效率有积极影响。冉启英和孙慧(2013)运用协整分析理论和误差修正模型定量分析技术进步对能源效率变动的影响,结果表明,长期影响而言,科技活动人员每增加 1%,能源效率将会提高 0.345161%。汤清和邓宝珠(2013)利用探索性空间数据方法,运用空间滞后模型(Spatial Lag Madel, SLM)和空间误差模型(Spatial Error Model,SEM)对全域能源效率的影响因素进行估计,运用地理加权回归模型对局域能源效率的影响因素进行估计,结果表明,全域层面的人力资本投入和外资技术溢出是促进能源效率提高的主要因素。黄纯灿和胡日东(2013)发现中国 1979—2009 年的能源反弹效应有着明显的"回火效应",认为要实现中国的节能减排目标,除了技术进步外,还需要能源价格改革及总量控制等配套政策措施。高辉和吴昊(2014)基于 DEA 模型对 2005—2011 年中国省际工业能源效率进行测算,并采用 Tobit 模型实证分析产

业转移、技术水平对区域工业能源效率差异的影响,结果发现技术效率的差异
是造成综合工业能源效率存在差异的主要原因。唐安宝和李星敏(2014)基于
我国1990—2010年数据对能源价格与技术进步对能源效率的影响进行研究,
发现能源价格的提高与技术进步在短期和长期都促进了能源效率的提升,能源
价格对技术进步有"引致效应",技术进步对能源效率的影响受制于其自身的发
展水平,且会通过降低能源价格对能源效率产生负的影响。

(4)能源技术进步对能源消费回弹效应影响研究。

周勇和林源源(2007)发现改革开放以来,中国宏观经济能源消费"回报效
应"在30%~80%波动。作者认为"回报效应"呈现三种趋势:"回报效应"越来
越低、更多地体现为"硬"技术进步方面、更多地体现在生活部门。刘源远和刘
凤朝(2008)在新古典三要素生产函数的框架内,采用中国1985—2005年28个
省份的面板数据,运用索洛余数方法估算了由技术进步引起的能源消费减量、
增量和反弹效应。结果表明,提升能源利用的技术水平已成为能源有效利用和
节约的重要手段,但不能仅将技术进步作为提高能源效率的唯一手段来解决能
源约束问题。阳攀登等(2010)基于技术进步对经济增长的贡献和环境负荷分
解模型,对浙江省1990年以来技术进步对GDP增长的贡献、能源消费回弹效应
及能源回弹量进行实证分析。国涓等(2010)基于新古典经济增长理论,按照索
罗余数的思想估算了中国工业部门1979—2007年的技术进步贡献率,并利用
这一估算结果测算了1979—2007年中国工业部门能源消费的反弹效应。陈凯
等(2011)发现在2000—2007年,钢铁行业平均回弹效应高达130.47%,由此作
者认为钢铁行业不能仅将技术进步作为提高能源效率的唯一手段来解决能源
约束问题,而应引入适当的行业能源政策管制手段。肖序和万红艳(2012)基于
新古典经济增长理论,以二级镶嵌式CES函数为基础,按照索罗模型估算了我
国电解铝企业1996—2011年的技术进步贡献率,并利用这一结果估算了我国
电解铝能源消费的回弹效应。实证结果表明,技术进步是我国电解铝能源消费
效率提高的主要因素,但同时也引起了我国电解铝企业能源消费的回弹效应。
冯烽和叶阿忠(2012)构建了三要素经济增长的空间误差模型,利用1995—2010
年省际面板数据对我国技术溢出视角下技术进步对能源消费的回弹效应进行
了实证分析,结果表明技术进步所导致的能源回弹效应显著存在。谢海棠

(2012)认为技术进步在降低能源消耗、减少温室气体排放的同时,也会造成能源消耗反弹,能源反弹效应的存在会部分甚至完全抵消技术进步所带来的能源节约。赵厚川等(2012)利用川渝地区1986—2009年数据,采用传统的索洛余值生产函数法来测算技术进步对川渝地区的能源回弹效应。高辉等(2013)利用中国2001—2011年宏观时间序列数据,基于技术进步对经济增长的贡献和环境负荷分解模型,运用IPAT方程测算出能源回弹效应系数。结果表明,在研究的样本区间中,11个年度均属于逆反回弹效应,且能源回弹效应系数与能源消费回弹量呈同势变化。吕荣胜和聂锏(2013)在技术进步视角下,依据新古典经济增长理论,按照索罗余数的方法测算了中国工业1978—2008年的技术进步率,并利用此结果估算出中国工业1978—2008年能源消费的回弹效应。实证研究的结果表明,我国工业能源消费确实存在回弹效应但呈下降趋势,说明技术进步仍是降低能源消耗的重要推手,但不能以此作为实现节约能耗的唯一手段。张江山和张旭昆(2014)构建了中国长期能源回弹效应的宏观模型,利用省级面板数据测算了全国以及28个省份1987—2012年的能源回弹效应。李强等(2014)基于我国1992—2011年数据对我国技术进步的回弹效应进行了实证分析,结果表明,技术进步所导致的能源效率提高能节约能源消费量。杜左龙和陈闻君(2014)基于新古典主义生产函数构建了能源消费回弹效应的模型,测算了新疆技术进步对经济增长的贡献率和能源消费的回弹效应,研究结果表明技术进步对于新疆能源消费具有很强的回弹效应。

(5)能源技术进步效率测度研究

李廉水和周勇(2006)以35个工业行业为样本,采用非参数的DEA - Malmquist生产率方法将广义技术进步分解为科技进步、纯技术效率和规模效率3个部分对能源效率的作用。研究结果表明,技术效率是工业部门能源效率提高的主要原因,科技进步的贡献相对低些,但随着时间推移,科技进步的作用逐渐增强,技术效率的作用慢慢减弱。滕玉华和刘长进(2010)基于1995—2007年中国29个省(自治区、直辖市)数据实证分析了技术进步、技术效率对区域能源需求的影响。研究结果表明,技术进步、技术效率对能源需求的影响表现出明显的地区差异:技术效率对东部和中部地区的能源需求有显著负影响,技术进步只对东部地区的能源需求有显著负影响,技术进步、技术效率对西部地区的能源需求均没有显著影响。朱延福和滕玉华(2010)认为研究技术进步、技术效率对区域能源效率的影响,可以为制定科学合理的区域节能政策提供理论基础。邹艳芬(2010a,2010b)实证分析了科技进步、纯技术效率和规模效率三部分和能源专有技术进步对中国能源生态足迹动态效率的作用。结果表明,对能源生态足迹效率的促进上,能源专有技术进步的作用是最大的,但其基本随时间呈衰减趋势;纯技术效率一直有显著的积极作用,直接效果和长期效益较好,但基础性科技进步发挥作用周期的滞后性和稳定性却非常明显;进一步分解可知,纯技术效率的作用一般维持在两期,规模效率一般只在当期发挥作用。董锋等(2010)利用包含能源投入和环境污染产出的全要素生产率指数将中国各省份技术进步分解为代表"硬"技术进步的科技进步指数和代表"软"技术进步的纯技术效率指数及规模效率指数,然后以能源生产率指数表征能源效率,用面板数据计量分析方法分四大经济区域研究了技术进步各组成部分对能源效率的影响。结果表明,科技进步对能源效率改善贡献率最大,纯技术效率和规模效率贡献率大致相当;而从区域来看,技术进步三大组成部分对能源效率的提高程度,东北和中部要大于东部和西部。王姗姗和屈小娥(2011)以中国制造业28 个行业为研究对象,运用非参数数据包络分析(Data Envelopment Analysis,DEA)的 DEA – Malmquist 生产率指数法,实证测算了制造业行业全要素能源效率指数、技术进步和技术效率指数。研究结果显示,技术进步是制造业全要素能源效率提高的主要原因,纯技术效率和规模效率的作用相对较小。汪克亮等(2012)利用数据包络分析方法构建非参数前沿,在共同前沿方法框架下分析比较 2000—2007 年中国全要素能源效率的区域差异,并利用技术缺口比率(Technology Gap Ratio,TGR)定量考察中国区域能源利用的技术差距。研究结果显示,东部地区能源技术接近全国最优水平,而中、西部地区距离全国潜在最优能源技术还存在一定程度的改进潜力。赵楠等(2013)在 DEA – Tobit 两阶段分析框架下研究技术进步对地区能源利用效率的影响,发现追随型技术进步对中国各地区能源利用效率施加了显著正向影响,而前沿型技术进步作用并不明显;影响中国地区能源利用效率的诸因素,其正向作用力度呈现出由东向西逐渐递减的态势。刘似臣和秦泽西(2013)将 Malmquist 指数分解为纯技术进步指数和技术效率指数,应用固定效应模型和广义最小二乘法(Generalized Least Squares

Method，GLM）实证分析了东、中、西部的纯技术进步对能源强度、技术效率对能源强度的影响程度和影响路径，研究结果表明，纯技术进步对能源强度和技术效率对能源强度之间均存在长期协整关系，并且纯技术进步和技术效率提高对能源强度的降低有显著作用。刘琪林和李富有（2013）基于1999—2010年中国29个省区市能源产业面板数据，应用Malmquist - DEA方法对中国能源产业的生产率、技术进步、技术效率的增长来源、差异与变化趋势进行了实证分析。研究结果表明，技术进步是生产率提高的决定因素，全要素生产率的提高对于技术进步的依赖是非常明显的，但是中国能源产业全要素生产率的增长主要来源于规模效率而不是技术效率。此外，各地区的技术效率存在显著的条件收敛，但不存在显著的绝对收敛；技术进步既存在条件收敛，也存在绝对发散。

（6）能源技术进步对经济增长影响研究。

任锦鸾和顾培亮（2002）分别计算了内生技术进步和外生技术进步对单位GDP能耗的影响，据此预测了能源需求量和需求结构。许秀川等（2008）对重庆市经济增长的技术进步贡献率及其能源消费效率进行了分解，结果表明，重庆经济增长主要依靠资本和能源的大量投入推动，技术进步对经济增长的贡献不明显。王迪等（2010）运用无残差的完全分解模型分解出能源消费总量、能源投入结构与技术进步等因素对经济增长的影响效果，结果显示技术进步对经济增长的影响效应呈波动性增长趋势。杨迎春和岳咬兴（2010）研究发现，技术进步对出口量的长期影响为正，而国内外能源的相对价格对出口量的影响为负。肖文和唐兆希（2011）构建了四部门内生增长模型，较为完整地分析了能源消耗、研发创新与经济可持续增长之间相互作用的内在机理。鲍勤等（2011）基于动态递归的可计算一般均衡方法，测算了在不同的能源节约型技术进步条件下，碳关税对我国经济与环境影响的变动。魏艳旭等（2011）基于1953—2009年数据，运用IPAT方程从广义技术角度对能源消耗与经济增长的关系进行了研究。结果表明，在前30年经济增长对能源消耗依赖性较大，对技术依赖性较小；而后30年经济增长对能源消耗依赖性减弱，对技术依赖性增强，技术转变与技术进步是引起这种变化的关键因素。尹新哲和杨柏（2012）构建并刻画了基于能源与环境约束的能源消耗型产业在考虑人力资本积累的技术进步影响下，实现其产业的稳态经济增长路径，并尝试分析了技术进步形成的污染治理和能源回收再利用对产业经济增长的影响。刘景卿和俞海山(2013)基于我国1978—2010年数据,运用协整检验和状态空间模型估算等方法实证研究了能源消费与经济增长之间的关系。研究表明,技术进步对能源消费的"替代效应"一般大于"收入效应",并呈周期性递减趋势,即在我国技术进步对节约能源消费存在正效应。刘亚铮等(2013)基于西北五省区的面板数据,构建扩展的柯布—道格拉斯(C‒D)生产函数,研究了能源消费和技术进步对西北地区经济增长的影响。结果表明,技术进步对西北地区经济增长的贡献率在20%以上,与全国平均水平相比,除陕西省外西北地区R&D经费支出占GDP比重相对较低。郑丽琳和朱启贵(2013)分析了能源导向型和劳动导向型这两类垂直技术进步对一国的产业结构变迁和经济增长的影响路径。研究发现,产业间垂直技术进步差异和能源环境约束又直接影响产业结构变迁状况,进而影响经济的可持续发展。关峻(2013)基于时变参数状态空间模型,分别考察了资本体现式和非体现式技术进步两种技术进步方式对经济增长驱动力的差别。胡宗义和刘亦文(2013)考察了技术进步、能源消费与经济增长三者之间的关系,研究发现技术进步对经济增长的作用不如能源消费明显,但其作用仍是不可忽视的。张华和魏晓平(2013)基于1981—2011年数据,对经济增长与能源消费、环境治理、技术进步的长期协整关系和短期动态关系进行经验分析。结果表明,长期中,分别融入技术变量的劳动力、能源消费和污染治理投资及资本存量、技术进步均与经济增长呈正相关关系;短期中,加入技术变量的能源消费对经济增长的影响不显著,加入技术变量的劳动力与污染治理投资对经济增长呈现显著的负相关关系。程颖慧和王健(2014)基于我国1979—2010年数据建立了能源消费、技术进步与经济增长的向量自回归模型。研究结果发现,从长期来看,技术进步对经济增长具有显著的正向效应;从短期来看,技术进步对经济增长的冲击表现为正向效应。蔡海霞(2014)基于我国2004—2011年30个省区市数据对技术进步和能源消费对我国经济增长的影响进行了实证研究,研究发现技术进步和能源消费对我国经济增长的影响系数都为正数,且技术进步的影响系数小于能源对经济增长率的影响系数。刘亦文和胡宗义(2015)基于动态CGE模型仿真分析了能源技术变动对我国宏观经济变量的影响程度,研究结果表明,能源技术变动在短期和长期中对主要宏观经济变量、要素市场及节能减排都有较为明显的推动作用。

(7)能源技术进步与国际合作研究。

庄贵阳(2005)认为促进能源技术进步和国际能源技术合作可以通过"技术推动"和"市场拉动"这两条途径加以实现。金乐琴和刘瑞(2009)认为加强国际间交流与合作,促进发达国家对中国的技术转让与合作,可以实现我国低碳技术发展的跨越式进步。石敏俊和周晟吕(2010)也认为国际技术合作是中国加快发展低碳技术,推动能源技术进步的重要突破口。王绍媛等(2013)认为20世纪东北亚各国间的能源合作层次较低,21世纪东北亚能源合作应将非常规能源技术进步视为重点领域。高翔(2013)通过对主要经济体低碳技术国际合作的能源与气候论坛技术行动计划研究发现,我国在技术行动计划中应以终端用能技术、核能技术为重点,在碳捕集利用与封存领域做好技术储备,在不同阶段采取财政补贴和排放交易的政策促进低碳与气候友好技术的发展。

(8)能源技术发展的国际比较与经验借鉴。

郝海等(2002)通过对中国和美国的技术进步节能率的测算和对比分析,得出了中国的技术进步亟须进一步深化。李宝山(2004)通过对澳大利亚、新西兰清洁能源技术应用及相关政策的考察,认为利用清洁能源技术可以有效减少城市大气污染。徐国泉和姜照华(2007)选取美国1980—2004年的能源生产率、R&D知识技术存量、第三产业比重以及石油价格等变量的时间序列作为样本数据,通过回归分析看出美国结构变化对能源效率的影响最为显著。杨嘉林(2009)认为美国汽车业的衰落原因是美国汽车业不应该集中力量开发新能源汽车技术,而应该开发节油技术。王发明和毛荐其(2010)通过对国际经验的比较分析,得出了政府应在新能源技术研究开发、示范和推广中发挥重要作用。洪宇和单世超(2011)利用日本1988年1月至2010年10月的月度数据,对工业总产值、原油进口的价格与数量以及原油进口地理集中度共4个变量进行了短期和长期Granger因果关系检验。经验性证据表明,日本同时存在着"成本驱动型技术应用机制"和"风险驱动型技术进步机制"两种机制,无论在短期还是在长期内都足以抵消石油价格冲击的负效应,促进经济增长。周睿(2013)采用了22个新兴市场国家1996—2009年的面板数据,研究了市场自由化和技术进步对能源效率的影响。研究发现,技术进步和经济体制转型对新兴市场国家能源效率的提高起着显著的作用。杜雯翠(2013)利用1990—2009年全球6个工业国和7个准工业国的经济与环境数据,通过因素分解方法将各国空气质量的改善分解为能源效应和技术效应两个部分。研究发现,工业国多依靠提高能源效率改善空气质量,准工业国则更多地依靠治污技术的应用。

基于国际能源技术发展经验,肖英(2008)分析了我国新能源技术发展中由于关键技术缺失导致的技术、市场问题及其深层原因。李书锋(2009)认为制约我国可再生能源发展的最大因素是技术落后,而不确定性又是制约其技术进步的主要障碍。张克震和赵剑波(2014)认为我国新能源技术的发展处于引入阶段与快速发展阶段之间,各个领域的主导技术逐渐形成,但依旧存在不确定性;原有的技术范式存在优势,新能源技术需要调整适应;新能源技术应用逐渐市场化,但示范应用以及面向特定细分市场特征明显。

1.2.5 能源环境经济分析建模理念与相关模型研究现状及发展动态

全球气候变化与能源环境问题是威胁到人类长期可持续发展的重要问题,生态环境治理已成为各国政府的核心议题。近年来,国际社会围绕减少经济增长过程中的生态环境治理、促进经济向绿色发展模式转变已经采取了诸多举措,并定期对这些政策的效果进行评价以指导后一阶段的政策设计。

能源环境经济分析模型分为三类:自上而下模型、自下而上模型以及两者结合的混合模型。这些模型的具体特点及主要应用如下:自上而下的能源与气候经济模型主要以应用经济学模型为主,以市场、价格、价格弹性为主要纽带,集中刻画经济发展、能源消费、温室气体排放、气候变化之间的关系。这类中较具影响力的模型主要分为两种:一种是涵盖气候变化模块的综合集成模型,如Dice/Rice(Nordhaus,1993,2008,2011;Nordhaus & Yang,1996)、MERGE(Manne et al,1995)、PAGE(Hope,2006)、Fund(Tol,1997)等模型;另一种是不涵盖气候变化模块的多区域多部门CGE模型,如EPPA(Paltsev et al.,2005)、DART(Springer,1998)、GTAP-E(Burniaux & Truong,2002)、MONASH模型(Dixon & Rimmer,2002)等。自下而上的能源与气候经济模型主要集中在工程技术模型,如Markal/Times(Loulou & Labriet,2008;Loulou,2008)、MESSAGE

（Messner & Strubegger，1995；Riahi & Roehrl，2000）、LEAP（Heaps，2008）等。将两类建模思路进行结合，就产生了混合模型，如 NEMS（Energy Information Administration，2003，2007）和 POLES（European Commission，1996；Criqui，2001）模型。

能源—经济—研究 CGE（CE3 - LGE）模型作为生态环境治理政策评估模型当中的重要组成部分，在国际减排与区域低碳政策评价中具有广泛应用。利用能源—经济—研究 CGE（CE3 - LGE）对环境政策做出评估主要具有以下优点：一是基于坚实的理论基础。能源—经济—研究 CGE（CE3 - LGE）与新古典微观经济理论密切关联，这一优势使得建模者更容易根据相关理论判断模型结果是否合理并对政策的作用机制与影响结果做出基于经济规律的解释。二是能源、环境与经济系统整体协调一致的相互作用机制。能源—经济—研究 CGE（CE3 - LGE）的政策评估结果更加综合与具体，不但可以观测宏观经济整体影响，也可以研究微观经济部门层次变化，从而使其计算结果能较好地解释现象发生的原因。但能源—经济—研究 CGE（CE3 - LGE）也存在一系列争议性问题，如结果依赖大量参数且参数取值不稳健，使得模型结果的可信度大打折扣；模型假设过于理想且技术表达抽象，需要大量的数据支撑，通常很难实现。

1.2.6　生态环境治理政策工具的有效性及其影响效应研究现状

不同的生态环境治理政策工具对环境治理与生态建设本身的效应有所差异，由其引致的产业结构或收入分配调整、就业格局变动、节能减排的实际效应等也不尽相同。能源环境政策效果研究主要从两个方面出发：一是研究现有能源环境政策实施或外生冲击效果评价分析，二是利用 CGE 模型仿真研究一个能源环境政策的实施所带来的可能效果。这里的政策或外生冲击评价与 CGE 模型存在本质区别，前者是对一个已经实施多年的政策实行或外生冲击的实际效果进行估算（前提是必须存在处理组和对照组），而后者则是作者根据当前的宏观经济动向以及自己的主观判断设置模型情景，以研究其对整个经济系统的影响。

生态环境治理政策工具实施或外生冲击效果评价分析方面。目前政策效果评价在环境政策领域运用十分广泛，其计量研究工具主要是采用双重差分模

型(Difference-in-Difference Method,DID)估计和倾向得分估计。Fowlie 等
(2012)估计了美国加利福利亚州一项污染物排放交易计划的实行是否显著地
降低了氮氧化物的排放。Hanna 和 Oliva(2011)以墨西哥城一个大型的炼油厂
为外生冲击,研究了污染物排放对劳动力供给的影响。Knittel 和 Miller(2011)
则以美国清洁空气行动法案的事实为外生冲击研究了类似问题。Greenstone 和
Hanna(2011)则以印度为研究样本,研究了环境规制政策的实施对污染物排放
和婴儿死亡率的影响。相对于国外的丰富研究文献,DID 估计和倾向得分估计
方法在国内运用的并不多,近年来才有国内文献运用这些计量方法进行研究。
例如,邓国营等(2012)考察了成都市成华区电厂搬迁带来的环境改善对该区域
住房市场的影响。李树和陈刚(2013)利用 DID 评估了《中华人民共和国大气
污染防治法》的修订对中国工业行业全要素生产率增长的影响。包群等(2013)
采用 DID 研究了环保立法对环境的影响。杨友才等(2016)运用 DID 估计了合
同能源税收改革对节能服务业的影响。丁屹红和姚顺波(2017)采用 DID 比较
分析了退耕还林工程对黄河与长江流域农户福祉的影响。安祎玮等(2016)基
于倾向得分匹配法分析了宁夏盐池县"退牧还草"生态政策对农户收入的影响。

能源环境政策对宏观经济影响的仿真研究方面。Dufournaud 等(1988)最
先将污染排放和治理行为引入 CGE 模型并构建了环境 CGE 模型。OECD
(Organisation for Economic Co-operation and Development,经济合作与发展组
织)(1994)利用全球环境与能源模型(GREEN)模拟了从 1985—2050 年全球
(尤其是欧共体国家)经济增长中的能源使用,分析削减 CO_2 排放政策的成本。
Hans W Gottinger(1998)分析比较了 7 种不同的欧盟温室气体(Greenhouse Gas,
GHGs)减排政策的经济—环境—能源效应。Patriquin 模型的特点在于:①在
SAM 中引进了环境账户和能源账户;②将环境成分——CO_2 等量排放和吸收,
以及地区的游憩收益,在不考虑行为模式的情况下,纳入 CGE 模型。所谓不考
虑行为模式,即假设环境和经济的关系是单向的。Grant Allan 等(2007)利用经
济—能源—环境 CGE 模型研究了英国提高能源利用效率与能源力量反弹问
题。Roger Ramer(2011)采用 CGE 模型和内生增长理论模型分析了环境规制的
动态效果和结构变化。Beckman 等(2011)对 CGE 模型在能源领域应用的有效
性进行了对比分析。Orlov A 和 Grethe H(2012)分别研究了完全竞争市场条件

下和古诺寡头垄断市场条件下碳税政策对俄罗斯宏观经济的影响。Maisonnave
等(2012)采用 CGE 模型研究了能源价格上涨、气候政策实行以及两者同时发
生三个模拟场景对欧盟经济的影响,研究发现气候政策和能源价格上涨均会对
欧盟经济产生轻微的负向冲击作用; Panida Thepkhun 等(2013)采用 AIM/CGE
模型分析排放权交易、CO_2 的捕获和储存(Carbon Capture and Storage,CCS)技
术在泰国的温室气体减排效应。Arshad Mahmood 等(2014)采用了一个 20 部门
CGE 模型分别探讨了碳税征收、碳税征收与能源效率提高协调实施两种情景对
巴基斯坦经济的影响。Alessandro 等(2015)、Delfin 等(2016)对环境 CGE 模型
的能源替代弹性灵敏度进行了测试。Wei Li 和 Zhijie Jia (2016)构建了一个中
国递推动态 CGE 模型,仿真研究了排放交易计划和免费分配配额比例的影响。
Wei Li 等(2017)基于 CGE 模型分析了中国碳排放交易计划对电动车和 CCS 的
影响。

能源与气候经济模型在中国的起步较晚,应用也非常有限。中国目前的能
源与气候经济的模型一部分以 CGE 模型为主,主要开发中国的 CGE 模型以分
析中国能源、环境及气候政策模拟以及社会经济影响(Zhang,1996,1998;郑玉
歆和樊明太,1999;李善同等,2000;武亚军和宣晓伟,2002;王灿等,2003;魏巍
贤,2009;Liang et al. ,2007;王林秀等,2009;石敏俊等,2010,2012)。还有一部
分自下而上的能源技术模型,主要引进国际上著名的 MARKAL/TIMES、LEAP、
MESSAGE 等模型(Cai et al. ,2009;王克等,2006;陈荣等,2008),在此基础上进
行校验和改进,形成在一定程度上适合分析中国能源与气候问题的能源技术模
型,并利用这些模型开展相关能源发展战略、排放路径、减排成本及减排政策分
析等方面的研究。也有很少的混合模型(胡秀莲和姜克隽,1998; Chen,2005),
利用这些模型也对能源、环境、气候政策相关议题展开分析。此外,郭正权
(2011)、邓祥征等(2011)、李钢等(2012)、牛玉静等(2012)、李猛 (2011)、刘宇
等(2015)、王克强等(2015)、张晓娣和刘学悦(2015)均采用 CGE 模型仿真研究
了不同情景的能源环境政策对能源—经济—环境系统协调发展的效应,取得了
较好的研究效果。值得肯定的是,近年来,CGE 模型在 MBIs 政策效应评估中也
取得了系列成果。例如,刘婧宇等(2015)建立了一个加入金融系统的 CGE 模
型,刻画绿色信贷政策的传导路径,定量测算政策在不同时期的系统性影响。

周晟吕(2014)基于上海市能源—环境—经济 CGE 模型,模拟了在不同的就业条件下上海市碳排放交易机制对经济的影响和对传统污染物的协同减排效应。汤维祺等(2016)借助区域间 CGE 模型(IRD－CGE)对不同减排政策机制对排放主体的激励作用进行模拟和验证。刘宇等(2016)基于中国多区域一般均衡模型 TermCO$_2$ 对天津碳交易试点的经济环境影响进行了评估。徐晓亮(2014)、梁龙妮等(2016)基于 CGE 模型分析了能源资源税的改革效应,时佳瑞等(2015)、徐晓亮(2014)还具体分析了煤炭资源税改革的影响。原毅军等(2016)基于 CGE 模型分析了水污染税的开征对污染减排效果和宏观经济冲击的影响。

综上不难发现,中国绿色发展过程中能源环境政策变动带来的宏观经济和节能减排效应迫切需要科学的计量模型进行预测分析,这其中采用数值模拟方法来评价不同政策工具的研究主要基于 CGE 模型。

应用 CGE 模型定量评估能源环境政策的影响主要是由于它的几个重要特征:①CGE 模型提供了一个统一的框架,即有合理的微观经济基础,能够刻画政策变化对经济的直接和间接影响。②CGE 模型在分析各经济体之间的相互作用关系时考虑了市场出清条件和经济约束,这样更符合现实情况。③致力于减少污染的环境政策对于价格、数量和经济结构中的生产者行为和消费者福利都会有显著的影响。CGE 模型可以将经济理论和应用的环境政策联系起来,在一般均衡框架下来分析环境政策,更好地理解政策工具对生产和福利的影响结果(Bergman,1990a,1990b)。④CGE 能够分析不同经济体和行业间的联系,因此可以更好地体现经济间的相互影响,这一点是局部均衡分析框架下的成本—效益分析所不具备的(Conrad & Schroder,1993)。⑤动态 CGE 模型可以分析基于动态基线政策冲击的变化并且比较不同政策措施的优劣,这样能够更加反映现实经济。

尽管在能源环境政策分析中应用了各种 CGE 模型,但能源—经济—环境 CGE 模型仍然处于初级阶段,主要存在如下三个方面的问题:①缺乏可将能源、经济和环境三个不同系统等值折算到一个统一系统内的方法。国内现有大多数研究缺少能源、经济和环境所涉及各子系统的内在相互渗透、相互制约关系的综合研究,在界定能源、经济和环境之间相互作用时未能完整刻画三个不同系统的复杂关系。②缺乏金融模块的刻画。现有绝大多数 CGE 模型主要偏向实物经济部门的描述,对金融市场没有进行明确的描述,甚至没有考虑金融部门,忽视了金融部门与其他实物部门之间的相互作用。随着绿色金融的兴起,对绿色金融政策的评估亟须构建一个完善的环境金融 CGE 模型。③中国自主开发的大型 CGE 模型仍然匮乏。尽管一些 CGE 模型应用于现实经济的能源环境问题,但仍然是在发达国家成形的 CGE 模型基础上建构的,参数的设定和基线情景的各种假设通常不能符合中国能源环境系统的现实状况,很少是为中国根据自身经济社会特征尤其是"新常态"背景建立的能源环境 CGE 模型。本项目着力针对以上三方面问题,在课题组前期开发的中国静态可计算一般均衡模型——CHINGE 模型和中国动态可计算一般均衡模型——MCHUGE 模型进行模型应用扩展、环境反馈、函数扩展和结构衍生,构建一个"新常态"转型期特征的动态环境 CGE 模型,通过设置不同的政策情景,仿真研究这些政策调适对各经济主体的冲击以及这些反应相互间的作用程度。

1.3 本书的结构安排

1.3.1 本书研究的主要内容

党的十八届五中全会把"绿色发展"作为"十三五"期间五大发展理念之一,积极推进生态环境治理。习近平总书记在党的十九大报告中首次将"树立和践行绿水青山就是金山银山的理念"写入了中国共产党的党代会报告,且在表述中与"坚持节约资源和保护环境的基本国策"一并成为新时代中国特色社会主义生态文明建设的思想和基本方略。同时,党的十九大通过的《中国共产党章程(修正案)》强化和凸显了"增强绿水青山就是金山银山的意识"的表述,提出构建市场导向的绿色技术创新体系,强化科技创新引领,为加快推进生态文明建设,推动高质量发展指引了方向。这既有利于全党全社会牢固树立社会主义生态文明观、同心同德建设美丽中国、开创社会主义生态文明新时代,更表明党和国家在全面决胜小康社会的历史性时刻,对生态文明建设做出了根本性、全局性和历史性的战略部署。生态文明建设要为实现富强民主文明和谐美丽的社会主义现代化强国做出自己的独特贡献。而生态环境治理政策工具的选择、设计与应用是关系生态环境治理和绿色发展效果、政策执行成败的关键性因素。以中国绿色发展转型作为切入点，聚焦"党中央治国理政生态文明制度建设思想"，通过"公共政策与能源技术进步协调共建生态文明制度"的理论路径与研究视角，围绕"为什么要促进能源技术进步、创新什么样的能源技术，以及如何建立能源技术创新机制"三大现实问题，对能源技术进步内涵与外延、能源技术进步对能源—经济—环境系统的影响机理与影响程度、基于能源技术进步的中国绿色经济转型等问题展开系统研究，构建"既契合中国国情又符合国际趋势"的生态文明制度建设理论、方法与政策。具体而言，其包括以下六个方面的内容。

(1)能源技术进步理论内涵和外延研究，主要包括：①以技术创新理论、可持续发展理论和包容性增长的视角阐述能源技术进步理念及其理论基础，从理论上明确能源技术进步的政策内涵、影响因素、目标定位、绩效测评及能源技术创新体系的框架，构建一套能被广泛接受的能源技术进步理论分析框架和研究方法体系；②回顾中华人民共和国成立以来中国生态环境治理中命令—控制型、市场型和自愿型生态环境治理政策工具的实践应用演进历程，对比分析不同类别政策工具的内容、形式、结构与功能，提出中国绿色发展过程中实施能源技术进步的现实性、可行性和特殊性。

(2)中国生态环境治理现状、技术转型与国际经验研究，主要包括：①绿色发展过程中生态环境治理政策工具动态调适的统计考察。对当前中国资源消耗、环境污染、经济增长与生态环境治理现状进行统计考察，对中国生态环境治理的时空、产业和微观经济主体的典型特征进行统计测度，科学评价现有的生态环境治理政策存在的问题，用数据和事实评价现有的生态环境治理政策在制定、执行、评估以及监控等环节存在的失灵现象，探讨中国实施能源技术创新实现能源—经济—环境系统协调发展和生态文明建设的紧迫性、必要性和特殊性。②能源技术创新的国际比较与经验借鉴。以经济发达度、地域代表性、数据可获得性为样本选择标准，对世界典型国家能源环境政策工具进行对比分析，全面扫描这些国家和地区在能源技术创新方面的典型方式、运作模式和案例，提出加快推进中国能源技术进步，实现中国绿色发展的综合性规制方案。

（3）能源技术进步对能源—经济—环境系统的影响机理研究，主要包括：①遵循Solow（1974）和Hicks（1932）的"引致创新"思想，基于技术内生和技术外生两个层面以及"自主式"效应、"干中学"效应和"巨人肩膀"效应三个维度构建能源技术进步，在一般均衡框架下系统剖析能源节约型技术进步对能源—经济—环境系统的作用机理。②能源技术进步对能源—经济—环境系统的传导机理。由于能源技术创新的实施会对生产成本、绿色技术的激励、政府政策的实施成本，以及社会福利等方面产生直接影响，进而影响能源—经济—环境系统，从供给侧（供给诱导）、需求侧（需求引致）、社会环境三个层面，以政府、企业、公众及社会组织四大行为主体为切入点，基于静态和动态视角，分别构建能源技术进步对微观经济主体行为的影响机理模型（意识—情境—影响模型）和能源技术进步对微观经济主体行为的干预路径模型（信息—结构—干预模型）。

（4）能源技术进步对能源—经济—环境系统影响的实证研究。运用参数结构变化特征的空间计量理论和实证研究方法等现代计量经济的前沿理论方法，实证研究能源技术进步的宏观、中观和微观三个层次的效应。其中，能源技术进步的宏观效应主要考察其对推动经济增长、技术创新、能源节约和污染减排等方面的政策效应；能源技术进步的中观效应主要是从产业或区域（省域和县域）角度考察其政策效应；能源技术进步的微观效应主要考察其在改善绿色技术消费和支出、促进投资、缓解绿色技术融资困难等方面。具体而言，包括中国绿色技术效率的地区差异及收敛性、能源技术空间溢出效应对省域能源消费强度影响、绿色技术效率与命令型、市场型环境规制间互动机理，以及能源技术进步对全要素能源效率（省际、工业两个角度）的影响机理和作用程度。

（5）基于动态 CGE 模型的能源技术进步对能源—经济—环境系统影响的仿真研究。对中国静态可计算一般均衡模型——CHINGE 模型和中国动态可计算一般均衡模型——MCHUGE 模型进行模型应用扩展、环境反馈、函数扩展和结构衍生，构建一个动态环境 CGE 模型。通过设置能源技术进步不同政策情景，运用动态环境 MBIs - CGE 模型仿真研究能源技术进步对各经济主体的冲击以及这些反应相互间的作用程度，系统考察能源技术进步的政策归宿效应、宏观经济效果、产业结构效应和生态环境治理效应等多方面的影响效应。

(6)基于能源技术进步的中国绿色经济转型研究。结合实证研究与动态模拟结论,借鉴范英等(2016)有关政策工具选择的多重判定标准,运用机制设计的基本原理和分析方法,充分借鉴国外生态环境治理的成功经验,基于能源技术进步视角构建适用于中国具体情况的绿色经济转型的战略目标、可行路径、优先领域和保障措施,构建适用于中国具体情况的中国绿色发展过程中能源环境政策最优动态调适的政策方案与推进路径,为相关部门进一步修订和完善生态文明体制改革的政策体系提供科学的决策依据。

1.3.2 本书的研究思路和方法

采用文献梳理—现状分析—理论建模—政策模拟—机制优化的基本分析路线,以证据收集、事实归纳、规律总结和决策建议为基本研究脉络,研究能源技术进步理论内涵和外延,从理论上明确能源技术进步的政策内涵、影响因素、目标定位、绩效测评等体系框架,系统分析能源技术进步对经济主体行为、绿色技术激励、污染物和温室气体减排量、节能减排效果、宏观经济影响、社会福利影响等效应的影响,揭示能源技术进步对能源—经济—环境系统的影响机理;构建一个"新常态"转型期特征的动态环境 CGE 模型,仿真研究中国绿色发展过程中能源技术进步对中国能源—经济—环境系统的影响效应;结合实证研究与动态模拟结论,基于能源技术进步探讨中国绿色经济转型的战略目标、可行路径、优先领域和保障措施,进而提出有效的生态环境治理政策组合工具,以期实现中国经济社会发展与生态环境保护双赢的一种经济发展形态。本书研究技术路线如图 1.1 所示。

首先,本书的研究方法是目前数量经济分析的标准、前沿和核心方法,具有多种案例下成功的应用范例,并且其研究和应用仍然在快速发展过程中;其次,本项目需要的资料和设备等研究条件均比较成熟,已经在模型构建、计算能力和政策模拟等方面具有比较成熟的经验;再次,本项目是在相关项目基础之上的新学习、新认识和新思考,关键问题均是研究者从重大现实经济社会问题中提炼出来的,理论和实际紧密结合;最后,本项目虽然是可计算一般均衡理论以及能源环境政策理论当中复杂和前沿的选题,但由于研究重点突出、方法灵活、问题具体,因此能够实现预期研究目标并获得重要的经济政策启示。

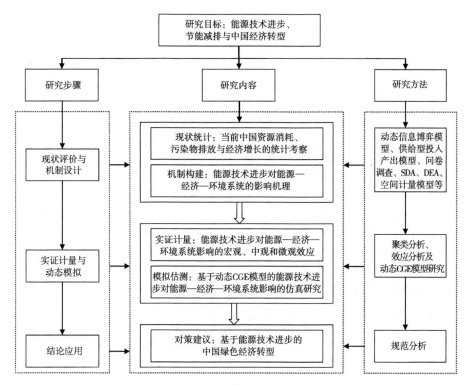

图 1.1　本书研究技术路线

本书将采用以数理经济学为基础的规范分析方法和以经济计量学为基础的实证分析方法,在研究过程中将定量分析与定性分析相结合,将理论分析和实际应用相结合,采用文献梳理—现状分析—理论建模—政策模拟—机制优化的基本分析路线,以证据收集、事实归纳、规律总结和决策建议为基本研究脉络。本书采用的具体研究方法主要包括:

(1)规范分析与系统分析相结合。本书将利用数理模型和能源环境经济学理论,结合运用现代计量经济学和统计学的方法,探讨能源技术进步作用于中国绿色发展和生态环境治理的理论推导和动态计量问题,从而进行系统的证据分析、事实发现和规律获取。

(2)实证分析与仿真分析相结合。本书将综合运用参数结构变化特征的空间计量理论和实证研究方法等现代计量经济的前沿理论方法实证分析能源技术进步对经济增长、生态建设和环境治理等方面的影响,运用动态 CGE 模型仿真研究中国绿色发展过程中能源技术进步对各经济主体的冲击以及这些反应相互间的作用程度,定量测度和刻画能源技术进步的作用机制与传导机理、有效性与稳健性,从中归纳出重要的典型化事实,并以此作为中国绿色经济转型的基础。

(3)比较分析与个案研究相结合。比较典型发达国家、发展中国家能源技术创新的政策、模式与实践,供中国能源技术创新借鉴与参考。对国内生态环境治理先进省份和落后省份能源技术创新的应用现状进行实地调查分析,使得本研究在数据的可靠性、资料的翔实性等方面取得突破。

1.4　本书的创新点

能源技术创新属于新兴的交叉学科研究范畴,是制度经济学、技术经济学、能源环境经济学、计算机仿真、管理学等共同的研究热点和兴趣,本书集中研究能源技术进步的基础理论问题及其对节能减排和中国绿色经济转型的影响机理和作用程度,对技术经济学、能源环境经济学理论的发展具有重要的学术创新价值。其具体体现在以下几个方面:

(1)为中国生态环境治理"全程培育"问题提供理论准备。能源技术进步是一种特定方向上的技术进步,包括所有有利于资源节约和环境保护的技术或管理方式的创新或改进。中国生态环境治理中能源技术进步研究能使能源环境政策工具研究得以深化,能使能源环境政策工具选择、应用的知识更加系统化,从而形成解决中国能源环境"全程培育"问题的理论准备,实现中国生态环境治理思路由"末端治理型"向"前端预防型"和"全程培育型"转变。

(2)系统构建出一个能源技术创新体系动态演化的理论框架。将能源技术进步的动态演化过程定义为技术内生和技术外生两个层面以及"自主式"效应、"干中学"效应和"巨人肩膀"效应三个维度分布的初级、中级、高级阶段。

(3)本书从局部均衡与一般均衡相结合的分析视角,系统分析能源技术进步对中国能源—经济—环境系统的影响机理和作用程度,提出未来中国生态文明建设和环境治理的政策方案,为中国能源环境的可持续发展和相关政策理论的制定提供一个系统的思想和窗口,为建立基于数学推导的、科学严谨的、符合现代经济学和管理学研究规范的能源环境经济可持续发展理论奠定基础。

（4）CGE 模型由于其严格的理论基础、多部门联系、价格内生等优势，已成为能源环境政策模拟和分析的标准工具之一。但受经济体制、数据等条件制约，基于中国经济和社会特征来全面动态测度能源技术进步对宏观经济变动、产业发展、能源节约环境保护的长期性影响效应研究尚不多见。本书构建一个"新常态"转型期特征的动态环境 CGE 模型，仿真研究中国绿色发展过程中能源技术进步对中国能源—经济—环境系统的影响效应，可以为政府制定相关政策提供科学决策的依据，不仅有助于提高相关政策决策的科学性，还有助于提升我国能源环境经济政策理论的研究水平。

第 2 章

能源技术进步理论基础及其范式变迁

大量的理论研究和经验资料使我们认识到,经济的发展是由要素的投入和技术进步共同推动的。特别是进入 21 世纪以来,科学技术发展日新月异,科技进步和创新成为增强国家综合实力的主要途径和方式,技术创新已成为国家竞争力的关键所在。纵观全球,许多国家把强化科技创新作为国家战略,把科技投资作为战略性投资,大幅度增加科技投入,并超前部署和发展前沿技术及战略产业,实施重大科技计划,着力增强国家创新能力和国际竞争力。从长远的角度看,技术进步才是经济可持续性增长的推动力量,是经济增长不竭的源泉和动力。习近平总书记曾指出:"党的十八大提出实施创新驱动发展战略,强调科技创新是提高社会生产力和综合国力的战略支撑,必须摆在国家发展全局的核心位置。我们要实现全面建成小康社会奋斗目标,实现中华民族伟大复兴,必须集中力量推进科技创新,真正把创新驱动发展战略落到实处。"

江泽民同志曾说,创新是一个民族进步的灵魂,是一个国家兴旺发达的不竭动力,他还在《论科学技术》一书中指出:"我们必须把以科技创新为先导促进生产力发展的质的飞跃,摆在经济建设的首要地位""必须大力开展科技创新,增强自主创新能力。没有创新,就没有发展,没有生命力"。胡锦涛曾指出:科学技术是第一生产力,是推动人类文明进步的革命力量。创新是推动科学技术进步的动力,是促进现代生产力发展的决定力量。习近平同志对中国科技创新进行了权威指导,他说,谁牵住了科技创新的牛鼻子,谁走好了科技创新这步先手棋,谁就能占领先机、赢得优势。他还指出,企业持续发展之基、市场制胜之道在于创新,各类企业都要把创新牢牢抓住,不断增加创新研发投入,加强创新平台建设,培养创新人才队伍,促进创新链、产业链、市场需求有机衔接,争当创新驱动发展先行军。国务院在《国家中长期科学和技术发展规划纲要(2006—2020 年)》(以下简称《规划纲要》)中明确指出:"面对国际新形势,我们必须增强责任感和紧迫感,更加自觉、更加坚定地把科技进步作为经济社会发展的首要推动力量,把提高自主创新能力作为调整经济结构、转变增长方式、提高国家竞争力的中心环节,把建设创新型国家作为面向未来的重大战略选择。"可见创新,尤其是科学技术创新,已经成为我国发展经济、增强国力的战略性选择。

为促进中国经济增长、资源节约和环境保护三者协调发展,各领域学者和实务者对此展开了广泛而深入的讨论。目前,学术界和实务界普遍认为,开发与采用先进的绿色生产技术是实现资源、经济与环境系统协调发展的有效途径之一(史丹和张金隆,2003;李廉水和周勇,2006;廖华等,2007;魏艳旭等,2011;何小钢和张耀辉,2012;张同斌和宫婷,2013;郑丽琳和朱启贵,2013;王班班和齐绍洲,2014;杨骞和刘华军,2014;何小钢和王自力,2015;陈晓玲等,2015;周五七,2016)。实施创新驱动,推动能源技术进步已成为新常态背景下我国绿色经济发展的客观要求。

2.1　技术创新理论发展演变

纵观整个人类发展史,究其本质其实是人类不断创造发明的历史,用两个字来概括,那就是创新。"创新"也是当今世界使用频率很高的一个词。然而,创新成为一种理论,还是 20 世纪初的事情。

人们对于什么是创新有不同的理解。那么,创新的内涵到底是什么呢?英语里的"创新"(Innovation)一词源于拉丁语里的 Innovare,意即更新、创造新的东西或改变。当前,对于创新的理解归纳起来大概有三种观点:一是创新是指创造新东西;二是创新从本质上来说,是一种理念,即一种不断追求卓越、追求进步、追求发展的理念;三是创新的本质在于创造新的效益和效率。人们对"创新"概念的理解最早主要是从技术与经济相结合的角度,探讨技术创新在经济发展过程中的作用,主要代表人物是现代创新理论的提出者约瑟夫·熊彼特[①]。熊彼特 1912 年在他的专著《经济发展理论:对于利润、资本、信贷、利息和经济周期的考察》中开创性地提出了"创新"理论,并把创新与经济发展以及经济周期,创新与企业家紧密相连,由此而轰动了西方经济学界,并且至今享有盛誉。创新在研究领域产生,随后在经过一个时间过程后在应用领域得到接受和采纳,这成了第二次世界大战后人类更熟悉的创新扩散模式。进入 21 世纪,信息技术推动下知识社会的形成及其对创新的影响进一步被认识,科学界进一步反思对技术创新的认识,创新被认为是各创新主体、创新要素交互复杂作用下的一种复杂涌现现象,是创新生态下技术进步与应用创新的创新双螺旋结构共同演进的产物,关注价值实现、关注用户参与的以人为本的创新 2.0 模式也成为21 世纪对创新重新认识的探索和实践。

2.1.1　熊彼特的创新理论与技术创新

1912 年,奥地利经济学家,后为美国哈佛大学教授约瑟夫·熊彼特在其成名著作《经济发展理论:对于利润、资本、信贷、利息和经济周期的考察》一书中首次阐述了"创新"的概念,赋予"创新"经济学内涵,创立了他的"创新"理论(他称为"发展理论")。正是这独具特色的创新理论,不仅奠定了熊彼特在经济思想发展史研究领域的独特地位,也成为他经济思想发展史研究的主要成就。

熊彼特的创新理论包括三个方面:一是创新的特定内涵,二是创新与发明的关系,三是创新与企业、企业家的关系。他强调,技术因素独立于经济活动。他把经济活动分为"循环流转"的"均衡状态"和"动态的非均衡状态"两种类型,并认为后者"是流转渠道中的自发的和间断的变化,是对均衡的干扰,它永远在改变和代替以前存在的均衡状态。我们的发展理论,只不过是对这种现象和伴随它的过程的论述"。技术生产追求"使生产工具臻于完善所带来的半艺术性的快乐",而经济生产追求市场利润。企业性质决定经济的作用因素高于技术的因素,不能带来经济利益的新技术生产方式不被企业重视,不能称之为

[①]　约瑟夫·熊彼特(Joseph Alois Schumpeter,1883 年 2 月 8 日—1950 年 1 月 8 日),是一位有深远影响的奥地利政治经济学家,1932 年迁居美国,任哈佛大学经济学教授,直到 1950 年初逝世。

技术创新。熊彼特的创新理论还阐述了创新与发明的关系。《辞海》对"发明"的解释是"创造新的事物,首创新的制作方法";对"创造"的解释是"创制前所未有的事物"。这与《现代汉语辞典》认为的"创新"是"抛开旧的,创造新的"和古拉丁语里认为的"创新"是"创造新东西"的说法基本上是一致的。我们平常一般认为创新与发明、创造可以作为同义词使用。但是,熊彼特从经济学的角度重新界定了创新与发明的关系:"先有发明(Invention),后有创新(Innovation);发明是新工具或新方法的发现(Discovery),创新则是新工具或新方法的实施(Implementation)。"发明仍是一种知识形态,一种创新了的知识;创新却是一种经济活动,获得新的经济价值。创新是经济生产中的创新,与技术发明无关。发明追求"新颖",创新追求利润,发明在用于实践之前在经济上是不起作用的,也不能称之为创新。发明是创新的技术基础,创新是发明的首次商业应用。创新 = 发明 + 开发。熊彼特还认为"创新"是"一种生产函数的建立",或者是"生产要素和生产条件的一种重新组合",并"引入生产体系使其技术体系发生变革",以获得"企业家利润"或"潜在的超额利润"的过程,但他本人并没有直接对"技术创新"下一个狭义的定义。熊彼特进一步把创新分为五种具体情形:一是采用一种新产品或一种产品的一种新的特性;二是采用一种新的生产方法,即在有关的制造部门尚未通过经检验的方法,这种新的方法不需要建立在科学上新的发现的基础之上,但可以存在于商业上处理一种产品的新的方法之中;三是开辟一个新的市场,即有关国家的某一制造部门以前不曾进入的市场,不管这个市场以前是否存在过;四是掠取或控制原材料或半制成品的一种新的供应来源,而不管这种来源是已经存在的,还是第一次创造来的;五是实现任何一种工业的新的组织,如造成一种垄断地位(如通过托拉斯化),或打破一种垄断地位。

熊彼特的创新理论是一个较为完整的理论系统,它包括创新系统的诸多组成要素,各要素之间相互联系和相互作用,以共同实现创新活动。这些要素主要包括:

(1)创新主体,即整个创新活动的承担者和参与者。熊彼特认为创新是企业和企业家的"基本职能"。在熊彼特看来,创新主体是企业和企业家。因此,其具体列举的五种创新的情形都是针对企业而言的。但是,并非所有的企业和企业家都是创新者,同样,发明家并非就一定是创新者,只有把发明应用商业化并获得利润才是创新者。

(2)创新客体,是指创新活动所指向的对象。创新客体主要是由当时的社会经济条件、认识水平和创新过程中所运用的技术所决定的。熊彼特创新理论的客体主要是指自然物,它是针对自然界而发生的变革活动,一种新产品的开发、生产设备的改进、工艺流程的改善或一个新的市场的开辟等。创新客体范围的大小说明了创新活动变动的程度和生产力水平的高低。但是熊彼特的创新理论尚缺少对社会和人自身的研究。

(3)创新主体的创新构想,是指作为任何一项创新活动在创新付诸实施之前必须有一系列完整的设想:对该项创新的市场、核心技术、发展前景、创新价值等的预测。这是创新的前提,没有构想就不可能有成功的创新。熊彼特创新理论的新构想是希望由企业家率领其企业调整、变革其产品、工艺、市场和组织手段等,从而获得新的利润的设想,它在很大程度上决定了创新的过程和结果。

(4)研究与开发,把技术创新构想转化成实施方案。在这个过程中,需要大量地运用各种技术,技术创新不是技术的创新,但是却离不了技术。技术是人们改造自然、社会和人自身的手段和工具,根据技术所处理的对象的不同,也和自然科学、社会科学、人文科学相对应,技术也可分为自然技术、社会技术和人文技术。技术的创新就包括这三类技术的变革和发展。熊彼特的创新中的技术主要指自然技术,如产品创新、工艺创新,它是通过自然技术的革新应用于生产而获得商业利润的活动。因此,人们把熊彼特的技术创新理解为自然技术创新,其研究与开发主要是自然技术的应用过程。

(5)市场,技术创新成功的唯一标志是产品或服务在市场实现其价值,具体就是获得预期的商业利润或目标。熊彼特以技术创新来解释商业利润的来源,实际上也就是表明技术创新的实现标志。市场的实现、开辟、渗透或扩大与巩固,也是技术创新的重要目标,最终表现为商业利润的增加。

熊彼特的创新理论不仅开创了技术创新的新领域,而且也奠定了非均衡经济分析和制度学派的基石,在整个西方经济学史上占有极其重要的地位。但是,其理论提出之时并没有受到广泛重视和关注,因为当时(20世纪初)世界经济增长的主要来源还是资本积累,技术仅仅是创造利润的生产要素之一,科学技术的作用还没有像今天这样突出;各主要资本主义国家把重点精力放在对外扩张上,通过大力争夺世界原料产地和商品销售市场来获得巨额利润;又因自由竞争的无序性而常常带来经济危机的困扰和争夺霸权的野心及军事竞争的挑战,故对熊彼特的创新理论没有足够重视,倒是适应当时社会经济形势的"凯恩斯主义"盛行其道。到了第三次科技革命开始之时,即 20 世纪五六十年代,由于对经济的特别重视和科技作用的日益显现,人们才对熊彼特创新理论给予重视,并促进了这一理论的发展。

2.1.2　熊彼特之后技术创新理论的发展

熊彼特提出创新理论之后,并没有引起人们太多的注意,直到第二次世界大战之后,特别是从 20 世纪五六十年代开始,随着科技的进步经济和社会的发展,人们重新认识到熊彼特创新理论的价值,尤其是经济学家、管理学家和科技政策学家等,从不同的角度、范围进行研究,从而在全球范围内掀起了至今仍在不断拓展的研究技术创新的热潮。由于熊彼特本人并没有对技术创新进行严格的定义,也没有明确技术创新的研究对象和范围,因此在熊彼特去世之后,西方经济学家进一步探讨了技术创新的内涵、过程、动力机制和运作模式等,但直到目前对技术创新的概念还没有统一的定义。

诺贝尔经济学奖获得者罗伯特·索罗(Robert Solow)于 20 世纪 50 年代提出技术创新的形成有赖于新思想及其以后阶段的实现于发展的理论,第一次就技术创新本身的问题开展研究,被称为技术创新研究上的第一个里程碑。索罗经过对创新理论的深入研究后,在《在资本化过程中的创新:对熊彼特理论的评论》一文中提出了创新成立的两个条件,即新思想的来源和以后阶段的实现发展。这一"两步论"被认为是技术创新概念界定研究上的一个里程碑。

伊诺思(Enos)1962 年在《石油加工业中的发明与创新》一文中首次对技术创新明确地下定义。他从行为集合的角度和行为过程将技术创新定义为"技术创新是集中行为综合的结果,这些行为包括发明的选择、资本投入保证、组织建立、制订计划、招用工人和开辟市场等"。如果从技术创新的时序过程来看,技术创新应该是始于对技术的商业潜力的认识而终于将其转化为商业化产品的整个行为过程。

以爱德温·曼斯菲尔德(M. Mansfield)、莫尔顿·卡曼、南希·施瓦茨等为代表的新熊彼特主义经济学家在熊彼特的创新理论基础上,结合微观经济学理论,界定了技术创新的概念、内容和主要类型,探讨了技术创新理论的研究对象,技术创新的一般过程以及影响因素,技术创新的扩散模式,技术创新对企业、行业以及国民经济增长的贡献的测度方法等,使得技术创新理论形成了一个较为完整的研究体系。曼斯菲尔德在1973年发表的《工业创新中的成功与失败研究》一书中强调新产品或工艺所产生的社会效应和经济效应,认为"技术创新是一技术的、工艺的和商业化的全过程,其导致新产品的市场实现和新技术工艺与装备的商业化应用"。

曼斯菲尔德还对新技术的推广问题进行了深入的研究,分析了新技术在同一部门内推广的速度和影响其推广的各种经济因素的作用,并建立了新技术推广模式。他提出了四个假定:①完全竞争的市场,新技术不是被垄断的,可以按模仿者的意愿自由选择和使用;②假定专利权对模仿者的影响很小,因而任何企业都可以对某种新技术进行模仿;③假定在新技术推广过程中,新技术本身不变化,从而不至于因新技术变化而影响模仿率;④假定企业规模的大小差别不至于影响采用新技术。在上述假定的前提下,曼斯菲尔德认为有三个基本因素和四个补充因素影响新技术的推广速度。这三个基本因素为:①模仿比例,模仿比例越高,采用新技术的速度就越快;②模仿相对盈利率,相对盈利率越高,推广速度就越快;③采用新技术要求的投资额,在相对盈利率相同情况下,采用新技术要求的投资额越大推广速度就越慢。而四个补充因素具体包括:①旧设备还可使用的年限,年限越长,推广速度就越慢;②一定时间内该部门销售量的增长情况,增长越快,推广速度就越快;③某项新技术首次被某个企业采用的年份与后来被其他企业采用的时间间隔,间隔越长,推广速度就越慢;④该项新技术初次被采用的时间在经济周期中所处的阶段,阶段不同,推广速度也不同。

卡曼、施瓦茨等人从垄断与竞争的角度对技术创新的过程进行了研究,把市场竞争强度、企业规模和垄断强度三个因素综合于市场结构之中来考察,探讨了技术创新与市场结构的关系,提出了最有利于技术创新的市场结构模型。卡曼、施瓦茨等人认为,竞争越激烈,创新动力就越强;企业规模越大,在技术创新上所开辟的市场就越大;垄断程度越高,控制市场能力就越强,技术创新也就越持久。在完全竞争的市场条件下,企业的规模一般较小,缺少足以保障技术创新的持久收益所需的控制力量,而且难以筹集技术创新所需的资金,同时也难以开拓技术创新所需的广阔市场,故而难以产生较大的技术创新。而在完全垄断的条件下,垄断企业虽有能力进行技术创新,但由于缺乏竞争对手的威胁,难以激发企业重大的创新动机,因此也不利于引起大的技术创新。因此,最有利于创新的市场结构是介于垄断和完全竞争之间的"中等程度竞争的市场结构"。

新熊彼特学派对技术创新理论进行了系统的研究,对熊彼特的创新理论也从不同角度进行了研究和发展。该学派虽然坚持熊彼特创新理论的传统,但所关注的是不同层次的问题,熊彼特忽略了创新在扩散过程中的改进和发展,而新熊彼特主义者的着眼点则在于创新的机制,包括创新的起源、创新过程、创新的方式等内容。另外,还有一些新熊彼特学派的理论研究。总之,新熊彼特学派通过系统的、科学的研究和探索,已经初步搭起了技术创新的理论框架,但没有得出更多深层次的理论规律。

以英国学者克里斯托夫·弗里曼(C. Freeman)、美国学者理查德·纳尔逊等人为代表的技术创新的国家创新系统学派认为,技术创新不是企业家的功劳,也不是企业的孤立行为,而是由国家创新系统推动的。20 世纪 80 年代弗里曼在考察日本企业时发现,日本的创新活动无处不在,创新者包括工人、管理者、政府等。日本在技术落后的情况下,以技术创新为主导,辅以组织创新和制度创新,只用了几十年的时间就使国家的经济出现了强劲的发展势头,成为工业化大国。这个过程充分体现了国家在推动技术创新中的重要作用,也说明一个国家要实现经济的追赶和跨越,必须将技术创新与政府职能结合起来,形成国家创新系统。由此,弗里曼在《技术和经济运行:来自日本的经验》一书中提出国家创新系统理论。他认为国家创新系统有广义和狭义之分,即前者包括国民经济中所涉及的引入和扩散新产品、新过程和新系统的所有机构,而后者则是与创新活动直接相关的机构。弗里曼在《工业创新经济学》(1982)中,进一步将技术创新定义为"就是指新产品、新过程、新系统和新服务的首次商业性转化",强调新产品或新服务的经济效益,认为技术创新的结果是存在巨大的市场潜力并将占有一定的市场份额。弗里曼认为,技术创新是指在第一次引进某项新的产品、工艺的过程中,所包含的技术、设计、生产、财政、管理和市场活动的诸多步骤,他对技术创新的研究突出了技术创新的多因素、多环节。"一项发明,当它被首次应用时,可以称为技术创新。"这个概念主要区别了技术发明与技术创新,并说明了二者之间的内在联系。按照他的观点,技术创新就是一种新的产品或工艺被首次引进市场或被社会所使用。纳尔逊以美国为例,分析了国家支持技术进步的一般制度结构。他在1993年出版的《国家创新系统》一书中指出,现代国家的创新系统在制度上相当复杂,既包括各种制度因素和技术行为因素,也包括致力于公共技术知识研究的大学和科研机构,以及政府部门中负责投资和规划等的机构。纳尔逊强调技术变革的必要性和制度结构的适应性,认为科学和技术的发展过程充满不确定性,因此国家创新系统中的制度安排应当具有弹性,发展战略应该具有适应性和灵活性。

缪尔塞(Mueser,1985)对几十年来在技术创新概念和定义上的多种概念进行了整理,发现大部分相关论文对技术创新的定义接近以下表述,即当一种新思想和非连续性的技术活动经过一段时间以后,发展到实际和成功应用的程序,就是技术创新。在此基础上,Mueser将技术创新定义为:技术创新是以其构思新颖性和成功实现为特征的有意义的非连续性事件。这一定义突出了技术创新在两个方面的特殊含义,即技术活动的新颖性(活动的非常规性,包括新颖性和连续性)和最终实现(活动必须获得最终的成功实现)。首先,技术创新是一种创新活动,这种创新的必要性表现在最终产品和生产环节两个方面。外部市场需求随着经济和社会发展不断地变化,当变化达到一定程度,形成一定规模时,将直接影响企业产品的销售和收入水平,同时也为企业提供了新的市场机会和构思思路,并引导企业以此为导向开展技术创新活动,对企业技术创新形成拉动和激励。另外,对利益最大化的追求驱使企业努力进行扩大规模、降低成本等提升利润的行为,但是这些行为所产生的利润空间不是可以无限挖掘的,因此企业需要采取改进生产工艺等创新行为以提高利润水平。其次,技术活动不等于经济活动,如果企业不断追求"技术上的完美",而不充分考虑市场因素的变化,那么即使拥有先进的技术也无法做到成功的创新(陈卉,柳卸林,2006)。技术领先并不能保证创新成功,有时反而阻碍创新(Harryson,1998)。

技术本身是没有内在价值的,只有通过某种商业模式对其进行商业化开发才能从中挖掘出价值(Chesbrough,2003)。因此,这一定义比较简洁地反映了技术创新的本质和特征。

一些国际组织也对技术创新的概念进行了界定。例如,OECD认为,"技术创新包括新产品和新工艺,以及产品和工艺的显著的技术变化。如果在市场上实现了创新(产品创新),或者在生产工艺中应用了创新(工艺创新),那么就说明创新完成了。因此,创新包括了科学、技术、组织、金融和商业的一系列活动";又认为,技术创新指新产品的产生及其在市场上的商业化以及新工艺的产生及其在生产过程中应用的过程。OECD的专家们认为,技术创新和技术进步是生产、分配和应用各种知识的各个部门之间一整套复杂关系的结果。在这一过程中,公共研究、基础设施的质量及其与工业界的联系是支持技术创新的一项最重要的国家资产。政府作为支持研究机构和大学的主要承担者,不仅为工业界生产基础知识体系,而且也是新的技术方法、工艺和技能的主要来源。因此,公共部门和产业界要加强联系,促进科学技术在一国内部的循环流转。美国国家科学基金会(National Science Foundation,NSF)从20世纪60年代上半期开始发起并组织对技术革命和技术创新的研究,迈尔斯(Myers)和马奎斯(Marquis)作为主要倡议人与参与者,在其1969年的研究报告《成功的工业创新》中将技术创新定义为技术变革的集合,认为技术创新是一个复杂的活动过程,从新思想和新概念开始,通过不断地解决各种问题,最终使一个有经济价值和社会价值的新项目得到实际的成功应用。

马克思虽然没有明确使用技术创新的概念,但却从哲学高度上阐述了技术创新的基本思想,并对科学发明和技术创新在社会经济发展中的重要作用有过许多精辟论述。在他的政治经济学理论中,技术创新属于生产力范畴,生产力具有内在动力,它经常处于不断发展变化中,是社会生产中最活跃、最革命的力量。正如恩格斯指出的,马克思"把科学首先看成历史的有利的杠杆,看成最高意义上的革命力量"[①]。美国的F. M. 谢勒在《技术创新:经济增长的原动力》一书中这样评价马克思:他认识到了资本主义经济的增长是资本积累和技术创

---

① 马克思恩格斯选集(第19卷)[C]. 北京:人民出版社,1972:372.

新的结合。

清华大学经济管理研究所根据我国实际,在大量理论和实证研究的基础上,最早提出了代表我国水平的技术创新定义:"技术创新是企业家抓住市场的潜在机会,以获取商业利益为目标,重新组织生产条件和要素,建立起效能更强、效率更高和费用更低的生产经营系统,从而推出新的产品、新的生产(工艺)方法,开辟新的市场、获得新的原材料或半成品供给来源,或建立企业的新的组织。它是包括科技、组织、商业和金融等一系列活动的综合过程。"

其他方面,陈昌曙(1988)认为"技术创新是以企业为主体,以市场为导向,应用先进科技成果进行开发,并使之商业化的过程"。技术的体系化与社会化是技术创新的本质特征。体系化是指"技术发明的成果必须与其他一系列技术相匹配,形成产业技术,才能生产出产品和商品";社会化是指"技术创新的活动和目的必须在一定的社会经济条件下才能实现"。陈文化认为,"创新是将新构想创造性地引入社会、经济系统并获得综合效益的动态过程",着重强调技术创新应以"经济和社会目标为导向",并以"获得综合效益"为结果。贾蔚文等认为,"技术创新是一个从新产品或新工艺设想的产生,经过研究、开发、工程化、商业化生产,到市场应用的完整过程的一系列活动的总和"。远德玉把技术创新分为创新决策、创新物化、创新实施和创新实现几个阶段。产业经济理论将技术创新区分为三个阶段:一是研究开发,包括旨在取得基本知识的基础研究、与工程有关的应用研究和开发;二是把研发的新产品和新工艺带入商业化使用,这是技术创新的市场实现;三是市场化阶段,通过授予特许权,模仿取得专利创新,或采用为获得专利的创新,而使创新在产业中扩散。张世贤认为,技术创新是一个始于研究开发而终于市场实现的过程,这一过程的普遍展开就是一项技术成果的产业化实现。技术创新显然并不是技术本身的发展问题,而必须是一系列相互关联的经济行为所组成的复杂系统及其过程。郭晓川认为技术创新是技术系统和经济系统整合的过程,是一个跨组织的行为。傅家骥认为,"技术创新就是技术变为商品并在市场上销售得以实现其价值,从而获得经济效益的过程和行为"。

通过以上定义,我们可以总结出一些共性的地方。共性的东西主要包括:①创新是一个系统工程,从目标到目标实现存在着各个环节上的照应和联系;

②创新是一种经济活动,所以创新行为与市场是息息相关的,市场是检验创新成功与否的唯一标准;③都强调技术的新颖性和成功的实现性。

2.2　能源技术进步的界定与特征

能源技术创新是技术创新理论中的一个细化的理论分支与概念延伸,能源技术进步是一种特定方向上的技术进步,从作用效果看,包括所有有利于资源节约和环境保护的技术或管理方式的创新或改进(杨福霞,2016)。20 世纪 90 年代爆发的第三次石油危机可以视为能源技术创新理论研究的标志性事件,面对石油危机和资源环境问题,许多研究认为当时是发展可再生能源和低碳化石能源技术的关键时刻,而这些技术在满足未来能源供应和环境需求方面将是至关重要的(Parson & Keith,1998)。与此同时,学者们也普遍认为能源技术在应对气候变化方面将发挥核心作用(Kinzig & Kammen,1998)。因此,早期学者们基于技术创新生命周期的特点,在能源技术创新理论研究的基础上,从能源技术创新过程、能源技术创新研发与专利、能源技术创新组织形式以及能源技术创新政策等角度展开了一系列卓有成效的研究。

国外方面,以 Robert Mark Margolis(1999,2002)、Vicki Norberg-Bohm(2002)和 Ambuj D. Sagar(2004,2006)为代表的学者对能源技术创新进行了逐步深入的研究,构建了基本的能源技术创新理论体系。Margolis(1999)研究发现,美国的能源技术 R&D 投资下降,并且能源部门的研发强度与其他部门相比非常低,能源技术 R&D 投资的削减降低了能源部门的创新能力,将使其在未来进行清洁能源技术选择和应对全球气候变化方面面临挑战,因此他建议美国政府应当在能源技术研发、相关的人力和机构建设方面加大投资。Margolis(2002)认为能源技术创新过程是创新主体和创新政策相互作用、相互影响的双向交叉链式过程。Norberg-Bohm(2002)提出了能源领域诱导性技术创新理论,即研发投入和新市场是能源技术创新活动开展和扩散的诱导因素。Sagar(2006)认为能源技术包括初始能源技术和二级能源技术,初始能源技术是指初始资源从勘探、采集、运输,到经过后期加工处理转换成为能直接使用的能源(如燃烧煤或者木头获取的热能)技术;而二级能源技术是指便利终端使用的能源(如汽油、电)技术,也包括二级能源转换能源服务的技术(如电力照明、电器、电力和汽油对机动车辆的驱动等)。他提出并明确定义了能源技术创新的概念,即能源技术创新是指新的替代能源技术的研究和开发,包括现有能源技术的改进并使新能源技术得到实际广泛的商业应用(Sagar,2004)。随后,其他学者也对能源技术创新概念进行了界定。Sagar 和 Gallagher(2006)认为能源技术创新涉及能源勘探、开采、储存、运输、加工及使用技术的方方面面,是导致新能源技术和能源技术改进的一系列工艺的集合。通过能源技术创新能够提高能源服务的质量,减少与能源供给和使用相关的经济、环境及政治成本。Sagar(2006)对能源技术创新的定义具备四个方面的特点:一是能源技术创新应该是一个经济学概念,把科技新思想转变成增加能源储量或产量的新技术,节约投资和生产成本的新工艺、新产品或新服务。二是能源技术创新应该是一个成功应用的市场概念,把生产成功应用而获得商业利益作为检测创新程度的最终标准。三是能源技术创新包括了 R&D、资金投入技术创新生产组织、规模生产、成功应用和获得经济效益五个重要的环节,是一项系统工程。四是从能源技术创新的表现形式来看,可以表现为根本性创新,如水能、风能、氢能、核能、太阳能及生物质能等;也可表现为渐进性创新,即对原有技术的改进突破,如洁净煤技术、碳捕获和封存技术等(杨忠敏,2015)。

国内方面,魏晓平和史历仙(2008)认为能源产业技术创新是指能源产业新设想、新发明产生的过程和新设想、新发明转变成提高能源产量的新方案、节约投资和生产成本的新工艺、增加收益的新产品和新服务的转化过程。2005 年,中国政府制定的《国家中长期科学和技术发展规划纲要(2006—2020 年)》规划我国将在四大领域推进能源技术进步:大力推广节能技术,重点攻克高耗能领域的节能关键技术,提高一次能源和终端能源利用效率;推进关键技术创新,鼓励发展洁净煤技术,重点掌握第三代大型压水堆核电技术,积极发展复杂地质油气资源勘探开发和低品位油气资源高效开发技术;鼓励发展替代能源技术,提升装备制造水平,依托国家能源重点工程,带动装备制造业的技术进步;加强前沿技术研究,重点研究化石能源、生物质能源和可再生能源制氢。刘三林和彭穗生(2012)认为,能源技术创新的能源效率系统与能源消费系统是构成能源经济可持续发展的两个子系统,只有整合两者与经济增长的协整机制才有利于能源经济系统的良好运行。

现有大量研究主要详细论述了专门以资源节约尤其是能源节约或削减污染物为目的的生产技术的创新或使用,如发展或采用清洁生产、治理污染及替代化石能源技术。但这类定义对不以资源节约和污染物减排为目的但又实现了相应效果的技术或制度创新活动关注不足。实际上,非关注于资源节约和环境保护的技术进步也可能产生资源节约或环境效益。例如,在荷兰,据估计该国 60% 的技术创新提高了环境绩效,创新企业 55% 的一般性创新项目都有利于可持续发展(Kemp & Pearson,2008)。另外,由于生产系统中各因素相互影响导致技术使用效果具有不确定性,以污染物减排为目的的技术创新在实际生产中可能并不改善环境质量或减少化石能源消耗量(Gans,2011)。同时,以能源节约为目的的能源效率提高的技术创新经常存在"回弹效应",即化石能源效率的提高可以在一定程度上降低其服务价格,促使化石能源服务需求增加,从而使能源需求量不降反升(杨冕,2012)。

本书沿用杨福霞(2016)对绿色技术进步的定义,将能源技术进步定义为:与正在使用的技术或管理方式相比,在其整个生命周期内,显著提高了某组织单位(开发或使用它)资源效率或(和)环境绩效的一系列新产品、生产过程或工艺、管理方式、制度设计的创新或推广使用。本定义认为,与现有技术或制度设计相比,只要能获得更多资源节约或污染物减排效果,就认为属于能源技术进步的范畴,而不关注该技术或组织形式的使用是专门为实现该目的而设计的,还是一般意义上经济活动方式改进而附带产生资源节约或环境改善效果。因此,本定义与现有定义相比具有明显的特征。

一是涵盖内容的广泛性(或综合性)。首先,从技术进步内容看,它包括纯技术进步和制度或体制创新两个层面。其中,纯技术包括新产品、生产过程、工艺等看得见的"硬"技术,而制度层面包括新的管理方式、组织形式、制度设计、体制建立等。其次,新颖性。本定义的新颖性是针对使用此类技术或管理制度的企业或用户而言的,而并非针对市场或全球范围内首次出现,即只有对使用组织单位而言,该技术或管理方式是第一次使用,即可认为它属于该能源技术进步的范畴。当然,其可以是该企业新开发的,也可以是从其他企业购买或引进的,只要对于使用者是"新颖的"即可。最后,从技术或制度的整个生命周期来看,有利于实现资源节约或环境绩效改善。例如,对某一产品而言,其产品设计和原材料选择可能消耗较多资源,但在其销售和使用阶段却节约了更多材料,那么总体而言该新产品的使用提高了资源效率,仍旧属于能源技术进步的范畴。

二是强调技术进步的资源效率提升或环境绩效改善效果。对于绿色属性而言,能源技术进步概念只关注结果而不问动机,即能源技术进步并不局限于那些专门以资源节约或环境绩效改善为目的的创新活动,也包括那些为其他目的的创新活动而偶然或附带产生资源节约或环境改善效果的"无心插柳"的创新行为,这就有效解决了因创新动机调查而带来的模糊性问题。

三是最终实现经济增长、资源效率提升和环境质量改善"三重"收益。作为最大的发展中经济体,中国当前乃至今后相当长一段时期内仍将经济增长作为其解决发展中问题的重要抓手,并进一步加强资源节约和环境改善的工作力度,力求寻求一条资源—经济—环境系统协调发展的路径。能源技术进步的最终目标是提高使用者的资源效率或(和)环境绩效,通过降低资源投入或(和)污染物排放量,确保经济产出最大化,实现经济持续发展。

2.3　能源技术进步的范式变迁

能源技术变迁是在一定的技术经济范式(Techno-Economic Paradigms)下进行的,它不仅仅是一个单纯的工程意义上技术变化的过程,而是与社会经济、市场结构、制度安排等密切相关,而又相互影响的一个复杂过程(Perez,2004)。一方面,能源技术进步会推动经济的增长,促使产业结构变化;另一方面,经济发展水平、社会制度、机构等的安排也将对能源技术进步的方向和速度产生正的或负的影响。根据能源技术进步的主要推动因素的不同,将能源技术变迁划分为三个阶段技术—经济范式的变迁。

2.3.1　自然增长阶段

本阶段以 1859 年为分界线,在此之前,人类度过了漫长的农业文明时期,柴薪是农业文明时期最重要的主体能源。直到 1859 年,美国宾夕法尼亚州打出了世界上第一口油井,成立了世界上第一个石油公司——宾夕法尼亚石油公

司(Pennsylvania Rock Oil Company),宣布了世界石油工业的发端。这得益于 18
世纪西欧爆发的工业革命,蒸汽机的发明将人类带入了工业文明。工业革命极
大地改变了人们的生活、工作模式,改变了整个世界。瓦特发明的蒸汽机使得
煤炭的使用急剧增长,煤炭的使用遍及了工业革命后产生的各个产业部门,如
火车、冶炼、发电等。煤炭一跃成为人类第二代主体能源。在此之后,尤其是 19
世纪后期,奥托内燃机(Otto Engine)和狄塞尔内燃机(Diesel Engine)的发明,以
及 1908 年第一辆汽车的下线,使得几乎每个产业部门都开始和扩大石油的使
用。到 20 世纪 60 年代,世界石油消费量超过了煤炭消费量,从此石油成为新
的主体能源。

纵观这一时期能源系统的变迁,自然科学的进步催生了工程技术的进步,
而工程技术的进步(如畜力的使用,蒸汽机、内燃机、汽车等的发明和大量使用)
决定了主体能源的兴替,使得世界主体能源经历了柴薪—煤炭—石油的变迁。
因此,这一时期虽然极为漫长,但是最主要和最重要的特点在于,科学技术的进
步决定了能源系统的变迁方向和速率,各种主体能源增长与兴替基本遵循了
Logistic 增长模式(Grubler et al.,1999)。

2.3.2 能源危机与技术多样化阶段

这一阶段为 1859—1992 年。在这一阶段,世界能源系统发生了翻天覆地
的变化,究其根本是石油危机引致的。世界能源消费量在 1929— 1955 年这 26
年间增长 80% ,而在 1955—1973 年增长了 143%(Lin,1984)。20 世纪 60 年代
后期及 70 年代,世界石油的供应乃至于世界整体能源的供应受政治因素的影
响非常显著,尤其是受中东地区不稳定的政治局势的影响非常显著。1973 年的
中东赎罪日战争(Yom Kippur War)、1979 年的伊朗伊斯兰革命(Iran Revolu-
tion)以及紧接着的两伊战争(Iraq and Iran War)的爆发,先后导致了两次石油
危机(Goldstein et al.,1997)。这两次石油危机对世界能源系统以及世界经济
所导致的石油价格的剧烈变化是石油历史上所仅有的,产生了广泛而深远的影
响。为应对石油危机,能源技术进步在调整能源使用需求和能源供给两方面都
显示出其不可替代的作用,直接导致了能源技术进步的两大浪潮:节能技术与
能源终端使用效率的提高和能源技术的多样化。

节能技术与能源终端使用效率的提高方面。高昂的能源价格导致了节能技术的空前发展,能源效率也随之提高。在能源生产、能源消费、设备制造以及工程等领域涌现了许多技术创新,这些技术创新包括许多方面,如提高能源效率(如干法水泥生产)、更换效率低下的设备(如效率低下的换热器)、采用新型的隔热结构设计,以及更加符合空气动力学的交通工具设计等。同时,新型材料(如铝合金、塑料和陶瓷等)和计算机技术也被应用其中。在 20 世纪 70 年代初 80 年代末,由于节能技术的发展和能源效率的提高,世界能源强度明显下降。

能源技术的多样化方面。一些大的电力设备制造企业,如通用电器(General Electric,GE)、西屋(Westinghouse)和西门子(Siemens)等开始研发和生产轻水核反应堆(Light – Water Reactors),而不仅仅局限于传统热电生产设备。与此同时,一些石油公司也开始在煤炭气化、核电、太阳能光伏电池和其他可再生能源技术上进行投资,这些变化反映了当时的石油企业对石油工业前景的悲观估计(Martin,1996)。然而,直到石油危机到来之后,迫于能源供应安全和长期发展目标的压力,各国政府才开始重新审视和定位其能源(技术)政策。几乎所有国家,尤其是像日本这样严重依赖进口石油,并且经济发展对石油供应安全特别敏感的国家,开始利用核能、煤炭和其他新能源技术替代石油,旨在降低对进口石油依赖的长期计划(Lesbirel,1988)。

不难发现,这一时期的能源技术变迁是能源市场在石油危机冲击下所做出的供需策略调整的一部分,其主要的驱动因素是市场因素。

2.3.3 面向清洁、可持续能源系统阶段

进入 20 世纪 90 年代以来,人为因素引致的环境恶化,如全球气候变暖,引起了世界广泛的关注,环境问题从区域化的问题变为了全球性的问题。在认识到潜在的全球气候变化威胁之后,世界气象组织(World Meteorological Organization,WMO)和联合国环境项目小组(United Nations Environment Programme,UNEP)于 1988 年共同成立了 IPCC,旨在对人为引致的气候变化风险在科学、技术和社会经济方面进行评估。1992 年,联合国环境与发展大会(United Nations Conference on Environment and Development)在巴西里约热内卢召开,这次大会

通常被称为"里约地球峰会"(Rio Earth Sum-mit)。绝大多数与会国家加入了一项国际公约——《联合国气候变化框架公约》(United Nations Framework Convention on Climate Change, UNFCCC),并开始考虑如何降低全球变暖和如何处理一些不可避免的气温升高的应对措施。《联合国气候变化框架公约》呼吁:"将大气中温室气体浓度稳定在防止发生由人类活动引起的、危险的气候变化水平上。"1997年,《京都议定书》作为《联合国气候变化框架公约》的附件得到许多国家的加入,《京都议定书》中规定了一些更加有力的措施。

但是,这种转变不能一蹴而就,其面临的最大困难和挑战就是世界能源系统已锁定(Locked-in)于化石能源,新能源和可再生能源技术目前尚无法与化石能源技术竞争。而新能源和可再生能源技术的发展依靠其自身的力量是远远无法承受与化石能源技术的竞争的,此时,政府公共政策必须进行支持,以克服诸多的市场失效。在此背景下,世界诸多国家通过各种法律、法规和经济激励政策,大力扶植新能源和可再生能源技术的发展。这一时期的能源技术进步趋势主要是面向清洁和可持续能源系统的,其主要的驱动因素则是政府公共政策,政府在这一过程中将发挥越来越重要的引导、激励作用。

2.4 能源技术进步的表现形式

技术进步既可以是生产工艺、中间投入品以及制造技能等方面的革新和改进,也可以是技术所涵盖的各种形式知识的积累与改进,主要是获取新技术和运用新的生产手段,推动物质技术基础变革、新产品开发、劳动生产率提高和生产发展的有组织的活动过程。

2.4.1 能源技术进步的主要涉及领域

根据2007年我国公布的《中国的能源状况与政策》白皮书,能源技术进步主要涉及大力推广节能技术、推进关键技术创新、提升装备制造水平、加强前沿技术研究、开展基础科学研究五大领域。

一是大力推广节能技术。把节能技术作为能源技术发展的优先主题,重点攻克高耗能领域的节能关键技术,大力提高一次能源和终端能源的利用效率。

二是推进关键技术创新。鼓励发展洁净煤技术,重点掌握第三代大型压水堆核电技术,积极发展复杂地质油气资源勘探开发和低品位油气资源高效开发技术,鼓励发展替代能源技术。

三是提升装备制造水平。依托国家能源重点工程,带动装备制造业的技术进步。

四是加强前沿技术研究。重点研究化石能源、生物质能源和可再生能源制氢、经济高效储氢及输配技术,研究燃料电池基础关键部件制备及电堆集成、燃料电池发电及车用动力系统集成技术等。

五是开展基础科学研究。重点研究化石能源高效洁净利用与转化的基础理论,高性能热功转换、高效节能储能的关键原理,规模化利用可再生能源的基础技术,规模化利用核能、氢能技术等基础理论。

2.4.2 能源技术进步的主要形态

根据国际能源机构年度报告《能源技术展望》的分类逻辑,可以将能源技术分为能源供应环节的能源技术和能源使用环节的能源技术。根据中国能源技术发展现状,在能源供应环节的能源技术方面主要关注新能源技术,在能源使用环节的能源技术方面主要关注节能减排技术,节能减排技术按能源使用领域又分为工业、建筑、交通三大领域。能源技术路线如表2.1所示。

表2.1 能源技术路线

新能源	可变可再生能源(包括风能、光伏发电、径流式水电、波浪能、潮汐能) 深水海上风力发电 集中式太阳能发电 强化地热系统 氢的生产和基础设施 第4代核反应堆 核电站放射性废料处置
工业	熔融还原炼铁 化工和石化分离膜技术 纸浆黑液气化 生物质和废料替代燃料和原料 工业流程电气化 CO_2 捕集和封存

建筑	高效热泵 太阳能供热 氢燃料电池热电联供 高效办公设备 高效信息技术设备
交通	插电式混合动力汽车 电动汽车 氢燃料电池汽车 用于汽车、船舶、飞机的第二代生物燃料

资料来源:IEA,2010;中国人民大学气候变化与低碳经济研究所,2011

同时,根据目前国际上能源技术的主要形态,能源技术进一步可分为三类:一是采用能源替代,发展清洁能源技术,包括核电、水电及可再生能源技术;二是节能减排技术,即通过提高能源使用效率和转换率节约用能;三是从化石能源的利用中分离和回收 CO_2 的碳捕获与封存技术(杨芳,2013)。

2.4.2.1 清洁能源技术

清洁能源技术包括核电、水电及可再生能源技术。火电部门是最主要的碳排放部门,对发电技术的改进和采用新的发电技术,将有效减少电力部门的 CO_2 排放。目前,整体联合气化循环发电技术(Integrated Gasification Combined Cycle,IGCC)和天然气联合循环发电技术(Natural Gas Combined Cycle,NGCC)引起了人们的广泛关注。IGCC 是一种将碳化物,如煤炭、石油焦、渣油、生物质燃料等气化后产生的低热值合成气,经净化后送入燃气—蒸汽联合循环发电或生产其他化学物质的技术(汤蕴林,2004)。IGCC 将联合循环发电技术与煤气化,以及煤气净化技术有机结合在一起,是一种可持续发展的洁净煤发电技术,符合 21 世纪发电技术的发展方向,已成为 21 世纪备受关注的洁净能源利用技术。NGCC 利用天然气燃烧产生的高温烟气在燃气轮机中做功发电后,排放出的废气能在余热回收锅炉中产生蒸汽,蒸汽继续推动蒸汽轮机做功发电,燃气—蒸汽两者结合便形成了天然气联合循环发电。我国从 20 世纪 80 年代起就跟踪 IGCC 技术的发展,并在烟台建设了 IGCC 示范电站(张春霞,2004)。步入 21 世纪后,世界上 NGCC 技术在电力系统中的地位发生了显著的变化,不再仅仅充当应急电源和调峰的角色,而是作为电网的一个重要组成部分而迅速崛起。随着国家能源结构政策的调整,我国天然气联合循环发电也有一定程度的发展。目前,杭州半山电厂、张家港华兴电厂、上海化学工区热电等天然气发电机组已经并网发电。随着环保形势的日趋严峻、天然气资源的不断开发和引进,以及技术的逐渐成熟,NGCC 和 IGCC 发电技术在中国电力系统中的比重将来可能会有较大的提高。可再生能源包括水能、风能、生物质能、太阳能、地热能和海洋能等,资源潜力大,环境污染低,温室气体排放远低于一般的化石能源,甚至可以实现零排放,并且可以永续利用,既有利于减少碳排放、减缓全球气候变化,又有利于实现能源的可持续利用。20 世纪 70 年代以来,可再生能源开发利用受到世界各国的高度重视,可再生能源得到迅速发展,成为发展最快的能源(魏一鸣等,2008)。

2.4.2.2 节能减排技术

节能减排技术是指促进能源节约集约使用、提高能源资源开发利用效率和效益、减少对环境影响、遏制能源资源浪费的技术。节能技术主要包括能源资源优化开发技术,单项节能改造技术与节能技术的系统集成,节能型的生产工艺、高性能用能设备,可直接或间接减少能源消耗的新材料开发应用技术,以及节约能源、提高用能效率的管理技术等。从国家发展改革委组织推荐重点节能技术来看,我国尤其重视煤炭、电力、钢铁、有色金属、石油石化、化工、建材、机械、纺织等工业行业,交通运输、建筑、农业、民用及商用等领域的节能新技术、新工艺的开发与应用。

2.4.2.3 碳捕获与封存技术

根据政府间气候变化专门委员会(2005)的报告,碳捕获与封存技术具有减少温室气体减排成本以及增加实现温室气体减排灵活性的潜力。碳捕获与封存技术指利用吸附、吸收、低温及膜系统等技术将 CO_2 从工业或相关能源的排放源中分离出来,经过液化压缩,用管道输送到封存地点,深埋于地下碱性含水层中并长期与大气隔绝,从而有助于减少温室气体排放。目前,碳捕获与封存技术是众多碳减排技术中一种应用前景十分广阔的新兴技术。碳捕获与封存技术有望实现化石能源使用的近零排放,减排潜力巨大,因而受到国际社会特别是发达国家的格外重视(魏一鸣等,2008)。

第 3 章

中国生态环境治理现状与能源技术进步"短板"

3.1　中国能源消耗时空特征

当前中国能源消耗仍然是以一次能源为主,2019 年国内统计数据显示全国能源消耗达 48.6 亿吨标准煤,其中煤炭消耗 28.04 亿吨标准煤,占消耗总量的 57.7%(见表 3.1)。而中国在第六个五年计划开始的 1981 年,全国能源消耗量为 59447 万吨标准煤,煤炭消耗量为 43243 万吨标准煤。39 年时间,能源消耗总量翻了 8.18 倍,煤炭消耗总量翻了 6.50 倍,能源结构并没有发生大的变化。20 世纪 80 年代以来,中国经济高速发展,能源消耗不断增加,使得发达国家上百年工业化过程中分阶段出现的能源和环境问题在中国集中出现,国家的可持续发展受到严重挑战。2014 年,中国政府发布《能源发展战略行动计划(2014—2020 年)》,提出到 2020 年,中国一次能源消耗总量控制在 480000 万吨标准煤左右,煤炭消费总量控制在 300000 万吨标准煤左右,煤炭消费比重控制在 62% 以内。中共中央总书记、国家主席、中央军委主席、中央财经委员会主任习近平在 2019 年 8 月 26 日召开的中央财经委员会第五次会议时指出,截至 2009 年,全国仍有 10 多个省份难以完成"十三五"能耗总量指标。要完成中国的能源消耗控制目标,实践能源政策,有必要对中国能源消耗特征进行分析。

表 3.1 2001—2014 年我国能源消耗总量及构成

年份	能源消耗总量（万吨标准煤）	占能源消耗量的比重（%）			
		煤炭	石油	天然气	水电、核电、风电
2001	150406	68.3	21.8	2.4	7.5
2002	159431	68.0	22.3	2.4	7.3
2003	183792	69.8	21.2	2.5	6.5
2004	213456	69.5	21.3	2.5	6.7
2005	235997	70.8	19.8	2.6	6.8
2006	258676	71.1	19.3	2.9	6.7
2007	280508	71.1	18.8	3.3	6.8
2008	291448	70.3	18.3	3.7	7.7
2009	306647	70.4	17.9	3.9	7.8
2010	324939	68.0	19.0	4.4	8.6
2011	348002	68.4	18.6	5.0	8.0
2012	362000	67.4	19.0	5.3	8.3
2013	417000	66.0	18.4	5.8	9.8
2014	426000	66.0	17.1	6.2	10.7
2015	429905	63.7	18.6	5.9	11.8
2016	435819	62.0	18.3	6.4	13.3
2017	448529.14	60.4	18.8	7.0	13.8
2018	464000	59.0	19.0	8.0	14.0
2019	486000	57.7	19.3	8.1	14.9

本书分别以各省区市以及八大区域为单元,用泰尔指数对我国 1996—2013 年能源消耗规模以及能源消耗结构的空间差异进行测度。其中,八大经济区分别为北部沿海地区(山东、河北、北京、天津)、东北地区(辽宁、吉林、黑龙江)、东部沿海地区(上海、江苏、浙江)、黄河中游地区(陕西、河南、山西、内蒙古)、南部沿海地区(广东、福建、海南)、西北地区(甘肃、青海、宁夏、西藏、新疆)、西南地区(广西、云南、贵州、四川、重庆)、长江中游地区(湖南、湖北、江西、安徽)。

本书的泰尔指数计算公式如下

$$T_n = \sum_{i=1}^{n} G_i \log \frac{G_i}{E_i} \qquad (3.1)$$

式中,n 为区域个数;E_i 为地区 i 能源消耗总量占全国能源消耗总量比重;G_i 为地区 i 的 GDP 占全国 GDP 比重,即选用与能源消耗关系最密切的地区 GDP 比重作为泰尔指数计算的权重。如果将研究区域按照一定规则分组,则可将泰尔指数分解为

$$T_n = T_a + T_b = \sum_{i=1}^{n} G_i \log \frac{G_i}{E_i} + \sum_{i=1}^{n} \left(G_i \sum_{j=1}^{m} G_{ij} \log \frac{G_{ij}}{E_{ij}} \right) \qquad (3.2)$$

式中,T_a 为组间差异;T_b 为组内差异;i 为组;n 为分组的个数;j 为组内的子区域(本研究中即为省);G_i 为第 i 组的 GDP 占全国 GDP 的比重;E_i 为第 i 组能源消耗总量占全国能源消耗总量的比重(分能源种类则是各能源消耗总量占分能源种类消耗总量的比重);G_{ij} 为 j 省 GDP 在第 i 组 GDP 中所占比重;E_{ij} 为 j 省能源指标在第 i 组能源指标中所占比重。

泰尔指数计算可以采用不同正数为底的对数运算,结果仅具有相对意义,在本研究中以正数 10 为底进行运算。

泰尔指数分析空间差异性的优势在于其不仅能够判断对象整体差异水平,还能够区分组间差异和组内差异对整体差异的贡献大小。本研究以八大区域为单元计算能源消耗泰尔指数,分为八大区域间泰尔指数计算和区域内各省区市泰尔指数计算,因此可以定义区域间差异对整体差异贡献率为 P_a,区域内差异对整体差异对贡献率为 P_i,其中 $i = 1,2,3,4,5,6,7,8$ 地区分别代表北部沿海地区、东北地区、东部沿海地区、黄河中游地区、南部沿海地区、西北地区、西南地区、长江中游地区。

$$P_a = \frac{T_a}{T_n} = \frac{\sum_{i=1}^{n} G_i \log \frac{G_i}{E_i}}{\sum_{i=1}^{n} G_i \log \frac{G_i}{E_i} + \sum_{i=1}^{n} \left(G_i \sum_{j=1}^{m} G_{ij} \log \frac{G_i}{E_i} \right)} \qquad (3.3)$$

$$P_i = \frac{G_i \sum_{i=1}^{n} G_{ij} \log \frac{G_{ij}}{E_{ij}}}{\sum_{i=1}^{n} G_i \log \frac{G_i}{E_i} + \sum_{i=1}^{n} \left(G_i \sum_{j=1}^{m} G_{ij} \log \frac{G_{ij}}{E_{ij}} \right)} \qquad (3.4)$$

根据公式分别计算区域间和区域内差异对整体差异的贡献率大小。

3.1.1 能源消耗规模的时空差异

利用中国大陆 30 个省区市(除西藏自治区)1996—2013 年各能源消耗数

据,包括能源消耗总量、煤炭消耗总量、石油消耗总量、天然气消耗总量,其中石油消耗总量中的石油包含原油以及原油制品,用泰尔指数对我国能源消耗规模以及能源消耗结构的空间差异进行测度,得到能源消耗总量泰尔指数变化图,如图3.1所示。

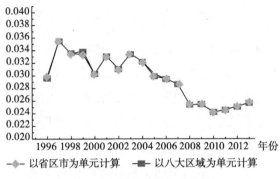

图3.1 能源消耗总量泰尔指数变化

从图3.1可以看出,对于能源消耗总量,以省区市为单元计算的结果与以八大区域为单元计算的结果趋势和数值都几乎一致,能源消耗水平的泰尔指数都随时间呈缩小趋势,表明我国的能源消耗空间差异是逐渐缩小的。

各区域内部空间差异水平不尽相同,黄河中游地区内部差异水平较高,位于八大区域的前列,贡献率历年均在10%上下波动;西南地区内部空间差异呈明显下降趋势,表明西南地区内部省区市差异在逐渐缩小,2002年西南地区泰尔指数被北部沿海地区超越,退于八大区域的第三位;与黄河中游地区和西南地区发展趋势相悖的是北部沿海地区,泰尔指数呈明显上升趋势,贡献率由1996—2001年7%左右,上升至2013年的19%以上,内部差异也于2002年开始位于八大区域之首。由此也可以看出,北部沿海地区差异扩大是区域内差异贡献率增加的主要原因。黄河中游地区、西南地区以及北部沿海地区三个地区的内部差异的贡献率达区域内贡献率的90%以上。其他五个地区内部差异都较小,表明其他五个地区内部省区市间能源消耗总量水平相当,比较均衡。

2013年空间差异最大的是北部沿海地区,其平均能源消耗为19907万吨标准煤,其中的北京和天津消耗分别为6724万吨标准煤和7882万吨标准煤,仅在平均水平的1/3左右;而剩下的河北(29664万吨标准煤)和山东(35358万吨标准煤)则高出平均水平1.5倍以上,能源消耗总量在北部沿海地区呈现两极分化的情况,两极分化的程度在时间上呈加剧态势。

3.1.2 能源消耗结构的时空差异

分别以省区市和八大区域为单元,计算单元历年三种能源消耗占消耗总量的比重(分省区市的数据来源于中国能源统计年鉴,但年鉴中,煤炭消耗量换算为标准煤后,比能源消耗总量还要大,所以计算比重存在问题。本书中占比计算方法为分类能源消耗量/煤炭+石油+天然气),并利用式(3.1)~式(3.4)依次完成空间差异和贡献率的测度。

图3.2显示了以省区市和八大区域为单元的煤炭、石油和天然气占比的泰尔指数变化。从图3.2中可以看出,天然气占比泰尔指数远远超过煤炭和石油,表明我国各省区市和区域的天然气消耗水平差距很大。我国天然气消耗比重相对靠前的省区市都是天然气资源较丰富的省份,如海南、青海、四川和重庆、新疆,以及天然气管道建设完善的北京,历年比重均达10%以上。2013年,北京天然气消耗比重达到23.4%,海南则历年均在20%以上。而天然气比重低的省区市比值非常小,以贵州、广西为代表,天然气消耗比重历年均小于1%。两极分化现象明显,天然气消耗水平不平衡现象突出。但从泰尔指数的时间趋势上可以看出,地区不平衡的差距处于缩小趋势,随着天然气相关的应用推广,包括资源辐射和管道建设,天然气消耗的地区差异会进一步缩小。

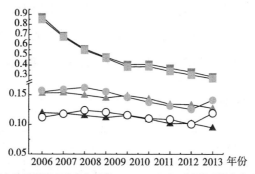

图3.2 煤炭、石油和天然气占比的泰尔指数变化

石油和煤炭占比的泰尔指数相对较小,表明煤炭和石油在省区市消耗中相对平衡。以省区市为单元来看,煤炭占比位于前列的有山西、内蒙古、宁夏,大部分年份比重在90%以上;其次为河南、河北、安徽、江西、湖南等,大部分年份比重在80%以上;最低的为北京、上海,比重虽然下降明显,但仍然在30%左右。石油占比历年位于前列的有北京、天津、上海、辽宁、广东,历年比重位于40%以上。其中,北京能源消耗结构中石油占比上升明显,2012年北京石油消耗比重最大;广东石油占比呈下降趋势,2005年广东石油占比以55%超过其他省区市,后下降至2013年的45%,但仍然位于前列。石油占比相对较低的是山西、宁夏、内蒙古,比重小于7%。

从时间序列上分析,煤炭消耗水平差异逐渐在缩小中,而石油消耗的差距在2005—2007年呈扩大趋势,2007年以后呈相对明显的缩小趋势,表明无论是石油还是煤炭,其消耗在地区上的差异都在逐渐缩小。

3.2 中国碳排放变动特征

作为世界上最大的发展中国家,改革开放以来,中国经济增长取得了巨大的成就,但同时能源消费量及 CO_2 排放量不断增加。近年来,中国的碳排放总量呈逐年上升趋势。2006年,中国 CO_2 排放量首次超过美国,成为世界第一,并且一直居高不下。2014年,中国碳排放量为976108万吨,与2013年的952429万吨的 CO_2 排放量相比增加了23679万吨,增幅为2.49%。从排放总量来看,作为发展中国家的中国占据了全球总量的相当大一部分。我国碳排放强度不仅对国内,也对全球范围内产生了较大的影响,这给我国承诺2020年碳排

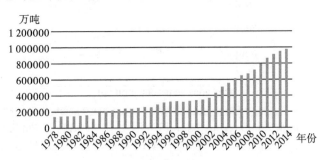

图3.3　中国碳排放总量

放强度要比2005年下降40%~45%的目标带来了极大的挑战。图3.3展示了我国改革开放以后各年的碳排放总量。

从增长率来看,中国的碳排放增长速度也远远高于全球平均水平,是名副其实的碳排放大户。2014年中国碳排放量增长的增幅2.49%已经是近十年来的最低水平,充分说明了中国为了碳减排所做的努力和决心,能源利用效率的提高和清洁能源的广泛使用降低了CO_2排放的增加量。但是由于基数大,较小的增长率仍会导致较高的绝对数量的增长。图3.4显示了我国近十年来碳排放总量的增幅变化。

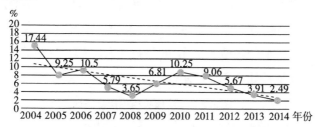

图3.4　我国近十年来碳排放总量的增幅变化

从人均碳排放量角度来观察,2014年中国人均CO_2排放量为7.14吨/人,其绝对值水平在世界范围内来说并不高。但我国仍然是粗放型经济,且我国人口众多,相同人均排放量情况下将有更多的排放总量,因此我国碳减排的压力十分巨大。从图3.5中可以看到,2002年之后,中国的人均碳排放曲线斜率较大,人均碳排放增长速度很快。这是由于进入21世纪后,我国施行"十五"计划,2001年加入世界贸易组织之后,国际经济形势好转,国家工业化与城镇化建设飞速发展,中国的经济开始加速增长,这些都加大了对能源消费的需求,从而造成人均CO_2排放量的显著增长。

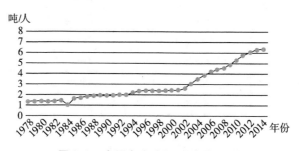

图3.5　中国人均CO_2排放量

将中国碳排放总量与人均碳排放量相比较可以发现,两者的发展趋势基本是一致的,都在稳步上升。总体来说,自 1978 年后中国的 CO_2 排放总量与人均碳排放量都不断增加,且越来越具有趋同的增长趋势。其中,CO_2 排放总量从 1978 年的 142923 万吨增长到 2014 年的 976108 吨,平均增长幅度为 16.19%;而中国的人均 CO_2 排放量,从 1978 年的 1.48 吨/人,到 2014 年的 7.14 吨/人,增长了 4 倍。

3.3　我国经济增长现状的统计分析

作为追赶型经济体的典型代表,改革开放以来,中国经济保持了持久快速增长,年均增长率接近 10%,成为仅次于美国的全球第二大经济体。我国的 GDP 在 2015 年达到了 676708 亿元,同年我国人均 GDP 为 52054 亿元。我国经济增长相关指标统计如表 3.2 所示。

表 3.2　经济增长相关指标统计

年份	GDP(亿元)	人均 GDP(元)	GDP 增长率(%)
2000	99214.6	7858	8.4
2001	109655.2	8622	8.3
2002	120332.7	9398	9.1
2003	135822.8	10542	10.0
2004	159878.3	12336	10.1
2005	184937.4	14185	11.3
2006	216314.4	16500	12.7
2007	265810.3	20169	14.2
2008	314045.4	23708	9.6
2009	340902.8	25608	9.2
2010	401512.8	30015	10.4
2011	473104	35198	9.3
2012	518942.1	38420	7.7
2013	568845.2	41907	7.7
2014	636463	46629	7.4
2015	676708	52054	6.9

数据来源:《中国统计年鉴》、国家统计局数据中心

从表 3.2 中可以看出,我国 GDP 不断突破,经济增长迅速。进入 21 世纪以

来,我国 GDP 从 2000 年的 99214.6 亿元增长到 2015 年的 676708 亿元,2015 年的 GDP 是 2000 年的 6.82 倍,在短短 15 年间 GDP 增加了 577493.4 亿元。

我国的经济增长一直保持着较高的增长率。在 2003—2007 年这 5 年年我国 GDP 增长迅速,平均增长率都在 10% 之上,特别是 2007 年,GDP 增长率达到 14.2%,这是我国近 20 年里的最高值。但是进入新常态时期后,中国经济出现了新的特征,经济增速不断降低,从 2010 年开始 GDP 增长率一路不变或者下滑,2012 年开始,GDP 增速连续每年低于 8%,2015 年更是破 7% 的临界值。我国 GDP 增长率化趋势如图 3.6 所示。

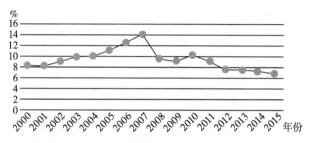

图 3.6　我国 GDP 增长率变化趋势

近年来,我国人均 GDP 也发展迅速,2000 年我国人均 GDP 仅为 7858 元,仅仅三年时间,我国人均 GDP 在 2003 年就已经突破 10000 元;而到了 2007 年,我国人均 GDP 已经超过了 20000 元。截至 2015 年底,我国人均 GDP 已经达到了 52054 元。

3.4　当前我国经济增长的能源环境困境

根据耶鲁大学环境学院的相关测算,在 2014 年 EPI 的排名中,中国得分为 43 分,在所有 178 个国家中排名第 118 名,中国 2006—2014 年的 EPI 排在所有国家和地区的后列,而空气质量更是排名倒数第二,其得分为 18.81,较 10 年前下降了 14.15%。2014 年世界卫生组织发布的全球城市空气质量调查报告显示,中国只有 9 个城市空气质量进入前 100 达标城市行列。中国 CO_2 排放已跃居全球第一(约占全球总排放量的 1/4)。2014 年中国的环境竞争力在全球 133 个国家中排在第 85 位,得分仅为 48.3 分,稍好于 2012 年。

不断恶化的环境污染形势向粗放的发展方式亮起了红灯,中国环境污染成本占 GDP 的比例高达 8% ~ 10% (杨继生等,2013),而且环境污染严重危害了居民尤其是妇女和儿童的健康,社会健康成本大幅增加。也有学者和组织对中国环境损失进行了货币化评价,计算出的损失值占当年 GDP 的比重在 2% ~ 7% (郑易生等,1999;石敏俊和马国霞,2009;World Bank,1997)。吕铃钥和李洪远(2016)利用泊松回归比例危险模型定量评价可归因于京津冀地区 PM10 和 PM2.5 污染的居民健康效应;PM10 污染所造成的健康经济损失总额为 1399.3(1237.1 ~ 1553.1)亿元,相当于 2013 年该地区生产总值的 2.26% (1.99% ~ 2.50%),PM2.5 污染引起的健康经济损失总量达 1342.9(1068.5 ~ 1598.2)亿元,占 2013 年该地区生产总值的 2.16% (1.72% ~ 2.58%)。慢性支气管炎与早逝是健康损失的主要来源。由环境污染所导致的恶果,已经严重影响了居民的公共健康和日常活动。

面对生态破坏严重、生态灾害频繁、生态压力巨大等突出问题,如何补齐生态短板,是奋力夺取全面建成小康社会决胜阶段伟大胜利必须攻克的难关,也是建设美丽中国、实现中华民族永续发展需要解答好的重大课题。党和国家把生态文明建设作为今后全面深化改革的有机组成部分,党的十八届五中全会把"绿色发展"作为"十三五"期间五大发展理念之一,积极推进生态环境治理。而生态环境治理政策工具的选择、设计与应用是关系生态环境治理和绿色发展效果、政策执行成败的关键性因素。

3.5　中国能源技术发展现状考察

如图 3.7 所示为中国科技指标与教育指标的时间趋势,其中图 3.7(a)为国内三项专利授权数[①](单位:项),图 3.7(b)为教育指标[②](单位:万人)。图 3.7(a)显示,2005 年以前,国家三项专利授权数增长较为缓慢,2005 年以后,随着国家经济实力不断增强,有充足的资金投入自主研发专利,三项专利授权数增长迅速。图 3.7(b)显示,普通高中在校生数自 1995 年以来显著增长,2005 年以后出现小幅下降。而普通本专科在校生数自 1999 年扩招以来,在校本专科人数大幅

[①]　分别为国内发明专利授权数、国内实用新型专利授权数和国内外观设计专利授权数。
[②]　分别为普通高中在校生数和普通本专科在校生数。

增加,从 1995 年的 408.6 万在校生数增长到 2010 年的 2308.5 万在校生数,且扩招趋势仍在持续。

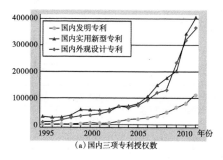 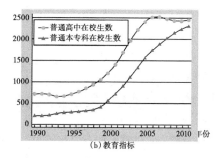

(a) 国内三项专利授权数　　　　　　　(b) 教育指标

图 3.7　中国科技指标与教育指标的时间趋势

图 3.8 为中国研究与试验发展(R&D)经费变化趋势,其中图 3.8(a) 为中国研究与试验发展(R&D)经费变化趋势,图 3.8(b) 为 R&D 经费投入强度变化趋势。从图 3.10 可以看出,中国研究与试验发展(R&D)经费投入呈逐年递增趋势,特别是 2005 年以来增长幅度尤为明显,表明我国越来越重视科技创新。2013 年,全国共投入研究与试验发展(R&D)经费 11846.6 亿元,增长 15%,R&D 经费投入强度(与 GDP × 1 之比)首次突破 2%,达到 2.08%。尽管中国

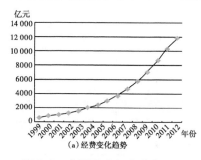 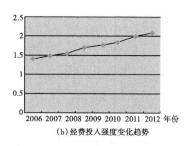

(a) 经费变化趋势　　　　　　　　(b) 经费投入强度变化趋势

图 3.8　中国研究与试验发展(R&D)经费变化趋势和经费投入强度变化趋势

R&D 经费支出比重占 GDP 比重不断上升,但所占比重仍然偏低。作为能源技术创新的主体,中国企业能源技术创新投入和产出不尽如人意,远低于世界发达国家水平。从表 3.3 所示的规模以上工业企业的科技活动基本情况来看,中国 2013 年有 R&D 活动企业数 54832 个,仅占所有规模以上工业企业的 14.8%,R&D 经费支出仅 8318.4 亿元。

表 3.3　规模以上工业企业的科技活动基本情况

指标	2004 年	2009 年	2012 年	2013 年
企业基本情况	—	—	—	—
有 R&D 活动企业数(个)	17075	36387	47204	54832
有 R&D 活动企业所占比重(%)	6.2	8.5	13.7	14.8
R&D 活动情况	—	—	—	—
R&D 人员全时当量(万人年)	54.2	144.7	224.6	249.4
R&D 经费支出(亿元)	1104.5	3775.7	7200.6	8318.4
R&D 经费支出与主营业务收入之比(%)	0.56	0.69	0.77	0.80
R&D 项目数(项)	53641	194400	287524	322567
R&D 项目经费支出(亿元)	921.2	3185.9	6230.6	7294.5
企业办 R&D 机构情况	—	—	—	—
机构数(个)	17555	29879	45937	51625
机构人员数(万人)	64.4	155.0	226.8	238.8
机构经费支出(亿元)	841.6	2983.6	5233.4	5941.5
新产品开发及生产情况	—	—	—	—
新产品开发项目数(个)	76176	237754	323448	358287
新产品开发经费支出(亿元)	965.7	4482.0	7998.5	9246.7
新产品销售收入(亿元)	22808.6	65838.2	110529.8	128460.7
新产品出口	5312.2	11572.5	21894.2	22853.5
专利情况	—	—	—	—
专利申请数(件)	64569	265808	489945	560918
发明专利(件)	20456	92450	176167	205146
有效发明专利数(件)	30315	118245	277196	335401
技术获取和技术改造情况	—	—	—	—
引进国外技术经费支出(亿元)	397.4	422.2	393.9	393.9
引进技术消化吸收经费支出(亿元)	61.2	182.0	156.8	150.6
购买国内技术经费支出(亿元)	82.5	203.4	201.7	214.4
技术改造经费支出　(亿元)	2953.5	4344.7	4161.8	4072.1

　　注:从 2011 年起,规模以上工业企业的统计范围从年主营业务收入为 500 万元及以上的法人工业企业调整为年主营业务收入为 2000 万元及以上的法人工业企业

3.6　节能减排影响因素的实证研究

所谓节能减排,并不是简单地减少能源消费,降低污染物排放。能源消费作为人们生产生活的一部分,与社会经济发展息息相关。如果强制性地要求企业、住户等机构部门减少能源消费,对社会经济发展造成的不利影响可能会更大。因此,在节能减排政策的制定中,我们要考虑节能减排是否会对经济造成威胁,经济增长与能源消费之间存在怎样的因果关系。目前,已有不少文章探究两者之间的关系(Kraft J & Kraft A,1978;林伯强,2003)。也有学者基于环境库兹涅茨曲线(Environment Kuzenets Curve,EKC)分析了经济增长与能源消费之间的关系(白积洋,2010;赵爱文等,2014)。本节将在能源 EKC 理论的基础上进行进一步的扩充,在原有的模型中加入变量金融发展和对外贸易。新变量的加入可以有效地避免因解释变量的遗漏而导致的参数估计偏差。

在传统的经济增长与能源消费关系的研究中,人们往往忽略了金融发展的重要性,没有将金融发展从经济增长中独立出来进行单独分析,制约了人们对金融发展与能源消费关系的认识。因此,为了更加深入地探究经济增长、金融发展与能源消费三者之间的动态影响机制,有必要将金融发展作为独立变量纳入研究框架中。同时,由赫克歇尔—俄林(H-O)理论可知,国际贸易将促进国际分工的合理化,各国都将生产并出口本国要素密集型产品,进口本国要素稀缺型产品。贸易活动引起产品在国际间的流动,同时也伴随着能源在国际间的转移,揭示了对外贸易与能源消费之间的内在关联性。因此,本节将在能源 EKC 的基础上,把金融发展和对外贸易纳入分析框架中,系统地研究经济增长、金融发展、对外贸易与能源消费四者间的相互关系。

3.6.1　节能减排影响因素相互作用机理分析

基于本节的研究内容,以下将从经济增长与能源消费的关系、金融发展与能源消费的关系、对外贸易与能源消费的关系这三个方面进行文献综述。

3.6.1.1　经济增长与能源消费

自 20 世纪 70 年代爆发石油危机后,国外学者便开始讨论经济增长与能源消费之间的关系,并对此做了大量的研究。但由于实证方法、时间跨度、研究对象的不同,得出了不尽相同的结论。Kraft J 和 Kraft A(1978)最早基于美国 1947—1974年的数据进行研究,发现美国存在从 GNP(Gross National Product,国民生产总值)到能源消费的单向因果关系。然而,Akarca 和 Long(1980)用 1947—1972 年的数据却得出 GNP 和能源消费不存在因果关系的结论。Masih A M M 和 Masih R(1996)基于 Johansen 协整检验和 VECM(Vector Error Correction Model,向量误差修正模型)格兰杰因果检验对亚洲六国能源消费与经济增长的关系进行了研究。其中,只有印度、巴基斯坦、印度尼西亚的能源消费和经济增长之间存在长期协整关系。印度存在从能源消费到经济增长的因果关系,印度尼西亚存在从经济增长到能源消费的因果关系,巴基斯坦的经济增长和能源消费互为因果关系。而Shahbaz、Hye 、Tiwari 和 Leitão(2013)运用 ARDL(Autoregressive Pistributed Log,自回归分布滞后)边限协整检验和 VECM 格兰杰因果检验研究发现,印度尼西亚的经济增长、能源消费、金融发展、对外贸易与 CO_2 排放之间存在长期协整关系,且经济增长和能源消费互为格兰杰因果关系。在国内,学者们运用不同的方法来探究经济增长与能源消费之间的关系。林伯强(2003)运用 JJ 协整技术和 VECM 格兰杰因果检验证明了我国的电力消费和经济增长之间存在长期均衡关系。赵进文等(2007)探究了我国经济增长与能源消费之间具体的内在结构依存关系。通过非线性 STR 模型实证研究发现,我国经济增长对能源消费的影响具有明显的非线性、非对称性和阶段性特征。马颖等(2012)采用变参数状态空间模型研究我国经济增长与能源消费的关系后得出,经济增长与能源消费之间具有长期均衡关系,能源消费会随着经济的增长而增加。李文启(2015)通过系统广义矩估计方法实证研究发现我国能源消费对经济增长存在显著的正向作用,作用效果东部最大,西部居中,中部最小。此外,近年来也有学者基于 EKC 来深入研究经济增长与能源消费之间的关系。白积洋(2010)基于 EKC 理论实证分析了经济增长、城市化与能源消费之间的关系,结果发现我国经济满足 EKC 假设,经济增长与能源消费呈倒 U 形变化,但我国经济目前尚未达到转折点,仍位于 EKC 的左边,能源消费随着经济的增长而增加。赵爱文等(2014)基于三次方 GDP 与能源消费的 EKC 模型进行研究发现,人均 GDP与能源强度之间既存在 N 形 EKC,又存在拐点;而人均 GDP 与能源消费总量、人均能源消费之间虽然也符合 N 形 EKC,但是并不存在拐点。

3.6.1.2 金融发展与能源消费

近十几年来,随着各国金融发展研究的不断深入,越来越多的学者开始关注并研究金融发展与能源消费之间的关系。金融发展对能源消费的影响存在多条传导路径。一方面,金融发展会增加能源消费。随着金融发展规模的不断扩大,金融发展效率的不断提高,消费者和企业都可以更低的成本和更便利的方法来获取贷款。其中,消费信贷会增加消费者对汽车、空调、房子等高能耗商品的购买及使用,企业贷款也会促进企业进行厂房新建、购买机器设备等用于扩大再生产,而这些行为都将增加对能源的消费。另一方面,金融发展会减少能源消费。金融发展鼓励企业引进节能环保的高新技术及设备,为知识密集型、技术密集型的高新技术产业的发展提供金融支持,因此金融发展可以降低能源消费。为了确定能源消费与金融发展之间的具体关系,国内外学者做了许多相关的研究。

Sadorsky(2010)基于广义矩估计方法研究了 1990—2006 年 22 个新型经济体金融发展对能源消费的影响。实证结果表明,当金融发展用股市指标衡量时,金融发展与能源消费之间存在显著的正向关系。Sadorsky(2011)用同样的方法对欧洲中东部边境 9 个经济体进行研究时发现,当使用银行指标衡量金融发展时,金融发展与能源消费的关系显著为正。Shahbaz 和 Lean(2012)基于 ARDL 边限协整检验和 VECM 格兰杰因果检验对突尼斯的金融发展和能源消费进行研究,研究结果表明,金融发展、城镇化、工业化、经济增长和能源消费之间存在协整关系,且金融发展与能源消费互为因果关系。Mielnik 和 Goldemberg(2002)基于 20 个发展国家的数据进行研究,结果表明外商直接投资的增加会减少能源。任力等(2011)基于中国整体层面的数据对金融发展与能源消费之间的关系进行研究,研究结果显示,金融相关比率、非国有部门信贷比重与能源消费之间呈现正相关,FDI 与能源消费之间呈现负相关。区域层面的分析表明金融发展与能源消费的关系存在地区差异性。刘剑锋等(2014)运用马尔科夫转移向量自回归模型研究发现,能源消费与金融发展的关系会随着区制发生变化。在非线性研究框架下,能源消费与金融发展之间不存在因果关系。

3.6.1.3 对外贸易与能源消费

国内外已有不少学者研究了对外贸易与能源消费之间的相互关系。Erkan

等(2010)基于 JJ 协整和 VAR 格兰杰因果检验对土耳其能源消费和出口贸易的关系进行了分析。实证结果表明,出口贸易与能源消费之间具有长期均衡关系,且能源消费是出口贸易的格兰杰原因。Halicioglu(2011)通过 ARDL 边限协整检验也得到土耳其的经济增长、能源消费、出口贸易之间存在长期协整关系的结论,但 VECM 格兰杰因果检验却表明出口贸易是能源消费的单向格兰杰原因。上述文章是针对单个国家进行的分析,Hossain(2012)基于面板格兰杰因果检验研究了 1976—2009 年 SAARC(South Asian Association for Regional Cooperation,南亚区域合作联盟)国家经济增长、出口贸易、汇款和能源消费之间的关系,研究结果显示出口贸易和能源消费之间不存在因果关系。此外,还有学者探讨了进口贸易、贸易总额与能源消费之间的关系。Sadorsky(2011)基于面板协整检验和 FMOLS(Full-modified Drdinary Least Square,完全修正最小二乘)估计方法研究了 8 个中东国家进、出口贸易与能源消费之间的关系。实证结果表明,进口贸易与能源消费间存在双向的短期格兰杰因果关系,出口贸易是能源消费单向的短期格兰杰原因。从长期来看,进、出口贸易与能源消费之间均存在显著的正向关系。Shahbaz 等(2013)基于带结构突变点的 ARDL 边限协整和 VECM 格兰杰因果检验对中国的对外贸易和能源消费之间的关系进行研究发现,能源消费和对外贸易之间具有长期协整关系,且两者互为因果关系。国内学者结合中国实际情况,集中对我国出口贸易与能源消费之间的关系进行了研究。董斌昌等(2006)基于 ARDL 模型研究发现,出口贸易与能源消费之间存在显著的正相关关系。张传国等(2009)运用格兰杰因果检验、脉冲响应和方差分解对能源消费和出口贸易之间的关系进行了研究,研究发现我国存在从出口贸易到能源消费的单向因果关系。此外,为了探究出口贸易结构与能源消费之间的关系,陈义平等(2013)通过实证研究发现,我国初级产品的出口在短期和长期都会增加对能源的消费,且两者互为因果关系;工业制成产品的出口只有在长期会促进能源消费,且只存在从工业制成品出口到能源消费的单项因果关系。也有学者研究了进口贸易与能源消费之间的关系。熊研婷(2011)运用面板协整和误差修正等方法研究发现,我国进、出口贸易与能源消费互为短期因果关系。长期均衡估计显示,我国人均实际进、出口每增长 1%,人均能源消费将分别增加 0.09% 和 0.103%,人均能源消费对人均实际进,出口的长期弹性

均约为 0.5。徐少君(2011)运用协整技术和 VECM 格兰杰检验方法实证发现,
进、出口贸易的发展对能源消费具有长期显著的促进作用;能源消费与出口贸
易之间存在短期的双向因果关系,与进口贸易之间不存在因果关系。同时,能
源消费与进、出口贸易间的关系在东、中、西部三大地区也存在差异。

参阅相关文献发现,国外已有不少学者开始研究经济增长、金融发展、对外
贸易、能源消费这四者或者更多变量之间的关系(Shahbaz et al.,2013;Shahbaz
et al.,2013;Rafindadi,2015),而国内很少有学者将这四个变量放在一个模型中
进行研究,基于能源 EKC,把金融发展和对外贸易加入分析框架中,系统地研
究经济增长、金融发展、对外贸易与能源消费之间动态变化关系的更是没有。
本节将基于 ARDL 边限协整检验和 VECM 格兰杰因果检验对经济增长、金融发
展、对外贸易和能源消费之间的关系进行实证分析,以弥补目前研究中的空白。

3.6.2 模型设定、方法介绍、变量选取和数据说明

3.6.2.1 模型设定

本节将在能源 EKC 理论基础上研究我国能源消费与经济增长之间的关
系,验证我国能源 EKC 的存在性及是否存在拐点。同时,将金融发展和对外贸
易纳入分析框架中,对经济增长、金融发展、对外贸易和能源消费之间的动态关
系进行实证分析。式(3.5)给出的是经济增长、金融发展、对外贸易和能源消费
之间的长期均衡方程:

$$\ln EN_t = \alpha_0 + \alpha_1 T + \alpha_2 \ln GDP_t + \alpha_3 (\ln GDP_t)^2 + \alpha_4 \ln FIN_t + \alpha_5 \ln TR_t + \varepsilon_t$$

$$(3.5)$$

式中,T 为时间变量;ε_t 为随机扰动项;α_2、α_3、α_4、α_5 分别为人均实际 GDP、
人均实际 GDP 的平方、金融发展(私人部门信贷占 GDP 比重)与人均实际贸易
总额对人均能源消费总量的长期弹性。

基于理论与经验方法,对式(3.5)中各参数的正负情况进行猜想:如果我国
能源消费与经济增长之间存在 EKC 假设,则有 $\alpha_2 > 0$,$\alpha_3 < 0$。α_4 的正负并不
好确定:一方面,金融发展拉动市场需求,扩大企业生产,从而增加能源消费;另
一方面,金融发展为企业提供资金支持,鼓励企业使用节能环保设备,从而减少
能源消费。$\alpha_5 > 0$ 的原因有以下三点:①对外贸易产品的进出口需要借助交通

工具来运输货物,这个过程必定会消耗能源;②出口贸易产品在其生产过程引起的机器设备的运转会消耗大量的能源;③进口的汽车、电动机等机器设备在使用时会增加对能源的消耗。

3.6.2.2 方法介绍

(1)ARDL 边限协整检验。

本节基于 ARDL 边限协整检验来研究上述变量之间的长期动态关系。Pesaran和Shin 于1998 年首次提出 ARDL 边限协整检验方法,之后 Pesaran 等(2001)又对其进行了扩展。与传统的协整检验方法相比,ARDL 边限协整检验方法具有以下几个方面的优势:

①ARDL 边限协整检验方法并不要求所有变量的单整阶数都相同,其研究的变量序列可以是零阶单整,也可以是一阶单整。

②ARDL 边限协整检验方法具有小样本性质,对于小样本而言,ARDL 边限协整检验方法更加稳健。

③ARDL 边限协整检验得到的长期均衡模型的系数是无偏估计值,即使是在有内生变量的情况下,其 T 统计量的检验结果仍然是合理的。

④不同于传统的边限协整检验方法,ARDL 边限协整检验不是采用联立方程组的方法,而是将检验建立在单一模型的基础上,且允许不同变量有不同的最佳滞后阶数。

⑤通过简单的线性变换,可以从 ARDL 中导出动态的无约束误差修正模型(Unrestricted Error Correction Model,UECM)。UECM 模型同时包含了短期动态和长期均衡的信息,是 ARDL 边限协整的检验模型。

UECM 模型的表达式如下:

$$\Delta \mathrm{Ln}EN_t = \beta_0 + \beta_1 T + \beta_2 \mathrm{Ln}EN_{t-1} + \beta_3 \mathrm{Ln}GDP_{t-1} + \beta_4 (\mathrm{Ln}GDP_{t-1})^2 + \beta_5 \mathrm{Ln}FIN_{t-1} +$$

$$\beta_6 \mathrm{Ln}TR_{t-1} + \sum_{i=1}^{p} \beta_{1i} \Delta \mathrm{Ln}EN_{t-i} + \sum_{i=0}^{p} \beta_{2i} \Delta \mathrm{Ln}GDP_{t-i} + \sum_{i=0}^{p} \beta_{3i} \Delta (\mathrm{Ln}GDP_{t-i})^2 +$$

$$\sum_{i=0}^{p} \beta_{4i} \Delta \mathrm{Ln}FIN_{t-i} + \sum_{i=0}^{p} \beta_{5i} \Delta \mathrm{Ln}TR_{t-i} + \mu_{1t} \tag{3.6}$$

$$\Delta \mathrm{Ln}GDP_t = \gamma_0 + \gamma_1 T + \gamma_2 \mathrm{Ln}EN_{t-1} + \gamma_3 \mathrm{Ln}GDP_{t-1} + \gamma_4 (\mathrm{Ln}GDP_{t-1})^2 + \gamma_5 \mathrm{Ln}FIN_{t-1} +$$

$$\gamma_6 \mathrm{Ln}TR_{t-1} + \sum_{i=1}^{p} \gamma_{1i} \Delta \mathrm{Ln}GDP_{t-i} + \sum_{i=0}^{p} \gamma_{2i} \Delta \mathrm{Ln}EN_{t-i} + \sum_{i=0}^{p} \gamma_{3i} \Delta (\mathrm{Ln}GDP_{t-i})^2 +$$

$$\sum_{i=0}^{p} \gamma_{4i}\Delta \mathrm{Ln}FIN_{t-i} + \sum_{i=0}^{p} \gamma_{5i}\Delta \mathrm{Ln}TR_{t-i} + \mu_{2t} \tag{3.7}$$

$$\Delta(\mathrm{Ln}GDP_t)^2 = \eta_0 + \eta_1 T + \eta_2 \mathrm{Ln}EN_{t-1} + \eta_3 \mathrm{Ln}GDP_{t-1} + \eta_4 (\mathrm{Ln}GDP_{t-1})^2 + \eta_5 \mathrm{Ln}FIN_{t-1} +$$

$$\eta_6 \mathrm{Ln}TR_{t-1} + \sum_{i=1}^{p} \eta_{1i}\Delta (\mathrm{Ln}GDP_{t-i})^2 + \sum_{i=0}^{p} \eta_{2i}\Delta \mathrm{Ln}EN_{t-i} +$$

$$\sum_{i=0}^{p} \eta_{3i}\Delta \mathrm{Ln}GDP_{t-i} + \sum_{i=0}^{p} \eta_{4i}\Delta \mathrm{Ln}FIN_{t-i} + \sum_{i=0}^{p} \eta_{5i}\Delta \mathrm{Ln}TR_{t-i} + \mu_{3t}$$

$$\tag{3.8}$$

$$\Delta \mathrm{Ln}FIN_t = \lambda_0 + \lambda_1 T + \lambda_2 \mathrm{Ln}EN_{t-1} + \lambda_3 \mathrm{Ln}GDP_{t-1} + \lambda_4 (\mathrm{Ln}GDP_{t-1})^2 + \lambda_5 \mathrm{Ln}FIN_{t-1} +$$

$$\lambda_6 \mathrm{Ln}TR_{t-1} + \sum_{i=1}^{p} \lambda_{1i}\Delta \mathrm{Ln}FIN_{t-i} + \sum_{i=0}^{p} \lambda_{2i}\Delta \mathrm{Ln}EN_{t-i} + \sum_{i=0}^{p} \lambda_{3i}\Delta \mathrm{Ln}GDP_{t-i} +$$

$$\sum_{i=0}^{p} \lambda_{4i}\Delta (\mathrm{Ln}GDP_{t-i})^2 + \sum_{i=0}^{p} \lambda_{5i}\Delta \mathrm{Ln}TR_{t-i} + \mu_{4t} \tag{3.9}$$

$$\Delta \mathrm{Ln}TR_t = \rho_0 + \rho_1 T + \rho_2 \mathrm{Ln}EN_{t-1} + \rho_3 \mathrm{Ln}GDP_{t-1} + \rho_4 (\mathrm{Ln}GDP_{t-1})^2 + \rho_5 \mathrm{Ln}FIN_{t-1} +$$

$$\rho_6 \mathrm{Ln}TR_{t-1} + \sum_{i=1}^{p} \rho_{1i}\Delta \mathrm{Ln}TR_{t-i} + \sum_{i=0}^{p} \rho_{2i}\Delta \mathrm{Ln}EN_{t-i} + \sum_{i=0}^{p} \rho_{3i}\Delta \mathrm{Ln}GDP_{t-i} +$$

$$\sum_{i=0}^{p} \rho_{4i}\Delta (\mathrm{Ln}GDP_{t-i})^2 + \sum_{i=0}^{p} \rho_{5i}\Delta \mathrm{Ln}FIN_{t-i} + \mu_{5t} \tag{3.10}$$

式中,Δ 为序列的一阶差分;$\mu_{it}(i = 1,2,3,4,5)$ 为独立同分布的残差项。检验变量间的长期均衡关系,可通过对上述 UECM 模型中的滞后一阶变量系数的联合显著性进行 F 检验(Pesaran et al.,2001)。以式(3.6)为例,ARDL 边限协整检验的原假设是不存在协整关系,即 $H_0:\beta_2 = \beta_3 = \beta_4 = \beta_5 = \beta_6 = 0$;备择假设是存在长期协整关系,即 $H_1:\beta_2$、β_3、β_4、β_5、β_6 至少有一个不为 0。

Pesaran 等(2001)证明,在原假设成立的情况下,F 统计量将服从一个非标准的渐进分布,并给出了 F 统计量的上边限值和下边限值。将计算得到的 F 统计量与上边限值和下边限值进行比较,如果 F 统计量值超过上边限值,则拒绝原假设,说明变量间存在长期协整关系;如果 F 统计量值低于下边限值,则接受原假设,说明变量间不存在长期协整关系;如果 F 统计量值介于下边限值和上边限值之间,则无法确定是否存在长期协整关系,此时可以根据误差修正项的显著性来判断长期协整关系是否存在(Kremers et al.,1992;Banerjee et al.,1998)。考虑到对小样本数据检验的精确性,本节选用 Narayan(2005)产生的样本容量在 30~80 的 F 检验统计量的临界值。

(2)ARDL 模型的估计。

在确定经济增长、金融发展、对外贸易与能源消费之间有长期协整关系的基础上,我们可基于 ARDL 模型对变量间的长短期关系进行估计。

$$LnEN_t = \theta_0 + \theta_1 T + \sum_{i=1}^{j} \theta_{1i} LnEN_{t-i} + \sum_{i=0}^{k} \theta_{2i} LnGDP_{t-i} + \sum_{i=0}^{l} \theta_{3i} (LnGDP_{t-i})^2 +$$
$$\sum_{i=0}^{m} \theta_{4i} LnFIN_{t-i} + \sum_{i=0}^{n} \theta_{5i} LnTR_{t-i} + v_t \qquad (3.11)$$

式(3.11)中各变量滞后阶数的确定可采用赤池信息准则(Akaike Information Crietrion,AIC)或施瓦茨贝叶斯信息准则(Schwarz – Bayesian lnformation Griterion,SBC)。同时,可通过序列自相关性检验、模型设定正确性检验、正态性检验和异方差性检验这四项诊断性检验对 ARDL 模型进行稳健性检验;可通过 Brown 等(1975)提出的递归残差累计和(Cumulatives Sum of Recursive Residuals, CUSUM)和递归残差平方累计和(Cumulatives Sum of Squares of Recursive Residuals, CUSUMSQ)对模型参数的稳定性进行检验。

此外,通过对式(3.11)进行一定的转换,可得到变量之间的长期均衡关系,即式(3.5):

$$LnEN_t = \alpha_0 + \alpha_1 T + \alpha_2 LnGDP_t + \alpha_3 (LnGDP_t)^2 + \alpha_4 LnFIN_t + \alpha_5 LnTR_t + \varepsilon_t$$
$$(3.5)$$

式中,常数项系数为

$$\alpha_0 = \theta_0 / (1 - \sum_{i=1}^{j} \theta_{1i})$$

时间变量 T 的系数为

$$\alpha_1 = \theta_1 / (1 - \sum_{i=1}^{j} \theta_{1i})$$

$LnGDP_t$、$(LnGDP_t)^2$、$LnFIN_t$、$LnTR_t$ 的系数分别为

$$\alpha_2 = \sum_{i=0}^{k} \theta_{2i} / (1 - \sum_{i=1}^{j} \theta_{1i})$$

$$\alpha_3 = \sum_{i=0}^{l} \theta_{3i} / (1 - \sum_{i=1}^{j} \theta_{1i})$$

$$\alpha_4 = \sum_{i=0}^{m} \theta_{4i} / \left(1 - \sum_{i=1}^{j} \theta_{1i}\right)$$

$$\alpha_5 = \sum_{i=0}^{n} \theta_{5i} / \left(1 - \sum_{i=1}^{j} \theta_{1i}\right)$$

同时，还可以基于 ARDL 模型的误差修正模型（Error Correction Model，ECM）对变量之间的短期动态变化进行分析。ECM 如下所示：

$$\Delta LnEN_t = \varphi_0 + \varphi_1 T + \sum_{i=1}^{j-1} \varphi_{1i} \Delta LnEN_{t-i} + \sum_{i=0}^{k-1} \varphi_{2i} \Delta LnGDP_{t-i} + \sum_{i=0}^{l-1} \varphi_{3i} \Delta (LnGDP_{t-i})^2 +$$

$$\sum_{i=0}^{m-1} \varphi_{4i} \Delta LnFIN_{t-i} + \sum_{i=0}^{n-1} \varphi_{5i} \Delta LnTR_{t-i} + \xi ECT_{t-1} + \omega_t \qquad (3.12)$$

式中，ECT_t 为式（3.12）估计得到的残差项，又称为误差修正项。

一般来说，长期均衡关系并非永远成立，误差修正项的作用就是在长期均衡关系出现失衡时进行回调。ξ 反映的是误差修正项对长期关系的调整速度，应当为负数。

（3）VECM 格兰杰因果检验。

ARDL 边限协整检验只能对变量间是否具有长期均衡关系做出判断，而格兰杰因果检验却可以确定因果关系的具体方向。为此，在确定变量之间存在协整关系后，下面通过 VECM 格兰杰因果检验来探索变量间的因果关系。VECM 模型如下所示：

$$(1-L)\begin{bmatrix} LnEN_t \\ LnGDP_t \\ (LnGDP_t)^2 \\ LnFIN_t \\ LnTR_t \end{bmatrix} = \begin{bmatrix} \varphi_1 \\ \varphi_2 \\ \varphi_3 \\ \varphi_4 \\ \varphi_5 \end{bmatrix} + \begin{bmatrix} \psi_1 \\ \psi_2 \\ \psi_3 \\ \psi_4 \\ \psi_5 \end{bmatrix} T + \sum_{i=1}^{q} (1-L) \begin{bmatrix} a_{11i} & a_{12i} & a_{13i} & a_{14i} & a_{15i} \\ a_{21i} & a_{22i} & a_{23i} & a_{24i} & a_{25i} \\ a_{31i} & a_{32i} & a_{33i} & a_{34i} & a_{35i} \\ a_{41i} & a_{42i} & a_{43i} & a_{44i} & a_{45i} \\ a_{51i} & a_{52i} & a_{53i} & a_{54i} & a_{55i} \end{bmatrix}$$

$$\times \begin{bmatrix} LnEN_{t-i} \\ LnGDP_{t-i} \\ (LnGDP_{t-i})^2 \\ LnFIN_{t-i} \\ LnTR_{t-i} \end{bmatrix} + \begin{bmatrix} \delta_1 \\ \delta_2 \\ \delta_3 \\ \delta_4 \\ \delta_5 \end{bmatrix} ECT_{t-1} + \begin{bmatrix} \nu_{1t} \\ \nu_{2t} \\ \nu_{3t} \\ \nu_{4t} \\ \nu_{5t} \end{bmatrix}$$

$$(3.13)$$

式中,L 为滞后算子;ECT_{t-1} 为由长期协整方程得到的误差修正项的滞后一期。

该模型可用来检验变量之间的长短期因果关系。用 T 统计量检验 ECT_{t-1} 的系数 $\delta_i(i=1,2,3,4,5)$ 的显著性即可检验变量之间的长期关系;检验短期关系可用联合 χ^2 统计量对一阶差分变量的系数矩阵的显著性进行检验。例如,若对于任意的 $i\in(1,q)$,有 a_{12i}、a_{13i} 显著不为零,则说明经济增长是能源消费的短期格兰杰原因;反之,若对于任意的 $i\in(1,q)$,有 a_{21i}、a_{31i} 显著不为零,则说明能源消费是经济增长的短期格兰杰原因。

3.6.2.3 变量选取

本节主要研究经济增长、金融发展、对外贸易与能源消费之间的动态关系,各变量的具体说明如下:

经济增长:本节选用人均实际 GDP 来表示经济增长。人均实际 GDP 以 2000 年不变价格折算得到,单位是元/人,用 GDP 表示。

金融发展:由于现有的统计资料并未给出金融发展指标,国内的实证研究大多采用金融机构存贷款之和/GDP、金融机构贷款/GDP 或 M_2/GDP 等指标来度量金融发展水平。然而对于我国而言,相当部分的贷款会被政府指令或干预借贷给那些缺乏效率的国有企业,因此这些指标不能真实衡量我国金融发展水平。而发放给私人部门的信贷决策往往市场化程度较高且信贷投放也更有效率,因此私人部门信贷发展水平更能准确地衡量我国的金融发展水平。所以,本节选用私人部门信贷占 GDP 的比重来代表金融发展水平,用 FIN 表示。

对外贸易:本节选用人均实际进出口贸易总额来刻画对外贸易,其中实际进出口贸易总额是经过相应的汇率和以 2000 年不变价格折算得到的,人口数选用的是年中估算值,估算方法是(人口年初数 + 人口年末数)/2,人均实际进出口贸易总额的单位是元/人,用 TR 表示。

能源消费:本节选用人均能源消费总量来表示能源消费,其中人口数采用的是年中估算值,人均能源消费总量的单位是千克标准煤/人,用 EN 表示。

本节在实证研究中对所有变量均进行对数化处理,这样可以有效地降低异方差的影响,同时可以使模型的系数有更好的解释意义,具体用 LnGDP、LnFIN、

LnTR、LnEN 表示。

3.6.2.4 数据说明

本节选取的数据跨度是 1980—2013 年。其中,人均实际 GDP、私人部门信贷占 GDP 比重、年中人口的估算值来自《世界银行世界发展指标数据库》,进出口贸易总额、能源消费总量来自《中国统计年鉴》。各变量的统计性描述如表 3.4 所示。

表 3.4　各变量的统计性描述

变量	LnEN	LnGDP	(LnGDP)^2	LnFIN	LnTR
均值	7.073718	8.709123	76.55337	4.534560	7.711825
中位数	7.003708	8.726250	76.14898	4.582248	7.667259
最大值	7.923955	10.13021	102.6211	4.941743	9.331910
最小值	6.393804	7.341812	53.90220	3.972415	5.739209
标准差	0.472524	0.852001	14.89505	0.276951	1.167227
偏度	0.401778	0.056647	0.175365	−0.522885	−0.135702
峰度	1.982053	1.829266	1.851089	2.224831	1.820759
J－B 检验	2.382719	1.959892	2.044261	2.400575	2.074381
P 值	0.303808	0.375331	0.359827	0.301108	0.354449
观测数	34	34	34	34	34

注:(LnGDP)^2 表示人均实际 GDP 的平方

3.6.3 实证结果与分析

3.6.3.1 单位根检验

本节选用 ARDL 边限协整检验方法对经济增长、金融发展、对外贸易和能源消费之间的长期协整关系进行探索。由于 ARDL 边限协整检验适用于序列为平稳或一阶单整的情况,且 Pesaran 等(2001)和 Narayan(2005)对 ARDL 边限协整检验的 F 统计值是基于变量序列是 $I(0)$ 或 $I(1)$ 计算所得,因此为了避免出现二阶单整而导致 F 统计值失效的情况(Ouattara,2004),在进行 ARDL 边限协整检验之前,首先要对变量序列进行单位根检验,保证其是零阶单整或一阶单整。

在单位根检验中,ADF 检验最为常见,但这种检验方法功效较低,尤其在样本数量较少时,使用 ADF 检验可能会得到错误的结论。考虑到每个变量的样本数只有 34 个,本节采用 ADF 检验的改进法 DF-GLS 检验对各变量序列进行单位根检验,DF-GLS 检验可以有效地提高检验结果的可信性。同时,本节也给出了各变量的单位根检验结果,如表 3.5 所示。

表 3.5 各变量的单位根检验结果

变量	检验类型	ADF 统计量	DF – GLS 统计量
$\mathrm{Ln}EN$	(C,T)	$-2.132930(1)$	$-2.264331(1)$
$\mathrm{Ln}GDP$	(C,T)	$-2.906037(3)$	$-2.581857(4)$
$(\mathrm{Ln}GDP)^2$	(C,T)	$-1.908806(1)$	$-1.468556(3)$
$\mathrm{Ln}FIN$	(C,T)	$-2.451135(0)$	$-2.284235(0)$
$\mathrm{Ln}TR$	(C,T)	$-2.372621(1)$	$-2.580200(1)$
$\Delta\mathrm{Ln}EN$	$(C,0)$	$-2.908837(1)$ *	$-2.047735(0)$ **
$\Delta\mathrm{Ln}GDP$	$(C,0)$	$-4.345308(1)$ ***	$-1.998993(2)$ **
$\Delta(\mathrm{Ln}GDP)^2$	(C,T)	$-4.105116(1)$ **	$-4.035560(1)$ ***
$\Delta\mathrm{Ln}FIN$	$(C,0)$	$-5.349092(0)$ ***	$-5.246226(0)$ ***
$\Delta\mathrm{Ln}TR$	$(C,0)$	$-4.054156(0)$ ***	$-4.081661(0)$ ***

注:(1)检验类型(C,T)表示单位根检验方程包含截距项和趋势项;$(C,0)$表示单位根检验方程中只包含截距项,不包含趋势项。根据时序图即线性回归确定是否包含截距项或趋势项。

(2)括号里表示的是滞后阶数:ADF、DF-GLS 单位根检验基于 SIC 准则选择滞后阶数。

(3)*、* *、* * *分别表示10%、5%、1%的显著性水平

ADF 和 DF-GLS 检验结果显示,所有变量的原序列都是不平稳的,其一阶差分序列都是平稳的,所以可认为变量 $\mathrm{Ln}EN$、$\mathrm{Ln}GDP$、$(\mathrm{LN}GDP)^2$、$\mathrm{Ln}FIN$、$\mathrm{Ln}TR$ 都是一阶单整序列,可用 ARDL 边限协整检验变量间是否存在长期协整关系。

3.6.3.2 ARDL 边限协整检验

本节将基于式(3.6)~式(3.10),运用 ARDL 边限协整检验方法来判断经济增长、金融发展、对外贸易与能源消费之间是否有长期协整关系。考虑到 ARDL 边限协整检验的 F 统计值会受到一阶差分序列滞后阶数的影响(Bahmani-Oskooee & Nasir,2004),所以在进行 ARDL 边限协整检验之前,首先要确定合适的滞后阶数。一般可根据 AIC 准则或 SBC 准则来确定一阶差分序列的合适滞后阶数。考虑到与 SBC 准则相比,AIC 准则在小样本的情况下更加精确(Lutkepohl,2006),本节采用 AIC 准则,确定一阶差分序列的最优滞后阶数为 1。在

确定滞后阶数后,用 OLS 方法估计式(3.6)~式(3.10),进而利用 F 检验对滞后一阶变量 $\text{Ln}EN_{t-1}$、$\text{Ln}GDP_{t-1}$、$(\text{Ln}GDP_{t-1})^2$、$\text{Ln}FIN_{t-1}$、$\text{Ln}TR_{t-1}$ 的系数进行联合显著性检验,检验结果如表 3.6 所示。

表 3.6　ARDL 边限协整检验结果

估计模型	F 统计值
$\text{Ln}EN_t = f(\text{Ln}GDP_t, (\text{Ln}GDP_t)^2, \text{Ln}FIN_t, \text{Ln}TR_t)$	4.4552
$\text{Ln}GDP_t = f(\text{Ln}EN_t, (\text{Ln}GDP_t)^2, \text{Ln}FIN_t, \text{Ln}TR_t)$	2.2638
$(\text{Ln}GDP_t)^2 = f(\text{Ln}EN_t, \text{Ln}GDP_t, \text{Ln}FIN_t, \text{Ln}TR_t)$	2.4300
$\text{Ln}FIN_t = f(\text{Ln}EN_t, \text{Ln}GDP_t, (\text{Ln}GDP_t)^2, \text{Ln}TR_t)$	8.0442
$\text{Ln}TR_t = f(\text{Ln}EN_t, \text{Ln}GDP_t, (\text{Ln}GDP_t)^2, \text{Ln}FIN_t)$	8.9818

临界值(Narayan)					
1%		5%		10%	
$I(0)$	$I(1)$	$I(0)$	$I(0)$	$I(1)$	$I(0)$
5.604	7.172	4.036	5.604	3.374	4.512

注:临界值来自 Narayan(2005),具体取自样本量 $N=35$,回归变量个数 $K=4$,Case V (非限定常数项和非限定趋势项)情况下的值

从表 3.6 中可知,当 $\text{Ln}EN$ 作为响应变量时,其 F 统计值位于 10% 显著性水平下的上、下边限值之间,因此不能判断 $\text{Ln}GDP$、$(\text{Ln}GDP)^2$、$\text{Ln}FIN$、$\text{Ln}TR$ 对 $\text{Ln}EN$ 是否具有长期影响关系。此时,可以根据误差修正项的显著性来判断长期协整关系是否存在。当 $\text{Ln}FIN$、$\text{Ln}TR$ 作为响应变量时,其 F 统计值均高于 1% 显著性水平下的上边限值,说明 $\text{Ln}EN$、$\text{Ln}GDP$、$(\text{Ln}GDP)^2$、$\text{Ln}TR$ 对 $\text{Ln}FIN$ 有长期影响关系,$\text{Ln}EN$、$\text{Ln}GDP$、$(\text{Ln}GDP)^2$、$\text{Ln}FIN$ 对 $\text{Ln}TR$ 有长期影响关系。而当 $\text{Ln}GDP$、$(\text{Ln}GDP)^2$ 作为响应变量时,其 F 统计值均低于 10% 显著性水平的下边限值,说明当 $\text{Ln}GDP$、$(\text{Ln}GDP)^2$ 作为响应变量时,其他变量对其的长期影响关系不明显。因此,本节研究的变量之间至少存在两个协整关系,说明我国的经济增长、金融发展、对外贸易与能源消费之间存在长期协整关系。

3.6.3.3　长短期估计

在确定四个变量之间有长期协整关系的基础上,可基于式(3.5)和式(3.12)估算经济增长、金融发展、对外贸易对能源消费的长短期弹性。式(3.5)和式(3.12)是基于式(3.11)变换而来的,因此首先要对式(3.11)进行估

算。对于式(3.11)最优滞后阶的确定,本节选用 AIC 准则;又因为是年份数据,所以确定使用的最大滞后阶数为2。最终得到的模型是 ARDL(2,1,0,0,2)。表3.7 和表3.8 分别给出了 ARDL(2,1,0,0,2)长期均衡结果和 ARDL(2,1,0,0,2)短期 ECM 估计结果。

表3.7　ARDL(2,1,0,0,2)长期均衡结果

被解释变量：$LnEN_t$			
解释变量	系数	标准误	T 统计量$[P$ 值$]$
$LnGDP_t$	-2.6195	0.47318	$-5.5359[0.000]$
$(LnGDP_t)^2$	0.17206	0.019534	$8.8081[0.000]$
$LnFIN_t$	0.33078	0.15361	$2.1533[0.043]$
$LnTR_t$	0.38678	0.061854	$6.2532[0.000]$
Constant	12.9659	2.3645	$5.4835[0.000]$
T	-0.042002	0.021092	$-1.9914[0.060]$

表3.8　ARDL(2,1,0,0,2)短期 ECM 估计结果

被解释变量：$\Delta LnEN_t$			
解释变量	系数	标准误	T 统计量$[P$ 值$]$
$\Delta LnEN_{t-1}$	0.54405	0.12583	$4.3236[0.000]$
$\Delta LnGDP_t$	-0.90188	0.25828	$-3.4919[0.002]$
$\Delta(LnGDP_t)^2$	0.075542	0.014688	$5.1430[0.000]$
$\Delta LnFIN_t$	0.14523	0.070539	$2.0589[0.051]$
$\Delta LnTR_t$	0.091568	0.046095	$1.9865[0.059]$
$\Delta LnTR_{t-1}$	-0.064622	0.039133	$-1.6513[0.112]$
Constant	5.6928	1.0778	$5.2820[0.000]$
T	-0.018441	0.011418	$-1.6151[0.120]$
ECM_{t-1}	-0.43906	0.092600	$-4.7414[0.000]$

由表3.7可知,中国经济增长和能源消费不符合能源 EKC 的假设。从表3.7中可以看出,$LnGDP_t$ 的系数为 -2.6195,$(LnGDP_t)^2$的系数为0.17206,两者系数均通过1%的显著性检验,说明中国的经济增长与能源消费之间呈现正 U 形变化,即在达到转折点之前,能源消费随着经济的增长呈现下降趋势;但在达到转折点之后,能源消费随着经济的增长呈现上升趋势。同时,表3.7 也

提供了转折点的信息,即 $\mathrm{Ln}GDP_t = -\dfrac{-2.6195}{2 \times 0.17206} \approx 7.61217$,进而求得 $GDP_t =$ 2022.66,说明当中国的人均实际 GDP 超过 2022.66 元时,能源消费就会随着经济的增长而增长。其中,我国 1983 年、1984 年的人均实际 GDP 分别为 183.08 元和 2140.58 元,说明转折点介于 1983 年和 1984 年之间。1978—1984 年为我国经济体制改革的探索阶段,在此期间,我国政府对工业生产进行了战略性的调整,将优先发展目标从重工业转移到了轻工业,实现了对经济结构的调整。所以,这一阶段的主要特点是工业发展的轻型化,这也解释了为什么经济增长和能源消费之间会出现负相关。而在 1984 年,中央正式提出社会主义经济"是在公有制基础上的有计划的商品经济",突破了把计划经济同商品经济对立起来的传统观念。随后,1992 年邓小平南方谈话又确立了社会主义市场经济,经济体制的改革给我国经济注入了新的活力,中国经济进入快速发展阶段,能源消费也随之增多。

金融发展对能源消费的长期弹性为 0.33078,且通过 5% 的显著性检验,金融发展每增加 1%,能源消费将增加 0.33078%,说明私人部门信贷与能源消费之间存在正向效应。这种正向效应可解释为:一方面,消费信贷向私人部门的不断流入,为我们的经济体系注入了更多的活力,刺激人们对汽车、空调、房子等高能耗消费品的购买及使用,从而增加了对能源的消费;另一方面,私人部门信贷业务规模的不断提高,为私企的发展提供了更多更便捷的资金支持,帮助私企进行进一步的扩大生产,从而增加了对能源的需求。

对外贸易对能源消费的长期弹性为正,且在 1% 的显著性水平下是显著的。每当人均贸易总额增加 1%,人均能源消费总量将增加 0.38678%。对外贸易对能源消费的正向效应可解释为:第一,国际产业转移的新趋势促进了我国能源消费的增长,增大了我国能源消费的压力。随着全球产业分工重组的不断深化,越来越多的劳动密集型、资源密集型的产业被转移到中国,使我国成为世界的制造中心。而生产出口贸易商品往往会消耗大量的能源。并且,当我们把生产的产品出口到欧美国家时,就造成了能源的间接出口,从而增加了我国能源消费的压力。据国际能源署(Interational Energy Agency,IEA)统计,我国贸易产品出口产生的能源间接出口占到能源消费总量的 28%,而这一比例美国仅为 6%,欧盟仅为7%。第二,我国进口了大量的汽车、机电等高耗能型产品,而这些设备在使用过程中都会增加对能源的消耗。据中国统计局统计,2013年中国进口的机电产品总金额达到839699.59万美元,占到当年进口总金额的37.91%。

短期ECM估计结果如表3.8所示。结果显示,在短期内,经济发展和能源消费之间存在正U形的关系,且$\Delta \mathrm{Ln} GDP_t$和$\Delta(\mathrm{Ln} GDP_t)^2$的系数均通过1%的显著性检验。金融发展($\Delta \mathrm{LnFIN}_t$)对能源消费的影响为正且通过10%的显著性检验,但其系数为0.14523,小于0.33078,说明短期的作用强度要弱于长期。这一点也体现在对外贸易上,对外贸易对能源消费的短期弹性为0.091568,通过10%的显著性检验,但小于对外贸易对能源消费的长期弹性0.38678,说明金融发展、对外贸易对能源消费的影响需要一定量的积累。

误差修正项的系数在1%的显著性水平下显著为负,证明了经济增长、金融发展和对外贸易对能源消费的影响具有长期性,从而验证了上文的疑问。误差修正项的系数为-0.43906,说明在偏离长期均衡状态下,将以每年43.906%的速度对其进行修正。

为检验ARDL(2,1,0,0,2)模型的稳健性,表3.9给出了四项诊断检验结果。从表3.9中可以看出,四项检验的P值均大于10%,说明在10%的显著性水平下,该ARDL模型分别通过序列自相关性检验、模型设定正确性检验、正态性检验和异方差性检验,从而说明该模型是稳健的。

表3.9 ARDL(2,1,0,0,2)诊断检验结果

诊断检验	LM 统计量	P 值
序列自相关性检验	$\chi^2(1) = 1.0032$	0.317
模型设定正确性检验	$\chi^2(1) = 1.5451$	0.214
正态性检验	$\chi^2(2) = 1.5342$	0.464
异方差性检验	$\chi^2(1) = 0.35458$	0.552

另外,为避免由参数不稳定而导致模型最终设定的不可靠,在此,我们利用CUSUM检验和CUSUMSQ检验对前文构建的ARDL(2,1,0,0,2)模型的参数进行稳定性检验,检验结果如图3.9和图3.10所示。

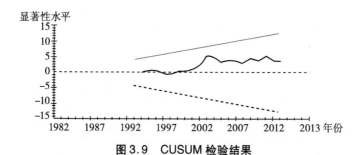

图 3.9　CUSUM 检验结果

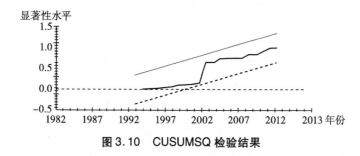

图 3.10　CUSUMSQ 检验结果

图 3.9 和图 3.10 中两条直线表示的是显著性水平为 5% 情况下的上下临界值,中间的折线表示的是随时间变化的 CUSUM 值和 CUSUNSQ 值,两个统计量均位于上下临界值之间,说明模型的系数是稳定的。结合模型的稳健性检验和系数的稳定性检验可知,该 ARDL 模型是有效的,研究结果具有一定的参考价值。

3.6.3.4　基于 VECM 的格兰杰因果分析

由于经济增长、金融发展、对外贸易和能源消费之间具有长期协整关系,因此它们之间至少存在一个方向的格兰杰因果关系。因此,本节用 VECM 格兰杰因果检验来确定变量间具体的长期和短期因果关系。本节令式(3.13)中的 q 为 1,得到的长短期格兰杰因果检验结果如表 3.10 所示。

表 3.10　长短期格兰杰因果检验结果

变量	LM 检验[P 值]					系数[T 值]
	$\Delta \mathrm{Ln}EN$	$\Delta \mathrm{Ln}GDP$	$\Delta(\mathrm{Ln}GDP)^2$	$\Delta \mathrm{Ln}FIN$	$\Delta \mathrm{Ln}TR$	ECT_{t-1}
$\Delta \mathrm{Ln}EN$	—	0.719178 [0.3964]	0.556436 [0.4557]	1.713160 [0.1906]	0.257705 [0.6117]	−0.283786 ** [−2.55696]

续表

变量	LM 检验[P 值]					系数[T 值]
	$\Delta \text{Ln}EN$	$\Delta \text{Ln}GDP$	$\Delta(\text{Ln}GDP)^2$	$\Delta \text{Ln}FIN$	$\Delta \text{Ln}TR$	ECT_{t-1}
$\Delta \text{Ln}GDP$	0.024223 [0.8763]	—	1.229336 [0.2675]	0.784802 [0.3757]	0.142142 [0.7062]	—
$\Delta(\text{Ln}GDP)^2$	0.000820 [0.9772]	0.731689 [0.3923]	—	0.986239 [0.3207]	0.171924 [0.6784]	
$\Delta \text{Ln}FIN$	2.761310 * [0.0966]	12.47792 *** [0.0004]	12.97339 *** [0.0003]	—	0.874064 [0.3498]	−0.874597 *** [−3.73219]
$\Delta \text{Ln}TR$	5.151778 ** [0.0232]	1.439228 [0.2303]	1.908932 [0.1671]	0.113943 [0.7357]	—	−0.650194 *** [−3.44884]

注:*、**、***分别表示10%、5%、1%的显著性水平

首先分析变量间的短期因果关系。从表 3.10 中可以看出,在以能源消费为被解释变量的模型中,经济增长、金融发展和对外贸易均不显著,说明不存在从经济增长、金融发展、对外贸易到能源消费的短期因果关系。在以金融发展为被解释变量的模型中,能源消费、经济增长分别通过 10%、1% 的显著性检验,说明能源消费、经济增长是金融发展的短期格兰杰原因。在以对外贸易为被解释变量的模型中,只有能源消费通过 5% 的显著性检验,而其他变量均不显著。综上所述,就短期格兰杰因果关系而言,存在从能源消费到金融发展、对外贸易的短期格兰杰因果关系,经济增长是金融发展的单向格兰杰原因。

其次分析变量间的长期因果关系。从表 3.10 中可以看出,能源消费和金融发展互为格兰杰因果关系。金融发展为企业的融资提供便利,企业可以顺势扩大其投资活动及生产规模,人们也可以更便捷地获取消费信贷用于对汽车、房子等高耗能产品的消费,两者都将增加对能源的消费。同样地,更多的能源消费将促进更多的经济金融活动,从而需要更多的金融服务并促进金融发展。能源消费和对外贸易之间存在双向格兰杰因果关系。一方面,对外贸易的发展将增加对能源的消费;另一方面,能源作为对外贸易的投入要素之一,其增长将促进对外贸易的发展,间接说明我国的对外贸易是能源依赖型的。金融发展和对外贸易互为对方的格兰杰原因。随着金融发展程度的不断提高,社会资源得到优化配置,对外贸易规模不断扩大,对外贸易结构实现转型,确保了比较优势

的发挥。同时,对外贸易的发展也对金融部门提出了更高的要求,促进了对金融工具的创新,刺激金融机构进行改革和升级,对整个金融业的发展起到推动作用。经济增长是能源消费的单向格兰杰原因。经济的不断增长提高了企业、住户等机构部门对能源的需求,从而增加了对能源的消费。同时,我们还发现不存在从能源消费到经济增长的长期因果关系,说明在长期中,我国经济是可以脱钩发展的,推广节能技术,推动产业升级,可以实现在保证经济增长的同时减少能源消费。另外,还存在从经济增长到金融发展、对外贸易的单项格兰杰因果关系。

本节主要研究经济增长、金融发展、对外贸易和能源消费之间的动态关系。为了实现这一目的,本节首先运用 ARDL 边限协整检验变量之间是否存在长期协整,然后基于 ARDL 模型估计经济增长、金融发展、对外贸易对能源消费的长短期效应,最后利用 VECM 格兰杰因果检验对变量之间的因果关系进行判断。

实证结果发现,变量之间具有长期协整关系,短期误差修正模型中误差修正项的显著性也证明经济增长、金融发展、对外贸易对能源消费的影响具有长期性。能源消费与经济增长之间的关系不满足能源 EKC 假设,两者之间的长期关系呈现正 U 形变化,其中拐点是人均实际 GDP 为 2022. 66 元,介于 1983 年和 1984 年之间,可见如今我国的经济增长位于曲线的右边,即能源消费随着经济的增长而增加。短期误差修正模型也得到同样的结果,经济增长与能源消费之间的变动趋势呈正 U 形。金融发展对能源消费的长期弹性和短期弹性系数分别是 0. 33078 和 0. 14523,对外贸易对能源消费的长期弹性系数为 0. 38678,短期弹性系数为 0. 091568,金融发展、对外贸易对能源消费的短期作用强度均弱于长期,说明金融发展、对外贸易对能源消费存在正效应且其影响需要一定量的积累。基于 VECM 的格兰杰因果关系检验表明金融发展和能源消费互为对方的长期格兰杰原因,同样地,这种关系也被发现在对外贸易和能源消费、对外贸易和金融发展之间。另外,还存在从经济增长到能源消费、金融发展、对外贸易的单向长期因果关系。在短期格兰杰因果关系中存在从能源消费到金融发展、对外贸易的短期格兰杰因果关系,经济增长是金融发展的单向格兰杰原因。

经济增长对能源消费的影响呈现正 U 形变化趋势,且目前我国经济增长位于曲线的右边,即经济增长会促进能源消费的增加。同时,存在只从经济增长对能源消费的长期单向因果关系,不存在从能源消费对经济增长的单项因果关系,说明能源消费是经济增长的产物,不是经济增长的必要投入要素,说明我国经济可以脱钩发展,降低能源消费不会对经济增长造成影响,这为中国经济的可持续发展提供了一条切实可行的建议。为了我国经济增长与能源消费之间的脱钩发展能够保持下去,我们可以加快节能技术的研发和推广,提高能源使用效率,转变经济增长方式,加快产业结构的升级,实现从第一、二产业向第三产业的转型。制定合理的经济增长速度,实现经济增长同能源消费的可持续发展。另外,由经济增长对金融发展、对外贸易的单向因果关系可知,经济增长可带动金融发展和对外贸易,从而对能源消费产生影响。

金融发展对能源消费的正向效应说明金融贷款的消费者和投资者增加了对能源的需求,目前我国的金融发展未能很好地发挥降低能源消费的作用。但金融发展对能源消费只存在长期因果关系,说明在短期里金融发展不会导致能源消费的增加。但研究发现,能源消费是金融发展的长期和短期格兰杰因果原因,说明仅实施节能减排政策会抑制金融发展。因此,我们需要寻求金融发展与能源消费之间的平衡,在促进金融发展的同时,调整能源消费结构,提高能源使用效率,减少节能政策对金融发展的影响。金融机构可以让资金流向信息技术、生物技术、新材料技术等高新技术产业,优先为那些研发节能技术的企业提供资金支持,为那些需要购买节能环保设备的企业提供低利率贷款,实现绿色金融。同时,还可以投资水能、风能、太阳能等替代能源,改变长期以煤炭为主的能源消费结构,在能源消费总量不变的情况下保证能源的品质,降低对金融发展的冲击,从而走上节能减排和金融发展的良性循环之路。

对外贸易对能源消费的影响表现为显著的正向效应,不但对外贸易对能源消费有长期格兰杰因果关系,而且能源消费对对外贸易也具有长期和短期的因果关系,说明能源作为重要的生产生活的投入要素,无论是长期还是短期都对对外贸易发挥着重要的作用,仅从"量"上减少能源消费无疑会从"投入"的角度对对外贸易造成不利的影响。因此,为了保持对外贸易的发展水平,我们应该努力寻求有效的方法来改变原有的能源消费方式,而不应该只是简单地实施节能减排类计划。一方面,可以通过改进原有的技术、提升能源传输效率等方法提升能源利用效率,从而减少不必要的能源消耗;另一方面,积极寻求新型能源用于替代传统能源的生产与消费,实现节约能源和提高能源利用效率的综合目标。同时,注重优化对外贸易结构,尤其是出口贸易结构,积极鼓励出口电子、新材料、生物制品等低能耗产品,并为其提供相应的政策支持,降低高能耗、高污染等资源密集型产品的出口比重,真正实现节能减排和对外贸易的共同发展。

因此,为了经济、金融、贸易、能源四者的和谐发展,我们应该提高金融发展水平,带动高新技术产业的发展,加大产业结构的升级,大力发展新能源,改善能源消费结构,改进能源使用技术,提高能源利用效率,改善出口贸易结构,保持经济增长与能源消费的脱钩发展,实现社会、经济、资源、环境的协调发展。

第 4 章

能源技术进步对节能减排与经济发展影响的机理分析

本章从技术外生和技术内生两个层面以及"自试""效应"、"千中学"效应和"巨人肩膀"效应三个维度勾勒能源技术进步,并在一般均衡框架下系统剖析能源技术进步对能源消耗的作用机理,以发现不同类型的能源技术进步对能源消耗的作用机理是否存在差异。其中,自发的能源效率改进率为能源外生技术进步,能源研发投资和能源技术学习为能源内生技术进步。自发的能源效率改进率分析框架源于 Solow 的基于生产函数的传统"残值"方法;研发投资型技术进步允许 R&D 投资影响技术进步的速度和方向,经常涉及明确的知识资本存量;技术学习型技术进步允许特定技术的单位成本是该技术经验的减函数。

4.1 技术进步分析的一般形式

目前,国内外对技术进步的分析框架大都源于 Solow 的基于生产函数的传统"残值"方法(索洛残值法)和柯布 – 道格拉斯(Cobb-Douglas)生产函数法。本书首先对这两种分析框架进行描述,从而为下文分析能源技术进步对节能减排与经济发展的影响机理做铺垫。

4.1.1 索洛残值法

索洛残值法是美国著名经济学家索洛(Solow R. M. ,1957)利用英国著名经济学家希克斯(Hicks J. K. ,1932)中性技术进步生产函数提出的一种计算技术进步方法。该方法依据希克斯中性技术进步的定义,在假定资本产出弹性和劳动弹性不变的条件下,运用大量的统计资料估算了技术进步对经济增长的贡献。其基本方法是:首先估算一定时期内的流动产出弹性和资本产出弹性,然后以一定时期的总产出分别减去劳动弹性与劳动价格的乘积,以及资本产出弹性与资本价格的乘积,残留数值称为"剩余"或"余值",该残留数值就是中性技术进步对总产出增长的贡献。

设定生产函数形式为

$$Y = f(K, L, t) \tag{4.1}$$

在希克斯中性技术进步条件下,式(4.1)可以改写为

$$Y = A_{(t)} f(K, L) \tag{4.2}$$

对式(4.2)两边 t 求导,可以得

$$\frac{\mathrm{d}Y}{\mathrm{d}t} = \frac{\mathrm{d}A}{\mathrm{d}t} f(K, L) + A \frac{\partial f}{\partial K} \frac{\mathrm{d}K}{\mathrm{d}t} + A \frac{\partial f}{\partial L} \frac{\mathrm{d}L}{\mathrm{d}t} \tag{4.3}$$

式(4.3)两边同时除以 Y,可以得

$$\frac{1}{Y} \frac{\mathrm{d}Y}{\mathrm{d}t} = \frac{f(K, L)}{Y} \frac{\mathrm{d}A}{\mathrm{d}t} + \frac{A}{Y} \frac{\partial f}{\partial K} \frac{\mathrm{d}K}{\mathrm{d}t} + \frac{A}{Y} \frac{\partial f}{\partial L} \frac{\mathrm{d}L}{\mathrm{d}t} \tag{4.4}$$

由于

$$\frac{\partial Y}{\partial K} = A \frac{\partial f}{\partial K}, \; \frac{\partial Y}{\partial L} = A \frac{\partial f}{\partial L}, \; Y = A f(K, L) \tag{4.5}$$

因此,式(4.4)可以写为

$$\frac{1}{Y} \frac{\mathrm{d}Y}{\mathrm{d}t} = \frac{1}{A} \frac{\mathrm{d}A}{\mathrm{d}t} + \frac{K}{Y} \frac{\partial Y}{\partial K} \frac{\mathrm{d}K}{\mathrm{d}t} \frac{1}{K} + \frac{L}{Y} \frac{\partial Y}{\partial L} \frac{\mathrm{d}L}{\mathrm{d}t} \frac{1}{L} \tag{4.6}$$

令

$$\alpha = \frac{\partial Y}{\partial K} \frac{K}{Y}, \; \beta = \frac{\partial Y}{\partial L} \frac{L}{Y} \tag{4.7}$$

则有

$$\frac{1}{Y} \frac{\mathrm{d}Y}{\mathrm{d}t} = \frac{1}{A} \frac{\mathrm{d}A}{\mathrm{d}t} + \alpha \frac{\mathrm{d}K}{\mathrm{d}t} \frac{1}{K} + \beta \frac{\mathrm{d}L}{\mathrm{d}t} \frac{1}{L} \tag{4.8}$$

如取 $\mathrm{d}t = 1$,则式(4.8)可以写为

$$\frac{\mathrm{d}Y}{Y} = \frac{\mathrm{d}A}{A} + \alpha \frac{\mathrm{d}K}{K} + \beta \frac{\mathrm{d}L}{L} \tag{4.9}$$

用差分近似代替微分得

$$\frac{\Delta Y}{Y} = \frac{\Delta A}{A} + \alpha \frac{\Delta K}{K} + \beta \frac{\Delta L}{L} \tag{4.10}$$

式(4.10)就是测算全要素生产率的基础模型。将式(4.10)变换得

$$\frac{\Delta A}{A} = \frac{\Delta Y}{Y} - \alpha \frac{\Delta K}{K} - \beta \frac{\Delta L}{L} \tag{4.11}$$

式(4.11)中的 $\frac{\Delta A}{A}$ 即为技术进步对经济增长的贡献。

令

$$y = \frac{\Delta Y}{Y} , \ a = \frac{\Delta A}{A} , \ k = \frac{\Delta K}{K} , \ l = \frac{\Delta L}{L} \tag{4.12}$$

得到索洛增长率方程的一般形式:

$$Y = a + \alpha K + \beta L \tag{4.13}$$

4.1.2　柯布－道格拉斯生产函数法

柯布－道格拉斯生产函数的基本公式为

$$Q = AK^{\alpha}L^{\beta} \tag{4.14}$$

对式(4.14)两边求导,可得

$$\frac{\mathrm{d}Q}{\mathrm{d}t} = Q\frac{\mathrm{d}A}{\mathrm{d}t} + \frac{\partial Q}{\partial K}\frac{\mathrm{d}K}{\mathrm{d}t} + \frac{\partial Q}{\partial L}\frac{\mathrm{d}L}{\mathrm{d}t} \tag{4.15}$$

对式(4.15)两边同除以基期的总产出量,可得

$$\frac{1}{Q}\frac{\mathrm{d}L}{\mathrm{d}t} = \frac{\mathrm{d}A}{\mathrm{d}t} + \frac{\partial Q}{\partial K}\frac{K}{Q}\frac{1}{K}\frac{\mathrm{d}K}{\mathrm{d}t} + \frac{\partial Q}{\partial L}\frac{L}{Q}\frac{1}{L}\frac{\mathrm{d}L}{\mathrm{d}t} \tag{4.16}$$

式(4.16)还可以简化为

$$\frac{\Delta Q}{Q} = \frac{\Delta A}{A} + \beta\left(\frac{\Delta K}{K}\right) + \alpha\left(\frac{\Delta L}{L}\right) \tag{4.17}$$

因此,将式(4.17)变换得

$$\frac{\Delta A}{A} = \frac{\Delta Q}{Q} - \beta\left(\frac{\Delta K}{K}\right) - \alpha\left(\frac{\Delta L}{L}\right) \tag{4.18}$$

不难发现,式(4.17)和式(4.11)的结果是一致的。

4.2　技术外生情况下能源技术进步对能源消耗的作用机理分析

将技术进步视为外生变量是处理技术进步最简单的方式,最普遍的办法是

将其设定为时间的函数,其最早出现在 Solow-Swan 的新古典增长模型中。以 g 表示技术进步随时间变化的比率,那么 $g > 0$ 意味着发生技术进步,$g = 0$ 则没有发生技术进步。此后有学者将这种思想植入能源领域,AEEI 参数应运而生,以反映能源节约方向的生产力提高——整个经济或个别部门每年以一个外生的数量增加经济体的能源效率。此后,Nordhuas(1994)将 AEEI 参数运用到气候变化经济学。本书借鉴这种技术外生的思想,以 A 表示能源节约型技术进步,假设 A 以 u_1 的恒定比率随时间增长,那么 $A(t) = e^{u_1 t}$,并称之为"自主式"效应。

4.2.1　最终产品部门

追随于 Solow(1974),任何时间 $t \in [0, +\infty)$,最终产品的生产需要物质资本 K、劳动力 L 和能源 E 三种必要的投入要素。设最终产品部门的生产函数为柯布-道格拉斯型:

$$Y = K^{\alpha_1} L^{\alpha_2} (AE)^{\alpha_3} \tag{4.19}$$

式中,α_1、α_2、α_3 分别为物质资本、劳动力和能源的产出弹性。

假设最终产品部门具有不变的规模报酬,即 $\alpha_1 + \alpha_2 + \alpha_3 = 1$。

实际产出的一部分提供家户消费,另一部分用于资本投资,同时考虑资本折旧,那么资本的积累方程为

$$\dot{K} = Y - C - \delta K \qquad (0 < \delta < 1) \tag{4.20}$$

式中,$\dot{K}$ 为资本增量,C 为家户消费;δ 为资本折旧率。

4.2.2　能源生产部门

S_0 表示能源的初始存量,在每个时点上能源生产部门开采并出售给最终产品部门的能源为 E,假设不计开采成本,那么 t 时能源的存量方程为

$$S_t = S_0 - \int_0^t E(v) \, dv$$

对其两边关于时间 t 求导,得到能源存量的运动方程

$$\dot{S} = -E$$

显然,每期能源开采的总和不能超过能源的初始禀赋 S_0,这意味着可行路径必须满足约束条件:

$$\int_0^\infty E(t)\,\mathrm{d}t \leqslant S(0)$$

4.2.3　效用函数

具有无限生命的代表性家庭的效用仅仅取决于消费,固而将跨期效用函数设定为不变替代弹性的形式,如公式(4.21)所示:

$$U(C) = \int_0^\infty \frac{C^{1-\theta}-1}{1-\theta}\mathrm{e}^{-\rho t}\,\mathrm{d}t, \theta > 0 \tag{4.21}$$

式中,θ 为边际效用弹性,是跨期替代弹性的倒数;$\rho > 0$,为消费者的纯时间偏好率。

4.2.4　社会计划者问题

无所不知、仁慈的社会计划者努力最大化代表性家户在无限时域上的效用。根据以上设定的基本模型,动态最优化问题为

$$\max \int_0^\infty \frac{C^{1-\theta}-1}{1-\theta}\mathrm{e}^{-\rho t}\mathrm{d}t$$

$$s.\,t.\,Y = K^{\alpha_1}L^{\alpha_2}(^A E)\,\alpha_3$$

$$A(t) = \mathrm{e}^{u_1 t}$$

$$\dot{K} = Y - C - \delta K$$

$$\dot{S} = -E \tag{4.22}$$

根据动态最优化理论,建立现值 Hamilton 函数:

$$H = \frac{C^{1-\theta}-1}{1-\theta} + \lambda_1(Y - C - \delta K) - \lambda_2 E \tag{4.23}$$

以 g_x 代表变量 x 在平衡增长路径。其中;共积变量 λ_1 和 λ_2 是存量变量的动态乘数,也解释为 K 和 S 的影子价格。

上面的增长率,即 $g_x = \dfrac{\dot{x}}{x}$,根据最优化的一阶条件和欧拉方程可得

$$g_E = \frac{\alpha_3(u_1 - \rho)(1-\theta) - \rho(\alpha_2 + \alpha_3\theta)}{\alpha_2 + \alpha_3\theta} \tag{4.24}$$

这里用到一个重要的引理:沿着均衡增长路径,能源消耗的增长率一定小

于零,即 $g_E < 0$ 。证明如下:由能源存量的运动方程 $\dot{S} = -E$ 可知, $g_S = -\dfrac{E}{S}$,对该式的两边同时对时间求导得 $\dot{g_S} = (g_E - g_S)\dfrac{E}{S} = 0$,所以 $g_E = g_S$ 。对于任何不变的 g_E ,满足条件 $\int_0^\infty E(t)\,\mathrm{d}t = \int_0^\infty E(0)\,\mathrm{e}^{g_E t}\mathrm{d}t$ 。如果 $g_E \geqslant 0$,则违背约束条件 $\int_0^\infty E(t)\,\mathrm{d}t \leqslant S(0)$,因此 $g_E < 0$,暗示 g_E 的值越小,绝对值越大,从而开采速度越快。

接着计算 $-g_E$ 对 u_1 的一阶偏导,可得

$$\frac{\partial(-g_E)}{\partial u_1} = \frac{\alpha_3(\theta - 1)}{\alpha_2 + \alpha_3\theta}$$

当 $\theta > 1$ 时, $\dfrac{\partial(-g_E)}{\partial u_1} > 0$;当 $0 < \theta < 1$ 时, $\dfrac{\partial(-g_E)}{\partial u_1} < 0$ 。

4.3 技术内生情况下能源技术进步对能源消耗的作用机理分析

一般来说,内生化技术进步有三种途径:直接价格诱导(Direcet Price-Induced)、学习诱导(Learning-Induced)和研发诱导(R&D-Induced)(Gillingham et al. ,2008)。直接价格诱导型技术进步意味着相对价格的变化可以刺激创新,从而减少更昂贵的投入;学习诱导型技术进步允许特定技术的单位成本是该技术经验的减函数;研发诱导型技术进步允许 R&D 投资影响技术进步的速度和方向,经常涉及明确的知识资本存量。由于直接价格诱导型技术进步常常包含R&D 投资,并且使用 AEEI 参数或"干中学"方法描述技术变革,因此下文通过学习诱导型["干中学"(Learning by Doing)效应]和研发诱导型["巨人肩膀"(Building on The Shoulders of Giants)效应]来内生化技术进步。

4.3.1 "干中学"效应

Arrow(1962)提出的"干中学"思想认为,投资和生产过程的本身会积累经验,提高生产技术,加上知识的溢出效应就能够起到提高资本效率的作用,这种资本效率的提高就可以抵消通常的资本报酬递减。在 Arrow 的模型中,假设知

识是非竞争性的,那么每个人的发现都会很快外溢到整个经济中,瞬间的知识扩散过程在理论上是可行的。"干中学"效应的存在,使得技术知识的增量成为资本增量的增函数。借鉴资本为知识积累载体的"干中学"思想,同样可以认为能源节约型技术和经验的获得来源于生产中的能源使用过程。微观企业在使用能源的过程中,可以逐渐从中获得提高能源利用效率的经验,从经验中获取改进能效的知识,推动能源管理与生产方式的优化(邵帅等,2013)。此外,知识的溢出效应使得先进的能效经验和知识在全社会范围内扩散,最终提升能源节约型技术。于是,类似于"干中学"模型中技术与资本关系的通常设定形式,假定能源节约型技术进步与能源消耗量存在如下关系:

$$A = GE^{u_2} \tag{4.25}$$

式中,u_2 为能源节约型技术对能源消耗量的弹性,反映了能源使用对能源节约型技术提高的有效程度;$G > 0$,为"干中学"过程节约能源的效率参数。

根据以上设定,"干中学"效应下的动态最优化问题为

$$\max \int_0^\infty \frac{C^{1-\theta} - 1}{1 - \theta} e^{-\rho t} dt$$

$$s.t.\ Y = K^{\alpha_1} L^{\alpha_2} (^A E)\ \alpha_3$$

$$A = GE^{u_2}$$

$$\dot{K} = Y - C - \delta K$$

$$\dot{S} = -E \tag{4.26}$$

根据动态最优化理论,建立现值 Hamilton 函数:

$$H = \frac{C^{1-\theta} - 1}{1 - \theta} + \lambda_1 (Y - C - \delta K) - \lambda_2 E \tag{4.27}$$

根据最优化的一阶条件和欧拉方程可得

$$g_E = \frac{\rho(1 - \alpha_1)}{\alpha_3(1 - u_2)(1 - \theta) - 1 + \alpha_1} \tag{4.28}$$

计算 $-g_E$ 对 u_2 的一阶偏导,可得

$$\frac{\partial(-g_E)}{\partial u_2} = \frac{\alpha_3 \rho(\theta - 1)(1 - \alpha_1)}{[\alpha_3(1 - u_2)(1 - \theta) - 1 + \alpha_1]^2}$$

当 $\theta > 1$ 时,$\frac{\partial(-g_E)}{\partial u_2} > 0$;当 $0 < \theta < 1$ 时,$\frac{\partial(-g_E)}{\partial u_2} < 0$。

4.3.2 "巨人肩膀"效应

根据 Acemoglu(2002,2012)的框架,"巨人肩膀"效应意味着创新可能性前沿(innovation possibilities frontier)的状态依赖性,即当前的技术可能性取决于过去的活动。这种思想秉承经典内生增长文献的规范,即假设知识水平随时间演变线性地取决于知识获取的人力资本投入和当前的知识存量。为了构建"巨人肩膀"效应,必须在已有的两部门模型基础上再增设 R&D 部门。根据定义,R&D 部门用于提高能源节约型技术,其运动方程设定为

$$\dot{A} = BL_A A \tag{4.29}$$

式中,$B > 0$,为 R&D 部门的生产率参数;L_A 为投入 R&D 部门的劳动力。

$\dfrac{\dot{A}}{A} > 0$ 体现"巨人肩膀"效应,表示知识存量越大,人们越有经验,可以参考的 R&D 资料也越多,从而提高能源节约型 R&D 活动的生产率。

此外,同样设定最终产品部门的生产函数为柯布-首格拉斯型:

$$Y = K^{\alpha_1} L_Y{}^{\alpha_2} (A^{u_3} E)^{\alpha_3} \tag{4.30}$$

式中,α_1、α_2、α_3 分别为物质资本、劳动力和能源的产出弹性;u_3 为能源节约型技术进步的效率。

假设最终产品部门具有不变的规模报酬,即 $\alpha_1 + \alpha_2 + \alpha_3 = 1$。为不失一般性,将劳动力 L 标准化为 1,即 $L_A + L_Y = 1$。

根据以上设定,"巨人肩膀"效应下的动态最优化问题为

$$\max \int_0^\infty \frac{C^{1-\theta} - 1}{1 - \theta} e^{-\rho t} dt$$

$$s.t.\ Y = K^{\alpha_1} L_Y{}^{\alpha_2} (A^{u_3} E)^{\alpha_3}$$

$$\dot{A} = B(1 - L_Y)A$$

$$\dot{K} = Y - C - \delta K$$

$$\dot{S} = -E \tag{4.31}$$

根据动态最优化理论,建立现值 Hamilton 函数:

$$H = \frac{C^{1-\theta} - 1}{1 - \theta} + \lambda_1 (Y - C - \delta K) - \lambda_2 E - \lambda_3 B(1 - L_Y)A \tag{4.32}$$

式中,共积变量 λ_3 为存量变量 A 的动态乘数,也解释为 A 的影子价格。同时,根据最大化原理可以推导出:

$$g_E = \frac{(1-\theta)(\alpha_3 u_3 B - \alpha_2 \rho - \alpha_3 \rho) - \rho\theta(\alpha_2 + \alpha_3)}{\theta(\alpha_2 + \alpha_3)} \tag{4.33}$$

计算 $-g_E$ 对 u_3 的一阶偏导,可得

$$\frac{\partial(-g_E)}{\partial u_3} = \frac{(\theta-1)\alpha_3 B}{\theta(\alpha_2 + \alpha_3)}$$

当 $\theta > 1$ 时,$\dfrac{\partial(-g_E)}{\partial u_3} > 0$;当 $0 < \theta < 1$ 时,$\dfrac{\partial(-g_E)}{\partial u_3} < 0$。

本章从技术外生和技术内生两个层面以及"自主式"效应、"干中学"效应和"巨人肩膀"效应三个维度刻画了能源节约型技术进步,并在一般均衡框架下系统阐释了能源节约型技术进步对能源消耗的作用机理。表4.1所示为能源节约型技术进步对能源消耗的边际影响。由表4.1可知,能源节约型技术进步无论是外生的还是内生的,对能源消耗的影响总是取决于 θ 的大小。边际效用弹性 θ 衡量的是边际效用对单位消费变动的弹性,反映人们对代际间不公平的厌恶程度(相对风险厌恶系数)。考虑到未来人们会变得更加富有,单位收入带来的消费以及边际效用递减,那么其他条件不变,θ 值越大意味着越有利于当代人消费(刘昌义,2012)。因此,高的 θ 值表明消费者缺乏耐心,偏好当前消费,那么能源节约型技术水平的提升促进能源消耗。另外,在相反的偏好下,消费者富有耐心,蕴含其没有平滑效用的欲望,从而放弃当前消费以享受未来更高的消费水平,那么能源节约型技术进步减少能源消耗。

表4.1 能源节约型技术进步对能源消耗的边际影响

技术外生	技术内生	
"自主式"效应	"干中学"效应	"巨人肩膀"效应
当 $\dfrac{\partial(-g_E)}{\partial u_1}$	当 $\dfrac{\partial(-g_E)}{\partial u_2}$	当 $\dfrac{\partial(-g_E)}{\partial u_3}$
当 $\theta > 1$ 时,$\dfrac{\partial(-g_E)}{\partial u_1} > 0$; 当 $0 < \theta < 1$ 时,$\dfrac{\partial(-g_E)}{\partial u_1} < 0$	当 $\theta > 1$ 时,$\dfrac{\partial(-g_E)}{\partial u_2} > 0$; 当 $0 < \theta < 1$ 时,$\dfrac{\partial(-g_E)}{\partial u_2} < 0$	当 $\theta > 1$ 时,$\dfrac{\partial(-g_E)}{\partial u_3} > 0$; 当 $0 < \theta < 1$ 时,$\dfrac{\partial(-g_E)}{\partial u_3} < 0$

由于 θ 的取值具有波动性,既可能落在 (0,1) 取值区间内,也有可能落在

（1，+∞）取值区间内，因此能源节约型技术进步对能源消耗的影响并非简单的线性关系，而具有非线性的特性，与客观存在的能源回弹效应不谋而合。某种意义上，边际效用弹性具有调节能源回弹效应的作用。具体来说，当 $\theta > 1$ 时，边际效用弹性放大能源回弹效应；反之，则抑制能源回弹效应（张华等，2015）。

第 5 章

中国绿色技术效率的动态演变与空间效应研究

5.1 中国绿色技术效率的测度

5.1.1 指标选取和数据说明

根据绿色技术效率的测度思路,测算绿色技术效率首先要明确投入与产出指标,本节就相关指标的选取进行详细说明。

5.1.1.1 绿色技术效率的产出指标

传统 GDP 核算只统计经济发展数量,而忽略经济发展造成的环境污染。遵循可持续发展理念,国家统计局 2001 年首次提出绿色 GDP 核算,通过将环境污染及资源消耗折算成经济价值在 GDP 核算中予以扣除。但是,考虑到核算工作的复杂性及数据可得性,绿色 GDP 核算数据没有作为衡量中国经济发展水平数据予以公布。开展绿色 GDP 核算是一项里程碑式的工作,值得进一步深入研究和探讨。受此启发,本章在考察环境因素对技术效率的影响时,构建融合环境污染排放的相对绿色 GDP 指标,提供一种较为简单可行的、考虑环境因素的经济产出指标。

本章通过构建经济绿化指数(Economic Green Index,EGI)表征经济绿色发展水平,相关指标的选取借鉴既有方法,具体指标的构建及指标含义如表 5.1所示。EGI 数值越大,表明该地区经济发展所造成的环境污染程度越低,反之亦反。将各地区生产总值与 EGI 相乘,得到一个新的指标,该指标就是各地区绿色生产总值（记为 EDP），把各地区绿色生产总值作为产出指标纳入技术效率测度模型，以此考察环境因素对技术效率的影响。

表 5.1　EGI 指标说明

指标	含义	方向
环境污染治理总额占地区生产总值比重	环境污染治理总额／地区生产总值比重	+
非化石能源消费占能源消费的比重	非化石能源消费总量／一次能源消费总量	+
单位地区生产总值能耗	能源消费总量／地区生产总值	−
单位地区生产总值 SO_2 排放量	SO_2 排放量／地区生产总值	−
单位地区生产总值化学需氧量排放量	化学需氧量排放量／地区生产总值	−
单位地区生产总值氨氧化物排放量	氨氧化物排放量／地区生产总值	−
单位地区生产总值 CO_2 排放量	CO_2 排放量／地区生产总值	−
单位地区生产总值工业固体废弃物产生量	工业固体废弃物产生量／地区生产总值	−

数据来源：《中国能源统计年鉴》

在对数据的实际操作中，为消除不同量纲对指标合成的影响，在完成数据收集和净化处理后，对数据进行同向化和同度量操作。正向指标无须进行同向化处理，逆向指标通过使用"倒数法"实现同向化。使用标准差将数据标准化，消除指标量纲的影响。在将众多因素组成的指标转化成综合指标时，难点在于权重的确定。本文借鉴朱承亮（2011）、王志平等（2014）处理环境综合指数的做法，采用因子分析对数据进行缩减，构造 EGI，其中在确定因子权重时采用主成分分析法。基于本文研究目的，将所得综合因子得分（S）按式（5.1）转换成 [0,1] 区间取值，即为本文所测得的 EGI。限于篇幅，本文在此不列出具体数据。

$$EGI_i = \frac{S_i}{Max(S_i) - Min(S_i)} \times 0.4 + 0.6 \qquad (5.1)$$

式中，S_i 为省份 i 的综合因子得分值；$Max(S_i)$ 为对应综合因子的得分最大值；$Min(S_i)$ 为对应综合因子中得分最小值。

5.1.1.2　中国绿色技术效率的投入指标

本文采用三要素柯布－道格拉斯生产函数作为绿色技术效率测度模型的理论基础，生产投入要素包括劳动、资本和能源。关于劳动力投入，大多数学者采用年平均就业人数表示（史修松等，2011；余泳泽，2015）。就业人数指标仅能反映劳动力数量的多少,而无法提供任何有关劳动力质量的信息。改革开放以来,随着经济不断发展和科学技术的日新月异,市场对廉价的低素质劳动人员的需求逐渐下降,对高素质专业劳动人员的需求不断攀升。这意味着低素质劳动力对经济增长的重要性在下降,而人力资本的重要性在不断上升。因此,本文提出使用人力资本存量指标(万人)来衡量劳动力投入。Flamholtz(1971)提出,教育是形成人力资本最重要的途径,是提高劳动力素质的最基本手段。所以,本文考虑采用受教育年数来衡量人力资本指标,将从业人员的受教育程度划分为七类,即未上过小学、小学、初中、高中、大专、本科、研究生,且把各类受教育的平均累计教育年数分别界定为 6 年、6 年、9 年、12 年、15 年、16 年和 19 年。未上过小学按小学处理,是因为其工作中受到相关的培训和具备一定的技能。采用王志平(2013)的做法,通过相对平均受教育年数与劳动力数量相乘得到人力资本存量数据。其中,相对平均受教育年限通过各地从业人员平均受教育年限 ÷ 当年全国从业人员平均受教育年限得到,劳动力数量用各省(区、市)历年年平均从业人员数表示。从业人员平均受教育年数 =(未上小学比重 + 上过小学比重)× 6 +(初中比重)× 9 +(高中比重)× 12 +(大专比重)× 15 +(大学比重)× 16 +(研究生比重)× 19 。

资本投入采用资本存量指标来衡量。从已公开的统计资料来看,资本存量数据仍是一片空白,借鉴已有文献估算中国省际资本存量的普遍做法,本文使用"永续盘存法"估算各省 2000—2014 年的资本存量数据。其具体计算公式如下:

$$K_{it} = K_{it-1}(1 - \delta_{it}) + I_{it}/P_{it} \qquad (5.2)$$

式中,K_{it} 和 K_{it-1} 分别为 t 时期和 $t-1$ 时期第 i 个省(区、市)的资本存量;δ_{it}、I_{it} 和 P_{it} 分别为 t 期第 i 个省份折旧率、当年投资总额和投资价格指数。单豪杰(2008)对初始资本存量、折旧率与投资价格指数进行了详尽细致的探讨,本文解决其处理方法进行计算。为了研究的可比性,将估算得来的各省 2000—2014 年资本存量数据全部换算成以 2000 年价格计价。

资源投入采用生态足迹指标衡量。自然资源是社会得以进行生产的物质基础,古典经济学的创始人威廉·配第就曾说过:"土地是财富之母,劳动是财富之父。"塞缪尔森给出了产出四个传统要素:人类资源、自然资源、资本和技术。然而,自然资源作为产出的第二大传统要素,面临着无法合理描述的困境。

由于社会生产使用成千上万的自然资源,因此难以归结为一种或几种简单的度量单位。而生态足迹实现了对各种自然资源的统一描述,在一定程度上反映了自然资源要素的使用。因此,本文认为生态足迹是一个比较合适的用来表示自然资源投入量指标,其具体计算方法如下。

参照国家生态账户足迹计算方法(2010 版)计算中国 30 个省(区、市)的生态足迹,其计算公式如下:

$$EF = EF_B + EF_C \tag{5.3}$$

$$EF_B = \sum_i \frac{P_i}{Y_{N,i}} \times YF_{N,i} \times EQF_i = \sum_i \frac{P_i}{Y_{W,i}} \times EQF_i \tag{5.4}$$

$$P_i = P_{i,p} + P_{i,im} - P_{i,ex} \tag{5.5}$$

$$EF_C = \frac{(P_C - S_{\text{ocean}})}{Y_C} \times EQF_C \tag{5.6}$$

式中,EF 为总生态足迹;EF_B 为生物质生态足迹;EF_C 为碳足迹;P_i 为第 i 种消费品的产量;$P_{i,im}$ 为第 i 种消费品的进口量;$P_{i,ex}$ 为 i 种消费品的出口量;P_i,P,$YF_{N,i}$ 为第 i 种消费品的全球平均生产量;EQF_i 为第 i 种消费品的均衡因子,通过均衡因子可以将某类土地利用面积折算成具有全球平均生产力的面积当量;P_C 为 CO_2 排放量;S_{ocean} 为特定年份 CO_2 的海洋吸收比例;Y_C 为全球 CO_2 吸收能力的平均水平;EQF_C 为碳吸收用地的均衡因子,等同于林地均衡因子。

根据数据的可得性,各省份生态足迹核算指标如表 5.2 所示,包括 6 种类型生态足迹和 37 种生物质资源或能源。

表 5.2　各省份生态足迹核算指标

账户	生态足迹指标	纳入账户的生物质资源和能源类型
生物资源	耕地	谷物、豆类、薯类、棉花、花生、油菜籽、芝麻、麻类、甘蔗、甜菜、烟草、茶叶、蔬菜
	林地	木材、油桐籽、油茶籽、橡胶、苹果、柑橘、梨、葡萄、香蕉
	水域	水产品
	草地	猪肉、牛肉、羊肉、奶类、羊毛
能源消费	碳足迹	煤炭、焦炭、原油、汽油、煤油、柴油、燃料油、天然气
	建筑用地	电力

数据来源:《中国生态足迹报告 2010》

由于现有统计资料没有完整记录生物质资源的消费数据,国内数学者均采用相同的处理方式,即认为生物质资源达到供求平衡,采用生产量代替消费量。根据 WWF(Wohd Wide Fund for Nature,世界自然基金会)估计,碳足迹账户中 CO_2 海洋吸收比例为 21.75%,林地的 CO_2 吸收率为 0.97t/ha。由于 CO_2 排放量缺少直接的监测数据,已有研究一般采用能源的消耗量来估算 CO_2 的排放总量,具体表达式如下:

$$P_c = \sum_i E_i \times NCV_i \times CEF_i \tag{5.7}$$

式中,E_i 为第 i 种能源消费总量;NCV_i 为第 i 种能源的平均低位发热量;CEF_i 为 IPCC 提供的第 i 种能源 CO_2 排放系数,如表 5.3 所示。

表 5.3 各类能源的平均低位发热量与 CO_2 排放系数

	天然气	柴油	煤油	汽油	燃料油	原油	焦炭	煤炭
NCV(GJ/t)	0.038931	42.652	43.070	41.816	41.816	41.816	28.435	20.908
CEF(tc/GJ)	0.0561	0.0741	0.0715	0.07	0.0774	0.0733	0.107	0.09533

数据来源:《中国能源统计年鉴》和《2006 年 IPCC 国家温室气体清单指南》

均衡因子是将某种土地类型(如耕地、草地、林地、水域、碳吸收地与建筑用地)的供给或需求面积折算成的平均生物生产力面积单位数——全球公顷数。均衡因子需要每年进行计算,但由于变化较小,本文采用 WWF 的《地球生命力报告 2008》(*Living Planet Report* 2008)中各种土地利用类型的均衡因子(表 5.4)。

表 5.4 各种土地利用类型的均衡因子

用地类型	耕地	林地	草地	水域	碳吸收用地	建筑用地
均衡因子	2.39	1.25	0.51	0.41	1.25	2.39

数据来源:《地球生命力报告 2008》

5.1.1.3 数据说明

本文以 2000—2014 年中国 30 个省份(西藏地区由于数据缺失严重被排除在外)面板数据为研究样本,由于有关计算生态足迹的数据只更新到 2014 年,因此本文的研究截止时间暂定为 2014 年。

各地区经济生产总值、EGI 相关指标、资本存量均来源于《中国统计年鉴

（2001—2015 年)》。从业人员数、从业人员受教育程度来源于《中国劳动统计年鉴(2001—2005 年)》。生态足迹计算中,各生物质资源或能源的世界平均年产量来源于联合国粮农组织统计数据库。中国各省份生物质资源数据来源于《中国统计年鉴(2001—2015 年)》,能源消费相关数据来源于《中国能源统计年鉴(2001—2015 年)》。此外,值得注意的是,个别年份数据因缺失采用了前后两年均值进行插补。

5.1.2　模型和方法

本文在已有经典随机前沿模型(Battese & Coelli,1995)的基础上,使用超越对数型柯布－道格拉斯生产函数,构建如下实证模型：

$$\ln Y_{it} = \beta_0 + \beta_1 \ln L_{it} + \beta_2 \ln K_{it} + \beta_3 \ln E_{it} + \beta_4 t + \beta_{12} \ln L_{it} \ln K_{it} + + \beta_{13} \ln L_{it} \ln E_{it} +$$

$$\beta_{14} \ln L_{it} \times t + \beta_{23} \ln K_{it} \ln E_{it} + \beta_{24} \ln K_{it} \times t + \beta_{34} \ln E_{it} \times t + 1/2 \beta_{11} (\ln L_{it})^2 +$$

$$1/2 \beta_{22} (\ln K_{it})^2 + 1/2 \beta_{33} (\ln E_{it})^2 + 1/2 \beta_{44} t^2 + \nu_{it} - \mu_{it}$$

$$(5.8)$$

式中,Y_{it} 为 i 地区($i=1,2,3,\cdots,30$)在第 t 年($t=1,2,\cdots,15$)的相对绿色 GDP；L_{it}、K_{it}、E_{it} 分别为 i 地区($i=1,2,3,\cdots,30$)在第 t 年($t=1,2,\cdots,15$)的人力资本存量、年均固定资本存量和生态足迹；β_0 为常数项,$\beta_1 \sim \beta_{44}$ 为待估参数；ν_{it} 为随机误差项,独立同分布于整体分布 $N(0,\sigma_v^2)$,与 μ_{it} 不相关；μ_{it} 是非负的随机变量,表示生产过程的技术无效率项,服从正态截尾分布 $N^+(m_{it}, \sigma_u^2)$,$m_{it} = Z_{it}\eta_i$；Z_{it} 为影响技术效率的因素向量,η_i 为参数向量,关于该方程的说明详见 5.3 节。

令 $\sigma^2 = \sigma_v^2 + \sigma_u^2$ 且 $\gamma = \sigma_u^2/\sigma^2$ (其中 $\gamma \in [0,1]$),σ^2 表示复合残差项($\nu_{it} - u_{it}$)的方法,γ 表示无效率项部分方差占总方差的比重。该数值反映技术无效率项对个体产生偏离前沿面的程度,偏离程度越大,说明采取前沿分析方法越合理。

5.2　中国绿色技术效率的现状分析

基于上文分析,采用随机前沿回归模型测算中国 30 个省（区、市）绿色技效率。从时间和地区角度对绿色技术效率进行基本统计分析,了解我国绿色技术效率的发展趋势和区域差异,为进一步研究我国绿色技术效率相关问题奠定基础。按照国家统计局划分标准,将本文研究的 30 个省(区、市)划分为东部、中部、西部地区[①]。

5.2.1　绿色技术效率时间演化分析

在研究期间内,中国绿色技术效率随时间变化而起伏不定,如图 5.1 ~ 图 5.4 所示。从全国范围来看,2000—2014 年,中国绿色技术效率呈先升后降的趋势。具体来讲,2000—2007 年,中国绿色技术效率有小幅上升;2008—2009 年,中国绿色技术效率有较大幅度下滑;2010—2014 年,中国绿色技术效率下滑态势有所减缓,处于平稳状态。该发展趋势表明,我国在经济发展过程中逐渐意识到环境保护的重要性,"绿水青山就是金山银山"的观念深入人心,政府相继出台了标准更为严格的环境保护政策,使得经济发展的环境代价正不断下降,绿色技术效率随之有所改善。2008 年的下降是由于全球金融危机爆发,我国经济受世界经济形势的影响出现较大幅度波动。2010 年后,我国经济进入新常态,经济发展面临新的瓶颈,技术效率的提高迫在眉睫。从三大区域来看,样本期间内,东部地区绿色技术效率发展分为两阶段:一是 2000—2007 年,绿色技术效率水平趋稳于较高水平;二是 2008—2014 年,绿色技术效率呈逐年下降趋势。中、西部地区绿色技术效率均呈上升趋势,但幅度不大,其年均增长速度分别为 1.04%、0.92%。东部地区是我国经济发达地区,也是改革开放最为彻底的地区,其经济发展与国际经济形势紧密相连。因此,在国际金融危机爆发时,相比于中、西部地区,其所受的负面影响更为广泛和深远。由图 5.1(b)可以直观地看到,在技术水平无法更上一层楼的情况下,2008 年后东部地区绿色技术效率整体呈下降趋势。由于其深厚的经济基础以及较高的技术水平,东部绿色技术效率仍处在较高水平。从各省级单位看,样本期间内,我国绿色技术效率发展趋势大相径庭,其中江西和安徽两省的上升趋势比较明显,其年均增

---

　① 东部地区包括北京、天津、河北、辽宁、上海、江苏、浙江、福建、山东、广东和海南,中部地区包括山西、吉林、黑龙江、安徽、江西、河南、湖北和湖南,西部地区包括四川、云南、贵州、陕西、甘肃、重庆、宁夏、青海、内蒙古、广西和新疆。

长率分别为 2.4% 和 2.1% ; 福建和海南两省的下降趋势比较明显。

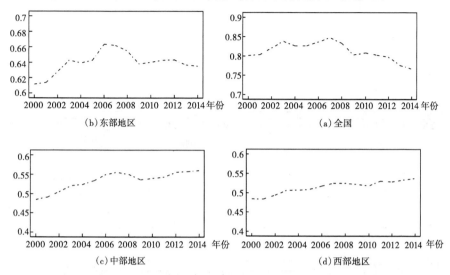

图 5.1　全国及东、中、西部地区绿色技术效率的演化趋势

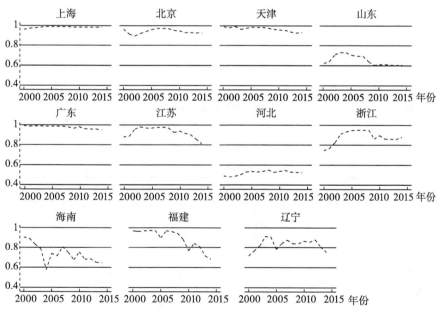

图 5.2　东部各省(市)2000—2014 年绿色技术效率

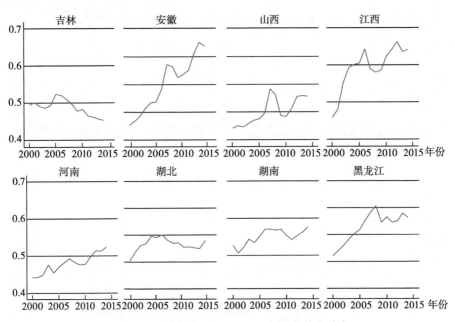

图5.3 中部各省2000—2014年绿色技术效率

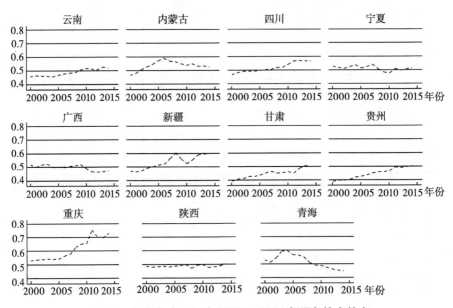

图5.4 西部各省(区、市)2000—2014年绿色技术效率

5.2.2 绿色技术效率的地区差异分析

表5.5列出了样本期间内各省(区、市)绿色技术效率均值及排名。绿色技术效率均值排在前五位的分别是上海(0.9817)、广东(0.9761)、天津(0.9665)、北京(0.9409)和江苏(0.9277),它们都位于东部地区,经济发展水平较高,拥有雄厚的资金和先进的技术,这些因素使得它们在绿色技术效率上表现出色。而绿色技术效率均值排在后五位的分别是云南(0.4867)、陕西(0.4866)、河南(0.4798)、甘肃(0.4485)和贵州(0.4470),它们大多位于我国西部地区,经济发展程度处于较低水平,生态环境极其脆弱,在经济发展过程中容易出现效率低下和环境污染严重等问题,从而表现出绿色技术效率在全国处于落后地位。中国绿色技术效率整体平均值为0.6398,水平偏低,存在较大的提升空间。仅有10个省份的绿色技术效率高于全国整体水平,其他省份均处于全国整体水平之下,这表明各省份绿色技术效率两极分化较为明显。东部地区整体绿色技术效率明显高于中、西部地区绿色技术效率。东部地区凭借早期的资金积累和技术优势,工业化程度已经达到较高水平,走出了以牺牲资源和环境为代价促进经济发展的老路子,逐步进入可持续发展的道路。同时,东部地区还是教育资源富集地,培养并储备了大批高素质人才,能够通过先进的管理和优质的创新资源改进生产经营方式,并凭借先进的技术和设备降低生产过程中的环境污染排放水平。此外,通过"西部大开发"和"中部崛起"战略,大量高能耗、高污染行业迁入中、西部地区。中、西部地区承接这类企业,由于本身基础弱,付出了沉重的环境代价,因此表现出较低的绿色技术效率。

表5.5　各省(区、市)2000—2014年绿色技术效率均值及排名

省(区、市)	绿色技术效率	排名	省(区、市)	绿色技术效率	排名
上海	0.9817	1	新疆	0.5342	18
广东	0.9761	2	河北	0.5226	19
天津	0.9665	3	四川	0.5191	20
北京	0.9409	4	青海	0.5190	21
江苏	0.9277	5	宁夏	0.5125	22
福建	0.8875	6	山西	0.4980	23
浙江	0.8793	7	广西	0.4962	24

省(区、市)	绿色技术效率	排名	省(区、市)	绿色技术效率	排名
辽宁	0.8311	8	吉林	0.4875	25
海南	0.7393	9	云南	0.4867	26
山东	0.6538	10	陕西	0.4866	27
重庆	0.6118	11	河南	0.4798	28
江西	0.5930	12	甘肃	0.4485	29
黑龙江	0.5715	13	贵州	0.4470	30
安徽	0.5523	14	全国	0.6398	—
湖南	0.5504	15	东部	0.8128	—
湖北	0.538	16	中部	0.5338	—
内蒙古	0.536	17	西部	0.5150	—

数据来源：作者根据 Stata14.2 软件输出结果整理而来

5.3 绿色技术效率的影响因素分析

根据上文分析，各省份和各区域的绿色技术效率存在较大差异，为进一步分析造成差异的原因，基于 5.2 节内容的理论基础，本节采用带技术无效率项的随机前沿模型定量研究绿色技术效率的影响因素。

5.3.1 指标选取

指标选取如下。

（1）技术层面。技术进步通过提高生产技术，带动绿色技术效率水平的提升。技术进步主要来自技术创新（Tec_Inn）和技术引进（Tec_Imp）。一般而言，创新投入包含人力资本投入和研发投入。由于本文已在回归模型中考虑人力资本，因此在此仅考察研发投入。从微观视角看，研发投入有利于企业进行技术创新，改进生产工艺，提高生产效率，实现资源节约和污染减排的目标；从宏观视角看，研发投入能够促进社会整体技术水平的提高，加速淘汰落后产能，形成良性竞争机制。本文以各地区 R&D 经费内部支出表示研发投入。技术引进可以免予承担研发风险，能够较快地实现技术效率提升，对提高经济发展质量具有重要现实意义，本文采用各地区技术市场流向金额进行衡量。所有数据均来源于历年《中国科技统计年鉴》。

（2）制度层面。对外开放是我国一项具有划时代意义的政策，对发展我国社会主义市场经济具有深远的影响。国外资本给当地经济发展提供资金支持，有利于先进技术和管理办法的引进，但是也会有低端产业迁入导致的环境污染、能耗过高等问题。大量研究表明，外商直接投资的环境效应是一把"双刃剑"，因此对外开放对绿色技术效率的影响具有不确定性。本文以外商直接投资额占地区生产总值比值（FDI）为变量考察国外资本对中国绿色技术效率的影响；在国际交流过程中，发达国家严格的环保要求是否会对我国产生正面影响，抑或让我国成为"污染的天堂"，本文采用进出口总额占地区生产总值的比重（FTR）为变量考察对外贸易对中国绿色技术效率的影响。所有数据均来源于历年《中国统计年鉴》。

（3）产业层面。我国正处于工业化进程中，工业作为主导产业，是我国经济增长的主要源泉，同时也是能源消耗和环境污染排放的主要来源。本文以各地区工业总产值占地区生产总值比重（Industry）为变量考察工业发展对绿色技术效率的影响。同时，出于环境保护的目的，政府会强制要求工业区企业对其污染进行处理，该项措施也是现阶段污染治理的主要手段，采用环境治理投资总额占地区生产总值比重表示各地区环境治理力度（Env_Inv），以此考察环境污染治理对绿色技术效率的影响。此外，服务业占比是衡量一国经济发展程度的重要指标之一，服务业通常具有低能耗、低污染、高产出的特点，采用第三产业占地区生产总值比重（Service）为变量考察服务业发展对绿色技术效率可能造成的影响。所有数据均来源于历年《中国统计年鉴》和《环境统计年鉴》。

5.3.2 模型设定

为定量分析相关因素对技术效率的影响，Battese 和 Coelli 先后在 1992 年和 1995 年提出两种方法，分别称为两步法和一步法。后人通过采用 Monte Carlo 模拟方法证明了当技术无效率的解释变量个数较少时一步法优于两步法。本文只选取七个指标作为技术无效率项的解释变量，一步法基本适用，无效率函数方程的具体形式如式（5.9）所示。作为对照，本文会分别使用一步法和两步法对超越对数生产函数进行随机前沿分析，并比较二者结果的差异。

$$\mu_{it} \sim N^+ (m_{it}, \sigma_u^2)$$

$$m_{it} = \alpha_0 + \alpha_1 Z_{11it} + \alpha_2 Z_{12it} + \alpha_3 Z_{21it} + \alpha_4 Z_{22it} + \alpha_5 Z_{31it} + \alpha_6 Z_{32it} + \alpha_7 Z_{33it}$$

$$(5.9)$$

式中，m_{it} 为技术非效率值；Z_{mn}（$m=1,2,3; n=1,2,3$）为影响技术非效率的相关变量；α_k（$k=1,2\cdots,7$）为待估参数，衡量变量 Z_{mn} 对技术效率的影响，$\alpha_k > 0$ 说明该变量对技术效率具有负向影响，$\alpha_k < 0$ 说明该变量对技术效率具有正向影响。

5.3.3 结果分析

由表5.6可知：首先，两种方法的结果都显示 γ 值大于 0.6，且统计显著。这意味着技术无效率项的方差对于整体随机误差项的方差而言是主要的，无效率项确实客观存在。相比于 OLS 方法，随机前沿分析方法更为合适。

表5.6 绿色技术效率随机前沿模型估计结果

生产方程	一步法	两步法	效率方程	一步法	两步法
lnL	3.8142*** (0.002)	−0.6516 (0.785)	Tec_Inn	−3.1100** (0.049)	0.0007 (0.504)
lnK	2.0225** (0.047)	5.1770*** (0.001)	Tec_Imp	−0.1136*** (0.000)	0.0029 (0.632)
LnE	4.0236* (0.055)	−3.2762 (0.184)	FDI	7.6252 (0.105)	−0.0010** (0.031)
T	−0.3518* (0.081)	−0.5469** (0.050)	FTR	−1.1860*** (0.000)	0.0008* (0.053)
lnL × lnK	−0.0997* (0.077)	0.0182 (0.797)	Industry	0.1931** (0.044)	−0.0071 (0.279)
lnL × lnE	0.4380*** (0.000)	0.2017 (0.205)	Env_Inv	−3.9830* (0.084)	0.0011 (0.104)
lnL × T	−0.0095 (0.366)	−0.0205 (0.183)	Service	−0.6847*** (0.002)	−0.0025** (0.049)
lnK × lnE	−0.1422* (0.086)	−0.5120*** (0.000)	Y	0.8792*** (0.000)	0.6779*** (0.000)
lnK × T	0.0059 (0.596)	−0.0393* (0.092)	loglikelihood	119.0310	111.6396
lnE × lnT	0.0178 (0.254)	0.0504* (0.055)			

续表

生产方程	一步法	两步法	效率方程	一步法	两步法
$(\ln L)^2$	$-0.2003\,^{***}$ (0.000)	$-0.1845\,^{**}$ (0.015)			
$(\ln K)^2$	$0.1068\,^{***}$ (0.000)	$0.2865\,^{***}$ (0.000)			
$(\ln E)^2$	$-0.1626\,^{*}$ (0.061)	0.1627 (0.104)			
T^2	0.0004 (0.715)	0.0034 (0.146)			

注:(1)数据来源:作者根据 Stata14.2 软件输出结果整理而来。

(2)括号内为 P 值。

(3)*、**、***分别表示达到10%、5%、1%的显著性水平

　　其次,对比两种方法下随机前沿生产函数的系数。相比于两步法,一步法的模型统计性质更加优良,相应指标的系数符号、大小也符合预期。因此,本文采用一步法回归结果进行实证分析。由一步法估计结果可知,资本、劳动力和能源的系数都显著为正,但资本的系数最小,说明三种要素都能显著促进我国经济发展,不过资本的贡献相对较小。这符合我国目前经济发展以劳动密集型产业为主的客观事实,劳动力和能源是带动经济增长的内在源泉。劳动力和能源的交互项系数显著为正,但资本与劳动力、能源三者的交互项系数显著为负,这能够解释为在中国经济发展中劳动力和能源具有一定的替代关系,而资本与劳动力、能源具有较强的互补关系。劳动力和能源的平方项系数显著为负,资本的平方项系数显著为正,这表明以劳动力和能源投入为主要动力的经济增长是不可持续的,中国经济应尽快实现从劳动密集型向资本密集型和技术密集型转变。

　　再次,定量分析影响绿色技术效率的主要因素。根据随机前沿分析模型规则,技术无效率项方程中的变量参数如果为负,说明该变量对绿色技术效率具有正向影响,反之亦反。由一步法的回归结果可知,技术创新、技术引进都能显著促进绿色技术效率的提升。这说明中国创新投入和技术引进基本达到预期效果,能够有效地转化为自主技术,促进各地区技术水平提高,对节约生态资源和减少环境污染排放起到积极推动作用。要想发挥引进的先进技术的作用,将其用于提高自身技术水平和生产效率,必须满足两个条件:第一,冲破技术壁垒,因地制宜地

引进有助于当地经济发展的先进技术;第二,自身技术储备能力较强,能够对先进技术进行消化吸收,进而完全转化为自主技术。技术引进能够有效提高我国绿色技术效率水平,表明我国目前拥有较高的技术储备能力,消化吸收能力较好。

对外贸易对绿色技术效率具有显著正向作用。该结论否定了我国是"污染的天堂"这一论断,证明发达国家严格的环保要求以及国际市场的竞争能够促进我国绿色技术效率水平的提高。外商直接投资对绿色技术效率具有负向影响,但统计不显著。这可能是由于进入中国的国外资本大多是看重中国廉价的劳动力,其技术含量和附加值都较低,对中国技术效率提高没有明显促进作用。

工业比重的估计系数显著为负,说明现阶段工业发展不利于绿色技术效率水平的提高。众所周知,工业发展初、中级阶段离不开自然资源的巨大投入,同时会伴随着生态环境的急剧恶化,而我国目前正处于工业发展中级阶段,工业化任务任重道远,工业结构中仍以中低端产业为主,这导致我国生态足迹常年居高不下,阻碍绿色技术效率的提升。因此,我国需要加快工业化建设进程,适时调整工业结构,减少低端工业产业数量,大力发展高新技术产业,努力降低工业行业能耗,提高工业行业产出水平。环境污染治理对绿色技术效率具有显著正向影响,这表明我国环境污染治理取得了一定成效,能够有效降低环境污染对经济生产外部性。与预期相同,服务业比重能够显著提高绿色技术效率水平,服务业具有智力密集度高、产出附加值高、能耗低、污染排放少等特点,能够有效地推进环境保护和资源节约目标的落实,从而有助于我国绿色技术效率水平的提高。

为进一步验证本文实证结果的准确性,采用广义似然比检验方法对前沿生产函数形式、技术无效率项等进行统计检验,统计量为 $LR = 2[LnL(H_1) - LnL(H_0)]$。其中,$LnL(H_0)$ 满足原假设 H_0 条件下模型的对数似然值,$LnL(H_1)$ 是满足备择假设 H_1 条件下模型的对数似然值。该统计量通过比较受约束和无约束两种情况下,模型对数似然函数值的差异大小来辨别原假设是否成立,它服从卡方分布。LR 统计检验结果如表5.7所示。

表 5.7　LR 统计检验结果

原假设	原假设 H_0	$LnL(H_0)$	LR 值	临界值
I	$\beta_{12} = \beta_{13} = \beta_{14} = \beta_{23} = \beta_{24} = \beta_{34} =$ $\beta_{11} = \beta_{22} = \beta_{33} = \beta_{44} = 0$	131.36	151.47***	16.81
II	$\gamma = \mu = \eta = 0$	64.53	42.56***	15.08
III	$\beta_{14} = \beta_{24} = \beta_{34} = 0$	25.47	163.25***	9.21
IV	$\beta_4 = \beta_{14} = \beta_{24} = \beta_{34} = \beta_{44} = 0$	48.27	117.65***	6.63

注:(1)数据来源:作者根据 Stata14.2 软件输出结果整理而来。
(2)＊＊＊表示显著性水平为 1%

　　表 5.7 中的原假设 I 是变量间交互项系数与平方项系数都为零,若该假设成立,则表明各变量间不存在相互作用,采用普通形式的柯布—道格拉斯生产函数即可,没有必要采用超越对数形式的生产函数。原假设 II 是检验技术无效率项是否存在,如果 $\gamma = 0$,意味着技术无效率项的方差占随机误差项方差的比重为零,此时应放弃使用随机前沿分析模型,而使用普通回归模型;$\mu = 0$ 是假设技术无效率项服从半正态分布;$\eta = 0$ 是假设技术无效率项不存在时变效应。原假设 III 是假定时间与资本、劳动力及能源三种要素的交互项系数为零,如果假设成立,意味着要素比不随时间变化而变化,技术进步形式是希克斯中性技术进步。原假设 IV 是假设模型中所有与时间有关的变量系数都为零,即不存在任何前沿技术进步。

　　检验结果显示,四个原假设都被拒绝,无一通过。这说明普通柯布—道格拉斯生产函数在此并不适用,存在技术无效率项,存在技术进步,但不是希克斯中性技术进步。因此,本文采用随机前沿分析模型是合理的,使用超越对数形式的生产函数符合现实情况,本文所得实证结论具有一定的可靠性。

5.4　绿色技术效率的空间敛散性分析

　　通过对中国绿色技术效率的现状进行分析,不难发现中国各省份绿色技术效率水平存在明显的区域差异,而且在不同时间段内也呈现了不同的变化趋势。为研究这种时空差异的变化,基于 Martin(1996)提出的收敛模型,结合空间计量技术,建立空间收敛模型,分区域研究中国绿色技术效率的收敛特征。

5.4.1 绿色技术效率的空间特征分析

Tobler(1970)提出"地理学第一定律",认为所有事物都与其他事物相关联,但距离较近的事物比距离较远的事物联系更为紧密。已有经验告诉我们,各省区市经济存在广泛的联系,且邻近省份经济发展表现出惊人的相似性。所以,在研究各省区市经济现象时,应考虑各省区市之间的地理信息,采用空间计量模型进行实证研究。为确保空间计量方法使用正确,首先要考察数据的空间依赖性。基于空间自相关的复杂性,文献中提出了一系列检验空间自相关的方法,其中 Moran's I 指数是最为常用的,其计算公式如下:

$$I = \sum_{i=1}^{n} \sum_{j=1}^{n} w_{ij}(x_i - \bar{x})(x_j - \bar{x}) / (\sum_{i=1}^{n} \sum_{j=1}^{n} w_{ij} \cdot \sum_{i=1}^{n} (x_i - \bar{x})^2 / n) \quad (5.10)$$

式中,n 为地区单元数。w_{ij} 为空间权重矩阵 W 的元素,可以基于邻接标准或地理距离标准等来构建,反映空间目标的位置相似性,这里采用一阶邻接矩阵形式:地区 i 与地区 j 相邻时 w_{ij} 取值为 1,当地区 i 与地区 j 不相邻时 w_{ij} 取值为 0。Moran's I 的取值范围为 $[-1,1]$,当邻近区域单元相似属性占主导地位时,则整体上呈现正的空间相关性;反之,则整体呈现负的空间相关性;若区域单元符合传统的相互独立假设,则空间相关性为 0。根据中国 30 个省份的 2000—2014 年绿色技术效率数据,利用全局自相关检验模型,可得出中国在 2000—2014 年的 Moran's I 指数,具体情况如图 5.5 所示。

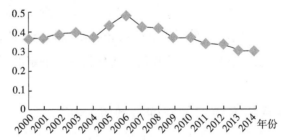

图 5.5 2000—2014 年中国绿色技术效率 Moran's I 指数情况

注:以上 Moran's I 指数的 P 值均小于 0.05,通过显著性检验

图 5.5 的结果显示,绿色技术效率的 Moran's I 指数基本大于 0.3,意味着中国 30 个省份的绿色技术效率水平在空间上具有明显的正相关关系,即相邻省份的绿色技术效率会相互影响,绿色技术效率水平较高的省份聚集在一起,

绿色技术效率水平较低的省份聚集在一起。从 Moran's I 指数的变化趋势来看,2000—2014 年,Moran's I 指数存在一定波动。具体来说,2000—2006 年,Moran's I 指数上升;2007—2014 年,Moran's I 指数下降,上升和下降的幅度都不大。

为进一步验证中国各地区绿色技术效率在空间上的集聚模式,接下来分析绿色技术效率在 2000 年和 2014 年的 Moran 散点图,如图 5.6 和图 5.7 所示。

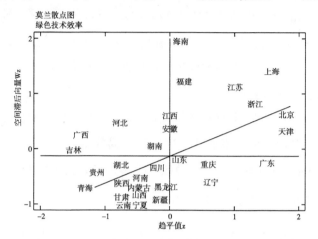

图 5.6　2000 年中国绿色技术效率的 Moran 散点图

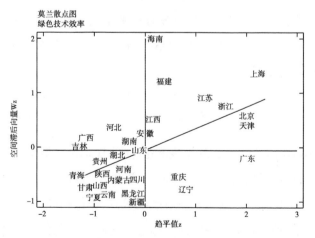

图 5.7　2014 年中国绿色技术效率的 Moran 散点图

Moran 散点图的第一至第四象限分别对应 High – High、Low – High、Low – Low、High – Low 地区,第一、第三象限对应的 Moran's I 指数为正,意指具有正向的空间相关性;第二、第四象限对应的 Moran's I 指数为负,意指具有负的空间相关性。图 5.6 的结果显示,2000 年,北京、天津、上海、浙江、江苏、福建、广东和海南在 High – High 型高值聚集区,贵州、甘肃、河南、内蒙古、云南、新疆、陕西、湖北、重庆、宁夏、青海、四川、黑龙江和山西处在 Low – Low 型低值集聚区。图 5.7 的结果显示,2014 年,北京、天津、浙江、江苏、上海、海南和福建、江西、海南在 High – High 型高值集聚区,湖北、贵州、青海、陕西、河南、内蒙古、甘肃、四川、宁夏、黑龙江和新疆、山西和云南在 Low – Low 型低值集聚区。综合来看,大多数点落在第一和第三象限,只有少部分落在第二和第四象限,即空间离群。对比来看,绿色技术效率水平高的多集中在以北京、天津为中心的东部地区,而绿色技术效率水平低的多集中在以贵州为中心的西部地区。

总的来说,2000—2014 年的样本期间内,全局自相关指标均显著,但是部分省份的局部空间自相关指标不显著。这表明全局的空间自相关主要是由存在局部空间自相关省份引起的,中国绿色技术效率存在着空间相关性和差异性。

5.4.2 绿色技术效率的收敛分析

现有分析收敛特征的方法主要包括 σ 收敛、绝对 β 收敛和条件 β 收敛(De-Long,1988;Sala – i – Martin,1996;沈坤荣和马骏,2002;林光平等,2006),其中 σ 收敛和绝对 β 收敛属于绝对收敛。σ 收敛通常采用标准差进行检验,如果绿色技术效率的标准差随时间变化呈逐渐缩小的趋势,则说明存在 σ 收敛,反之则反。其具体计算公式如下:

$$\sigma = \sqrt{\frac{1}{N} \sum_{i=1}^{N} (x_i - \bar{x})^2} \qquad (5.11)$$

式中,N 为样本观察值数目;x_i 为样本观察值;$\bar{x}$ 为样本观察值均值。

依据式(5.11)分别计算出全国、东部、中部和西部的绿色技术效率的标准差,具体数值如图 5.8 所示。图 5.8 的结果显示,从变化趋势来看,全国和东部的标准差呈现下降趋势,而中部和西部的标准差呈现上升趋势。这说明全国和东部的绿色技术效率存在 σ 收敛,中部和西部的绿色技术效率差异随时间推移正逐渐拉大。具体来说,全国整体的绿色技术效率的标准差从 0.205 下降到 0.161,东部的绿色技术效率的标准差从 0.207 下降到 0.171,中部的绿色技术

效率的标准差从 0.031 上升到 0.061,西部的绿色技术效率的标准差从 0.043
上升到 0.080。

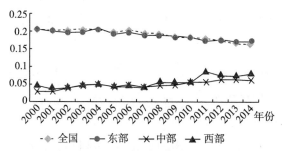

图5.8　全国及东、中、西部地区绿色技术效率的标准差

　　Barro(1992)在 Baumol(1986)研究工作的基础上,明确 β 收敛的定义,提出如
果经济变量的增长率与其初始水平呈负相关关系,则意味着存在 β 收敛。同时,
根据是否考虑个体特征差异,将其分为条件 β 收敛和绝对 β 收敛。就绿色技术效
率水平而言,绝对 β 收敛是指随着时间的推移,各地区将逐渐收敛到相同的稳态
水平,其前提是假设各地区的技术水平、对外开放程度和产业结构等条件完全相
同;而条件 β 收敛则考虑各地区的技术水平、对外开放程度和产业结构等存在差
异性,它要求各地区的绿色技术效率最终收敛到各自的稳态水平,而不是相同的
稳态水平。在考察绿色技术效率的条件 β 收敛时,控制变量的设置参照 5.3 节内
容,从技术、制度和产业三个层面选取影响绿色技术效率的因素。

　　考虑到绿色技术效率的空间特征,在考察 β 收敛特征时采用空间计量模
型。关于具体空间计量模型的选择,选择空间滞后模型还是空间误差模型还需
进一步检验。Anselin(1988)提出采用极大似然法估计空间滞后模型和空间误
差模型的参数,并就模型选择提出如下判别标准:如果在空间依赖性的检验中
发现 LM Lag 比 LM Error 在统计中更加显著,且 Robust LM Lag 显著而 Robust
LM Error 不显著,则选择空间滞后模型,反之亦然。

　　为进行比较,本文还将列出采用普通面板模型估计的参数结果,检验 β 收
敛特征的基础模型如下:

$$\mathrm{Ln}(g_{i,t}/g_{i,t-1}) = \alpha + \beta \mathrm{Ln}(g_{i,t-1}) + \varepsilon_{i,t} \qquad (5.12)$$

$$\mathrm{Ln}(g_{i,t}/g_{i,t-1}) = \alpha + \beta \mathrm{Ln}(g_{i,t-1}) + \varphi Z_{i,t} + \varepsilon_{i,t} \qquad (5.13)$$

式中, $g_{i,t}$ 和 $g_{i,t-1}$ 分别为第 i 省份在 t 期和 $t-1$ 期的绿色技术效率水平; α 为常

数项;ε 为服从正态分布的误差项;Z 为控制变量。式(5.12)检验绝对 β 发散,式(5.13)检验条件 β 收敛。若回归系数 $\beta < 0$,则表明各省份的绿色技术效率随着时间会趋向同一个稳态水平(各自的稳态水平),即存在绝对 β 收敛(条件 β 收敛)。

在普通面板模型的基础上,考虑空间效应,依次构建空间滞后模型和空间误差模型,具体模型形式如下。

空间滞后模型:

$$\mathrm{Ln}(g_{i,t}/g_{i,t-1}) = \alpha + \beta \mathrm{Ln}(g_{i,t-1}) + \rho W \mathrm{Ln}(g_{i,t}/g_{i,t-1}) + \mu_{i,t} \quad (5.14)$$

$$\mathrm{Ln}(g_{i,t}/g_{i,t-1}) = \alpha + \beta \mathrm{Ln}(g_{i,t-1}) + \rho W \mathrm{Ln}(g_{i,t}/g_{i,t-1}) + \varphi Z_{it} + \mu_{i,t} \quad (5.15)$$

空间误差模型:

$$\mathrm{Ln}(g_{i,t}/g_{i,t-1}) = \alpha + \beta \mathrm{Ln}(g_{i,t-1}) + \varepsilon_{i,t}$$
$$\varepsilon_{i,t} = \lambda W \varepsilon_{i,t} + \mu_{i,t} \quad (5.16)$$

$$\mathrm{Ln}(g_{i,t}/g_{i,t-1}) = \alpha + \beta \mathrm{Ln}(g_{i,t-1}) + \varphi Z_{i,t} + \mu_{i,t}$$
$$\mu_{i,t} = \lambda W \mu_{i,t} + \varepsilon_{i,t} \quad (5.17)$$

式中,ρ、λ 分别为空间滞后系数和空间回归系数,反映空间效应的大小;W 为空间权重矩阵;$\mu_{i,t}$ 为服从正态分布的误差项;$\varepsilon_{i,t}$ 为随机误差项。

表5.8 为不考虑地区之间的空间效应的收敛性结果。不难发现,东部的 β 的估计值为负,但没有通过显著性检验,这说明东部的绿色技术效率具有收敛迹象;而全国、中部和西部的 β 的估计值为正,分别通过了 5%、10% 和 5% 水平下的显著性检验,说明全国、中部和西部的绿色技术效率不存在绝对 β 收敛。

表 5.8 2000—2014 年绿色技术效率增长的绝对 β 收敛:普通面板模型

参数	全国	东部	中部	西部
β	0.006 **	− 0.002	0.205 *	0.087 **
	(0.042)	(0.865)	(0.052)	(0.034)
常数项	0.038	− 0.001	0.138 ***	0.065 ***
	(0.463)	(0.780)	(0.000)	(0.001)
R^2	0.001	0.002	0.102	0.056

参数	全国	东部	中部	西部
样本数	420	154	112	154

注:(1)数据来源:作者根据 Stata14.2 软件输出结果整理而来。

(2)括号内为 P 值。

(3)*、**、***分别表示达到 10%、5%、1%的显著性水平

考虑到绿色技术效率存在明显的空间依赖性,分别采用空间滞后模型与空间误差模型对参数进行估计。根据 Anselin(1988)提出的模型选择标准,由表 5.9 可得,研究绿色技术效率的绝对 β 收敛选用空间滞后模型,参数估计结果如表 5.10 所示。

表5.9　绝对 β 收敛的空间相关性检验结果

参数	全国	东部	中部	西部
LM Lag	5.290** (0.021)	15.910*** (0.000)	7.709*** (0.000)	6.753*** (0.000)
Robust LM Lag	0.0158 (0.899)	5.993** (0.015)	3.847** (0.049)	3.623* (0.053)
LM Error	10.577*** (0.000)	5.193** (0.022)	5.098** (0.024)	3.070* (0.080)
Robust LM Error	6.567** (0.010)	1.843 (0.175)	2.732* (0.098)	1.431 (0.231)

注:(1)数据来源:作者根据 Stata14.2 软件输出结果整理而来。

(2)括号内为 P 值。

(3)*、**、***分别表示达到 10%、5%、1%的显著性水平

表5.10　2000—2014 年绿色技术效率的绝对 β 收敛:空间面板模型

参数	全国	东部	中部	西部
	SLM	SLM	SLM	SLM
β	0.240*** (0.000)	-0.289*** (0.000)	0.485*** (0.000)	0.097*** (0.009)
常数项	0.119*** (0.000)	-0.137*** (0.000)	-0.270*** (0.000)	0.058** (0.024)
ρ	0.056*** (0.006)	0.346*** (0.000)	0.258*** (0.004)	0.098** (0.047)

参数	全国	东部	中部	西部
	SLM	SLM	SLM	SLM
LLF	748.352	692.633	689.629	319.617
R^2	0.181	0.214	0.314	0.197
样本数	420	154	112	154

注:(1)数据来源:作者根据Stata14.2软件输出结果整理而来。

(2)括号内为P值。

(3)＊＊、＊＊＊分别表示达到5%、1%的显著性水平。

(4)ρ为空间滞后项系数,LLF为对数似然函数值

对比普通面板模型与空间面板模型计量分析结果可以发现,待估参数β的符号是一致的,这说明在考虑中国省域间的空间效应之后,中国省域之间的绿色技术效率的收敛性没有改变。但从计量结果来看,参数β的显著性水平明显提高,部分通过5%的显著性水平检验。由此说明在考虑地区间地理空间因素之后,全国、中部及西部的绿色技术效率在2000—2014年不存在绝对β收敛,而东部绿色技术效率存在绝对β收敛。由于区域内差异的存在,全国范围内的绿色技术效率差异不会自动消除,绿色技术效率在空间上依然会存在着东部高值集聚,西部低值集聚。因此,本文进一步考虑绿色技术效率是否存在条件收敛。

考虑到各地区技术水平、对外开放程度、产业结构等经济特征存在差异,将其作为控制变量纳入研究收敛的方程。首先,采用普通面板模型对方程进行估计,结果如表5.11所示。结果显示,全国、东部、中部和西部的β值均为负,全国及东部的β值通过1%的显著性水平检验,中部和西部的β值通过10%的显著性水平检验。这说明全国、东部、中部和西部的绿色技术效率存在条件β收敛迹象。大多数控制变量不显著,进一步考虑加入空间因素进行参数估计。

表5.11　2000—2014年绿色技术效率增长的条件β收敛:普通面板模型

参数	全国	东部	中部	西部
β	-0.402 ***	-0.323 ***	-1.158 *	-0.244 *
	(0.000)	(0.000)	(0.052)	(0.061)
常数项	-0.337 ***	0.172	-0.936 ***	-0.329 **
	(0.000)	(0.432)	(0.000)	(0.014)

参数	全国	东部	中部	西部
Tec_Inn	-1.141**	-2.279	5.546*	0.534*
	(0.031)	(0.171)	(0.089)	(0.075)
Tec_Imp	-0.004	-0.016*	-0.029*	0.009**
	(0.392)	(0.067)	(0.082)	(0.049)
FDI	0.633**	-0.575	6.271***	0.902**
	(0.048)	(0.151)	(0.000)	(0.024)
FTR	0.070	0.019	0.704**	0.139
	(0.149)	(0.730)	(0.014)	(0.275)
Industry	0.103*	-0.252	0.078	-0.036*
	(0.060)	(0.351)	(0.425)	(0.062)
Env_Inv	0.690	0.240	6.148***	-0.643
	(0.284)	(0.819)	(0.003)	(0.346)
Service	0.244**	-0.006	0.026	0.352***
	(0.016)	(0.981)	(0.921)	(0.006)
R^2	0.04	0.002	0.274	0.081
样本数	420	154	112	154

注:(1)数据来源:作者根据 Stata14.2 软件输出结果整理而来。

(2)括号内为 P 值。

(3)*、**、***分别表示达到 10%、5%、1%的显著性水平

根据 Anselin(1988)提出的模型选择标准,由表 5.12 可得,研究绿色技术效率的绝对 β 收敛选用空间滞后模型,参数估计结果如表 5.13 所示。

表 5.12　条件 β 收敛的空间相关性检验结果

参数	全国	东部	中部	西部
LM Lag	6.290**	5.910**	4.709**	2.753*
	(0.012)	(0.015)	(0.030)	(0.097)
Robust LM Lag	1.158	1.993	0.847	0.623
	(0.282)	(0.158)	(0.357)	(0.430)
LM Error	12.547***	12.193***	8.098***	7.070***
	(0.000)	(0.000)	(0.004)	(0.007)
Robust LM Error	5.567**	5.843**	4.732**	5.431**
	(0.018)	(0.016)	(0.030)	(0.020)

注:(1)数据来源:作者根据 Stata14.2 软件输出结果整理而来

(2)括号内为 P 值。

(3)*、**、***分别表示达到 10%、5%、1%的显著性水平

表 5.13　2000—2014 年绿色技术效率的条件 β 收敛:空间面板模型

参数	全国	东部	中部	西部
	SEM	SEM	SEM	SEM
β	−0.409 *** (0.000)	−0.301 *** (0.000)	−1.197 *** (0.000)	−0.233 *** (0.007)
常数项	−0.418 ** (0.012)	−0.383 (0.308)	−0.604 ** (0.026)	−0.207 *** (0.006)
Tec_Inn	−0.146 ** (0.025)	−2.500 ** (0.013)	−6.071 *** (0.000)	−0.632 ** (0.045)
Tec_Imp	−0.005 (0.474)	−0.005 ** (0.047)	−0.023 * (0.056)	−0.005 * (0.075)
FDI	−0.643 ** (0.046)	−0.598 * (0.057)	−6.130 *** (0.000)	−0.485 * (0.058)
FTR	0.107 * (0.081)	−0.054 ** (0.031)	0.433 * (0.058)	−0.061 ** (0.044)
Industry	0.091 (0.136)	−0.536 (0.156)	0.077 * (0.054)	−0.046 ** (0.032)
Env_Inv	0.249 ** (0.015)	−0.153 (0.891)	−6.989 *** (0.002)	−1.738 ** (0.046)
Service	−0.336 *** (0.002)	0.109 * (0.073)	−0.115 ** (0.036)	0.416 (0.105)
R^2	0.265	0.345	0.588	0.312
γ	0.131 *** (0.001)	0.168 *** (0.002)	0.183 ** (0.013)	0.108 *** (0.004)
LLF	706.655	267.343	190.344	331.526
样本数	420	154	112	154

注:(1)括号内为 P 值。

(2) *、**、*** 分别表示达到 10%、5%、1% 的显著性水平。

(3) γ 为空间误差项系数,LLF 为对数似然函数值

由表 5.13 的估计结果可以发现,空间误差模型不管是从参数显著性还是模型拟合优度都全面好于普通面板模型。就空间误差模型估计结果而言,全国、东部、中部及西部的收敛系数 β 都显著为负,表明全国、东部、中部及西部都存在条件 β 收敛,即随着技术水平的提高、对外贸易的加强和产业结构的优化,

中国各地区绿色技术效率将回归到各自稳态水平。对比各地区收敛系数 β 绝对值大小可以发现,由中部、东部、西部依次递减,表明中部的绿色技术效率水平将最先收敛到其稳定水平,其次是东部,最后才是西部。

从全国角度来看,技术创新投入、外商直接投资、环境污染治理和服务业发展均通过了显著性检验。这说明就全国来说,技术创新投入和外商直接投资的增加、环境污染治理强度的加大及服务业的繁荣发展对于全国绿色技术效率水平的收敛有着重要影响。从区域角度来看,东部的技术创新投入、技术引进以及对外贸易都通过了显著性检验,中部的技术创新投入、外商直接投资、工业的发展和环境污染治理通过了显著性检验,西部的技术创新投入、对外贸易、工业发展及环境污染治理通过了显著性检验。这说明各地区绿色技术效率的影响因素大相径庭,在提高各地区绿色技术效率水平的实践中需要因地制宜,根据各地区实际情况制定相关政策。

第6章

能源技术空间溢出效应对省域能源消费强度影响的实证研究

本章在对省际能源消费情况分析的基础上,研究能源技术进步及其空间溢出效应对能源消费强度的影响,通过统计数据分析明确技术进步对省际能源消费的影响机制,为政策的制定提供理论依据,从而有助于促进社会经济的可持续发展,改善环境状况。

6.1 模型设定、指标选取与数据说明

由于能源技术进步存在较强的正外部性(溢出效应),即一个地区的技术进步将会引起相邻地区的能源强度发生一定程度的变化,因此本书将采用空间计量模型来对能源技术进步的溢出效应进行更加准确的分析。

6.1.1 模型设定

空间计量经济学开始于 20 世纪 70 年代,起初作为空间统计和空间数据分析的一个分支,其理论和应用研究大多数来自区域科学和定量地理,并没有受到主流经济学和计量经济学的重视。但是,经过几十年的发展,空间计量经济学现已成为计量经济学的一个重要分支。空间计量经济学的中心思想是认为区域变量之间一般都存在空间依赖性或空间异质性,而非都是无关联和均质性。本书主要考虑变量的空间依赖性(空间自相关性),在传统的计量模型中引入空间滞后变量或空间滞后误差项,使构建的模型更加符合实际情况。建立空间计量经济模型的一般思路是:首先对变量进行空间自相关性检验,如果变量存在明显的空间自相关,则需要在空间计量经济学理论和方法的支持下建立空

间计量经济模型。

6.1.1.1　空间自相关

空间自相关是指某个变量在同一个分布区内的观测数据之间潜在的相互依赖性,一般可分为全域空间自相关和局域空间自相关。全域空间自相关是从区域空间的整体刻画区域活动空间分布的集群情况,但不能确切地指出聚集在哪些位置,一般用全局 Moran's I 指数来测量;局域空间自相关是用来计算局部空间聚集性的,不但可以指出聚集位置,还可以探测空间异常等,比较常用的是 Moran's I 散点图。

(1)全局 Moran's I 指数。

$$
\text{Moran's I} = \frac{\sum_{i=1}^{N}\sum_{j=1}^{N} W_{ij}(Y_i - \bar{Y})(Y_j - \bar{Y})}{S^2 \sum_{i=1}^{N}\sum_{j=1}^{N} W_{ij}} \tag{6.1}
$$

式中, Y_i 和 Y_j 分别为第 i 个地区和第 j 个地区的观测值, 为地区总数; $\bar{Y} = \frac{1}{N}\sum_{j=1}^{N}(Y_i)$, 为所选指标的平均数; $S^2 = \frac{1}{N}\sum_{i=1}^{N}(Y_i - \bar{Y})^2$, 为所选指标的方差; W_{ij} 为二进制的临近空间权值矩阵, 一般有邻近和距离两种标准。

邻近标准是指当两个地区拥有共同边界时,则认为这两个地区是空间相邻的,矩阵元素取值为 1;否则,矩阵元素取值为 0。其具体可表示为

$$
W_{ij} = \begin{cases} 1 & \text{当地区 } i \text{ 和地区 } j \text{ 相邻时} \\ 0 & \text{当地区 } i \text{ 和地区 } j \text{ 不相邻时} \end{cases} \tag{6.2}
$$

距离标准是指如果地区 i 和地区 j 之间的距离在给定距离(假定为 d)内,则矩阵元素取值为 1,否则为 0。其具体可表示为

$$
W_{ij} = \begin{cases} 1 & \text{当地区 } i \text{ 和地区 } j \text{ 的距离小于 } d \text{ 时} \\ 0 & \text{其他} \end{cases} \tag{6.3}
$$

Moran's I 指数的取值范围在 −1 ~ 1,大于 0 表示正相关,表明相似的属性值聚集在一起,且数值越大,正相关程度越强;小于 0 表示负相关,表示相反的属性值聚集在一起,且数值越小,负相关越显著;等于 0 表示属性值之间不存在空间相关性。Moran's I 指数的计算结果一般都用近似正态分布这种假设来检

验。Moran's I 的检验统计量为标准化的 Z 值:

$$Z = \frac{\text{Moran's I} - E(\text{Moran's I})}{\sqrt{\text{VAR}(\text{Moran's I})}} \tag{6.4}$$

式中:

$$E(\text{Moran's I}) = -\frac{1}{N-1}$$

$$\text{VAR}(\text{Moran's I}) = N^2 W_1 - N W_2 + \frac{3 W_0^2}{W_0(N^2-1)}$$

$$W_0 = \sum_{i=1}^{N} \sum_{j=1}^{N} W_{ij}$$

$$W_1 = \frac{1}{2} \sum_{i=1}^{N} \sum_{j=1, j \neq i}^{N} (W_{ij} + W_{ji})^2$$

$$W_2 = \sum_{i=1}^{N} \left(\sum_{j=1}^{N} W_{ij} + \sum_{i=1}^{N} W_{ji} \right)^2$$

(2)Moran's I 散点图。

通过构建 Moran's I 散点图,可以对变量的局域空间自相关性进行更加直观的分析。Moran's I 散点图描述的是 z 和 $S_{ik} = f^i(Z_k; \beta^i) + v_{ik} + u_{ik}$ 之间的关系,横轴的 z 代表的是由所有观测值和均值的偏差组成的向量,纵轴的 $f^i(Z_k; \beta^i)$ 代表的是行标准化的空间权重矩阵。Moran's I 散点图的四个象限分别对应了四种不同的区域空间差异类型:第一象限代表的是 High – High 型聚集区,即高观测值的区域单元被高值的区域单元所包围,地区之间的差异程度较小;第二象限代表的是 Low – High 型聚集区,即低观测值的区域单元被高值的区域单元所包围,区域之间的差异程度较大;第三象限代表的是 Low – Low 型聚集区,即低观测值的区域单元被低值的区域单元所包围,区域差异程度较小;第四象限代表的是 High – Low 型聚集区,即高观测值的区域单元被低值的区域单元所包围,空间差异较大。因此,通过观察 Moran's I 散点图,可以很方便地识别出空间分布中存在哪几类不同的实体。

6.1.1.2 空间计量经济模型

根据 Anselin 和 LeSage 的研究,空间计量经济模型一般可分为三种:空间滞后模型、空间误差模型和空间杜宾模型(Spatial Durbin Model,SDM)。考虑到本书研究的正规与非正规金融对农民收入的影响行为是在时间和空间两个维度上耦合进行的,单用截面数据建立的静态空间计量模型既不能满足全面分析的要求,也不能深入地分析农民收入增长过程中的演变机制及影响因素。因此,本书选用基于面板数据建立的综合考虑变量时空二维关系的空间计量面板数据模型。根据空间计量经济模型的分类,空间计量面板数据模型也可分为三种:空间滞后面板数据模型(Spatial Lag Panel Data Model,SLPDM)、空间误差面板数据模型(Spatial Error Panel Data Model,SEPDM)和空间杜宾面板数据模型(Spatial Durbin Panel Data Model,SDPDM)。

(1)空间滞后面板数据模型

如果在模型中考虑因变量的空间滞后项,则可以选用空间滞后面板数据模型:

$$Y = \rho WY + X\beta + \eta + \delta + \mu \qquad (6.5)$$

式中,Y 为因变量;WY 为因变量的空间滞后项,其值是所有邻近地区因变量的加权求和;ρ 为空间自回归系数,用来衡量因变量的溢出效应;W 为 $N \times N$ 阶的空间权重矩阵;X 为 $N \times K$ 阶的自变量矩阵;β 反映自变量 X 对因变量 Y 的影响程度;η 用来度量面板数据的时间固定效应;δ 用来衡量面板数据的空间固定效应;μ 为随机误差项向量。

(2)空间误差面板数据模型

如果因变量的空间依赖性存在于随机扰动项中,则可以考虑使用空间误差面板数据模型:

$$Y = X\beta + \eta + \delta + \mu$$
$$\mu = \lambda W\mu + \varepsilon \qquad (6.6)$$

式中,μ 为随机误差项向量;λ 为 μ 的自回归参数,用来衡量相邻地区的因变量 Y 的误差项 $W\mu$ 对本地区的因变量 Y 误差项的影响方向和程度;ε 为 0 正态分布的随机误差项向量;其余参数定义与空间滞后面板数据模型相同。

(3)空间杜宾面板数据模型

如果在模型中同时考虑空间滞后因变量和空间滞后自变量,则应该选用空间杜宾面板数据模型。空间杜宾面板数据模型如下:

$$Y = \rho WY + X\beta_1 + WX\beta_2 + \eta + \delta + \mu \qquad (6.7)$$

式中，Y 为因变量；WY 为因变量的空间滞后项，其值是所有邻近地区对其影响的加权求和；ρ 为空间自回归系数，用来衡量因变量的溢出效应；W 为 $N \times N$ 阶的空间权重矩阵；X 为 $N \times K$ 阶的自变量矩阵；β_1 反映自变量 X 对因变量 Y 的影响程度；WX 为空间滞后自变量；β_2 用来衡量邻近地区的自变量对本地区因变量 Y 的空间影响程度；η 用来度量面板数据的时间固定效应；δ 用来衡量面板数据的空间固定效应；μ 为随机误差项向量。

在上述三个模型中，空间杜宾面板数据模型比较特殊，空间滞后面板数据模型和空间误差面板数据模型均可以通过空间杜宾面板数据模型转变过来。当 $\sigma^2 = \sigma_u^2 + \sigma_v^2, \varepsilon = v_{ik} + u_{ik}$ 时，空间杜宾面板数据模型就可以退化成空间滞后面板数据模型；当 $u_* = -\sigma_u^2 \varepsilon / \sigma^2, \sigma_*^2 = \sigma_u^2 \sigma_v^2 / \sigma^2$ 时，空间杜宾面板数据模型就可以退化成空间误差面板数据模型。所以，空间滞后面板数据模型和空间误差面板数据模型都是空间杜宾面板数据模型的特例。一般情况下，可以通过 Wald 检验来讨论空间杜宾面板数据模型是否需要退化为空间滞后面板数据模型或空间误差面板数据模型。Wald 统计量设有两个假设检验：$E(u \mid \varepsilon) = u_* + \sigma_* f(-u_*/\sigma_*)/[1 - F(-u_*/\sigma_*)]$；$f$ 和 F：$-u_*/\sigma_* = \varepsilon \lambda / \sigma, \lambda = \sigma_u / \sigma_v$。其中，$E(u \mid \varepsilon) = \sigma_* [f(\varepsilon \lambda / \sigma)/(1 - F(\varepsilon \lambda / \sigma)) - (\varepsilon \lambda / \sigma)]$ 检验空间杜宾面板数据模型是否可以简化为空间滞后面板数据模型，$E(u_{ik} \mid u_{ik} + v_{ik})$ 检验空间杜宾面板数据模型是否可以简化为空间误差面板数据模型。如果 v_{ik} 被拒绝而 $E(v_{ik} \mid u_{ik} + v_{ik}) = s_{ik} - z_k \beta^i - E(u_{ik} \mid u_{ik} + v_{ik}), i = 1,2,3,\cdots,m; k = 1,2,3,\cdots, n$ 没有被拒绝，则可认为空间误差面板数据模型是最优模型。如果 $E(v_{ik} \mid u_{ik} + v_{ik})$ 和 $E(u_{ik} \mid u_{ik} + v_{ik})$ 被拒绝而 $(\beta^i, u^2, \sigma_{vi}^2, \sigma_{ui}^2)$ 没有被拒绝，则可选择空间滞后面板数据模型进行拟合。如果 β^i 和 i 同时被拒绝，则说明建立空间杜宾面板数据模型更加合理。

需要注意的是，在空间计量模型的估计结果中，若 $\rho \neq 0$，则以上所有回归系数都不能直接衡量解释变量的空间溢出效应。为了能够对空间杜宾模型的回归系数进行合理的解释，Pace 和 LeSage（2006）、LeSage 和 Pace（2009）提出了空间回归模型偏微分方法（刘华军和杨骞，2014）。某个解释变量对被解释变量的影响分为直接效应和间接效应，两者相加为总效应。

（4）Geary's C 指数

$$\text{Geary'sC} = \frac{(N-1)\sum_{i=1}^{N}\sum_{j=1}^{N}W_{ij}(Y_i - Y_j)^2}{2(\sum_{i=1}^{N}\sum_{j=1}^{N}W_{ij})[\sum_{j=1}^{N}(Y_i - Y_j)^2]} \tag{6.8}$$

Moran's I 指数的核心成分是 $(Y_i - \bar{Y})(Y_j - \bar{Y})$，Geary's C 指数的核心成分是 $(Y_i - Y_j)^2$。Geary's C 指数的取值一般介于 0 和 2 之间（2 不是严格上界），大于 1 表示负相关，等于 1 表示不相关，小于 1 表示正相关。因此，Moran's I 指数和 Geary's C 指数呈反向变动。一般来说，Geary's C 指数比 Moran's I 指数对于局部空间自相关更加敏感。Geary's C 指数的计算结果也可以用近似正态分布这种假设来检验。Geary's C 的检验统计量为标准化的 Z 值：

$$Z = \frac{\text{Geary's } C - E(\text{Geary's } C)}{\sqrt{\text{VAR}(\text{Geary's } C)}} \tag{6.9}$$

式中，$0 \leqslant E(\text{Geary's C}) \leqslant 1$。

一般情况下，根据正态分布检验值，当 $|Z| > 1.96$ 时，可拒绝原假设，即该变量在 95% 的概率下存在空间自相关性。

6.1.2 指标选取

6.1.2.1 因变量

本书研究的是能源技术空间溢出效应对省域能源消费强度的影响，因此选取能源消费强度（EI）作为因变量，能源消费强度用单位 GDP 的能源消费总量表示。

6.1.2.2 自变量

关于技术的空间溢出效应，Marshall 早在 1890 年的《经济学原理》中就提出外溢等同于外部性，技术扩散的外部性就是技术溢出效应（Marshall，1890）。一般来说，技术溢出是非自愿发生的、非正式的和非市场化的技术转移（Eden、Levitas and Martines，1997）。技术来源按地域不同可分为四类：①本地区自主开发；②通过外商直接投资引入；③向本国其他地区购买；④向国外直接购买。其中，本地区自主开发用 R&D 经费内部支出（RD）表示，通过外商直接投资引入用外商直接投资额（FDI）表示，向本国其他地区购买用技术市场流向各省区市的合同金额（DT）表示，国外直接购买用国外技术引进合同金额(FT)表示。

6.1.2.3 控制变量

根据已有的研究,影响能源强度的因素除了上述提到的技术因素之外,还有产业结构、能源消费结构等,本书引入产业结构和能源消费结构作为控制变量。其中,产业结构(IS)用第二产业增加值与第三产业增加值的比值来表示,能源消费结构(ES)用煤炭占能源消费总量的比值来表示。

6.1.3 数据说明

考虑到数据的可获得性、完整性,本书选取2002—2011年全国28个省区市的数据来进行分析,其中不包括重庆、西藏、新疆和港澳台。

其中,能源消费总量、煤炭消费量的数据来自《中国能源统计年鉴》,国内生产总值 GDP、外商直接投资额、第二产业增加值、第三产业增加值的数据来自《中国统计年鉴》,R&D 经费内部支出、向本国其他地区购买用技术市场流向各省区市的合同金额、国外直接购买用国外技术引进合同金额的数据来自《中国科技统计年鉴》。

6.2 实证分析

6.2.1 空间权重矩阵的选择

本书采用一阶邻接 Rook 的方法来构造空间矩阵 W_{ij}。其具体构造方法是:若省区市 i 和省区市 j 相邻,则 $W_{ij}=1$;若不相邻,则 $W_{ij}=0$。矩阵对角线上表示的是省区市 i 和省区市 i 本身,设为0,即 $W_{ii}=0$。另外,海南省四面环海,位置特殊,但是考虑到其与广东省密切的经济关系,本书假定海南省和广东省相邻。

6.2.2 空间自相关分析

本书研究的是能源技术空间溢出效应对省域能源消费强度的影响,首先要分析能源消费强度和技术溢出变量的空间自相关性。表6.1给出了 *EI*、*RD*、*FDI*、*DT* 和 *FT* 的 Geary's C 指数和 Moran's I 指数。

表6.1 空间自相关性检验

变量/指数	EI Moran's I	EI Geary's C	RD Moran's I	RD Geary's C	FDI Moran's I	FDI Geary's C	DT Moran's I	DT Geary's C	FT Moran's I	FT Geary's C
2002 年	0.254**	0.612**	-0.047	0.618	0.137*	0.892	0.081	0.585**	0.148*	0.455**
2003 年	0.261***	0.581**	-0.046	0.622	0.154*	0.850	0.105	0.559**	0.201**	0.432**
2004 年	0.296***	0.543**	-0.036	0.603	0.238**	0.729	0.082	0.500*	0.108*	0.435*
2005 年	0.314***	0.504***	-0.084	0.774	0.242**	0.752	0.043	0.587*	0.077	0.455*
2006 年	0.291***	0.521**	-0.033	0.622	0.273***	0.709	0.037	0.497	0.120*	0.440*
2007 年	0.287***	0.529***	-0.035	0.625	0.263***	0.713	0.116	0.438**	0.125	0.506**
2008 年	0.306***	0.513***	-0.033	0.628	0.218**	0.732	0.055	0.526*	0.107	0.522*
2009 年	0.306***	0.513***	0.108	0.749	0.153*	0.776	0.037	0.569	0.052	0.654
2010 年	0.317***	0.518***	0.109	0.753	0.117	0.787	0.105	0.563**	0.164*	0.663*
2011 年	0.295***	0.513***	0.123	0.760	0.086	0.805	0.068	0.570*	0.155*	0.531**

注：上述检验通过 Stata12 实现，其中 * * * 、* * 、* 分别表示 1%、5%、10% 的显著性水平

由表 6.1 可知,EI 存在很强的空间自相关性,无论是 Moran's I 指数还是 Geary's C 指数,其值均通过5%的显著性检验;且 Moran's I 指数大于0,Geary's C 指数小于1,说明存在显著的正相关性,即相邻地区的能源消费强度越小,本地区的能源消费强度也就越小。RD 的 Moran's I 指数和 Geary's C 指数均未通过10%的显著性检验,说明 RD 的空间自相关性不显著。另外,从表6.1中可以发现,RD 的 Moran's I 指数随着时间的推移由负变正,且有不断增大的趋势,说明 RD 的空间自相关性不断加强,推测未来 RD 的外溢效应将变得明显。绝大部分 FDI 的 Moran's I 指数通过10%的显著性检验,可认为 FDI 存在较强的空间自相关性,即邻近拥有更多 FDI 的地区的技术溢出效应更大,对降低本期的能源消费强度的贡献也就越大。所有年份的 DT 和 FT 的 Geary's C 指数绝大部分通过10%的显著性检验,说明 DT 和 FT 存在显著的空间自相关性。

综上分析,生成省际空间变量 $W \times EI$、$W \times FDI$、$W \times DT$、$W \times FT$ 来表示邻近地区相应空间效应和技术溢出对本地区能源消费强度的影响,得到模型:

$$
\begin{aligned}
\text{Ln}EI_{it} = {} & C + \alpha W_{ij}\text{Ln}EI_{it} + \beta_{1i}\text{Ln}RD_{it} + \beta_{2i}\text{Ln}FDI_{it} + \beta_{3i}\text{Ln}DT_{it} + \beta_{4i}\text{Ln}FT_{it} + \\
& \beta_{5i}\text{Ln}IS_{it} + \beta_{6i}\text{Ln}ES_{it} + \delta_{1i}W_{ij}\text{Ln}RD_{it} + \delta_{2i}W_{ij}\text{Ln}FDI_{it} + \delta_{3i}W_{ij}\text{Ln}DT_{it} + \\
& \delta_{4i}W_{ij}\text{Ln}FT_{it} + \mu_{it}
\end{aligned}
\tag{6.10}
$$

式中,W_{ij} 为采用一阶邻接 Rook 方法构造的空间权重矩阵,对得到的空间权重矩阵进行标准化处理。

为了减少异方差的影响,对所有变量都做对数处理。

6.2.3 空间计量经济模型分析

本书运用 Stata 软件对 2002—2011 年 28 个省区市的相关数据建立空间计量面板数据模型,结果如表 6.2 所示。

表6.2 空间计量面板数据模型估计结果

变量	随机效应	个体固定效应	时间固定效应	个体时间双固定效应
	系数	系数	系数	系数
_cons	0.804189 ***			
$W \ln EI$	0.4239951 ***	0.4441197 ***	− 0.0307798	− 0.0771533

变量	随机效应	个体固定效应	时间固定效应	个体时间双固定效应
	系数	系数	系数	系数
LnRD	− 0.0049758	− 0.0033461	− 0.0502482 ***	− 0.0002909
LnFDI	− 0.0301086 ***	− 0.0230554 **	− 0.1099659 ***	− 0.0250451 ***
LnDT	− 0.0438175 ***	− 0.0416713 ***	0.0740045 ***	− 0.0378004 ***
LnFT	− 0.0087332 *	− 0.0070829	− 0.0188133	− 0.0034679
LnIS	0.0972117 ***	0.0843464 ***	0.175502 ***	0.0390763
LnES	− 0.0007058	− 0.0237113	0.2811877 ***	− 0.0331497
WLnRD	− 0.0101379 **	− 0.0110121 **	− 0.0525671 ***	− 0.0090743
WLnFDI	− 0.0958893 ***	− 0.093642 ***	− 0.1289124 ***	− 0.1067834 ***
WLnDT	− 0.0363988 *	− 0.0444897 **	0.1554215 ***	− 0.0574959 ***
WLnFT	0.0238102 **	0.0261095 ***	− 0.0275516	0.024937 ***
sigma2_e	0.0032946 ***	0.002932 ***	0.0324724 ***	0.0024407 ***
R − sq(within)	0.9271	0.9276	0.7761	0.9149
R − sq(between)	0.6755	0.6378	0.8576	0.5914
R − sq(overall)	0.7212	0.6885	0.8398	0.6594
Log − likelihood	323.3018	411.6353	82.4967	444.6775
hausman 统计量		− 19.76	− 83.20	− 58.46

注:上述实证通过 Stata12 实现,其中 * * * 、* * 、* 分别表示 1% 、5% 、10% 的显著性水平

一般情况下,面板数据的拟合结果可分为固定效应模型和随机效应模型。固定效应模型又可分为个体固定效应模型、时间固定效应模型和个体时间双固定效应模型。个体固定效应模型反映了那些随区位而不随时间变化的难以预测的变量对稳态水平的影响,时间固定效应模型反映了那些随时间而不随区位变化的难以预测的变量对稳态水平的影响,个体时间双固定效应模型反映了那些既随时间又随区位变化的难以预测的变量对稳态水平的影响。一般情况下,可通过豪斯曼检验来决定选用哪个模型。

从表 6.2 可知,个体固定效应和随机效应的豪斯曼检验统计量为 − 19.76,时间固定效应和随机效应的豪斯曼检验统计量为 − 83.20,个体时间双固定效应和随机效应的豪斯曼检验统计量为 − 58.46,均为负数,故都要接受随机效应

的原假设,所以本书就随机效应模型进行分析。

从前文分析中可知,在空间计量模型的估计结果中,当 $WLnEI$ 的系数不为
0 时,以上所有回归系数都不能直接衡量解释变量的空间溢出效应。本书估计
结果显示 $WLnEI$ 的系数为 0.4239951,显著大于 0,所以不能直接用表 6.2 中的
回归系数来解释各变量对能源消费强度的影响及其空间溢出效应。为此,根据
LeSage 和 Pace(2009)的理论及方法进行效应分解,得到效应分解结果,如
表 6.3 所示(随机效应模型)。

表 6.3　空间效应分解结果(随机效应模型)

效益	变量	系数	T 统计量	P 值
直接效应	LnRD	− 0.0065569	− 2.27	0.023
	LnFDI	− 0.0432249	− 4.14	0.000
	LnDT	− 0.049734	− 3.74	0.000
	LnFT	− 0.006249	− 1.29	0.196
	LnIS	0.1085391	3.17	0.002
	LnES	0.0058936	0.15	0.882
间接效应	LnRD	− 0.0197824	− 2.79	0.005
	LnFDI	− 0.1782763	− 7.24	0.000
	LnDT	− 0.0857212	− 2.39	0.017
	LnFT	0.0322925	2.20	0.028
	LnIS	0.0701761	2.72	0.006
	LnES	0.0043183	0.16	0.873
总效应	LnRD	− 0.0263393	− 3.24	0.001
	LnFDI	− 0.2215012	− 7.89	0.000
	LnDT	− 0.1354551	− 3.17	0.002
	LnFT	0.0260435	1.48	0.138
	LnIS	0.1787152	3.15	0.002
	LnES	0.0102118	0.15	0.878

注:上述实证通过 Stata12 实现

从表 6.2 中可知,省域能源消费强度存在显著的空间效应,$WLnEI$ 的系数
为 0.4239951,通过 1% 的显著性水平检验,说明其他地区的能源消费强度的降
低会有利于本地区能源消费强度的降低。

从表6.3中可以看出,LnRD 的直接效应显著为负,说明 LnRD 代表的 R&D 经费内部支出对能源消费强度存在显著的区域内溢出,直接效应为 −0.0065569。LnRD 的间接效应为 −0.0197824,T 统计量为 −2.79,通过 1% 的显著性检验,说明 R&D 经费内部支出对邻近区域能源消费强度的降低起到显著的促进作用。R&D 经费内部支出对能源消费强度的总效应为 −0.0263393,即 R&D 经费内部支出每增加一个百分点,能源消费强度就会减少 0.0263393 个百分点。

LnFDI 的直接效应和间接效应均通过 1% 的显著性检验,具体数值分别为 −0.0432249 和 −0.1782763,间接效应是直接效应的 4 倍,说明外商直接投资对本地区能源消费强度的降低效果远不如周边地区外商直接投资所带来的节能技术的溢出效果显著。各省区市政府应该加强外商直接投资的利用效率。

国内技术转让 LnDT 的直接效应和间接效应分别为 −0.049734 和 −0.0857212,T 统计量分别为 −3.74 和 −2.39,分别通过 1% 和 5% 的显著性检验。可见国内技术转让无论对本区域的能源消费强度还是邻近区域的能源消费强度均起到显著的抑制作用。因此,各地区之间应该加强区域合作,加强省域之间节能技术的交流和合作,促进能源消费强度的降低。

国外技术引进 LnFT 的直接效应为 −0.006249,T 统计量为 −1.29,未通过 10% 的显著性检验,说明国外先进的节能技术并不能很好地解决本区域能源消费强度过高的问题。与 LnFT 的直接效应相反,LnFT 的间接效应为 0.0322925,T 统计量为 2.20,在 5% 的显著性水平下通过检验,说明国外技术引进对其他邻近区域能源消费强度的提升产生促进作用。同时,LnFT 对能源消费强度正的间接效应在很大程度上抵消了其不显著的直接效应,从而使 LnFT 的总效应也是正值,为 0.0260435,可见在引进国外先进的节能技术方面,不但没能很好地消化吸收,而且没有形成良好的区域合作和信息交流。

产业结构 LnIS 对能源消费强度的直接效应、间接效应及总效应均为正,均通过 1% 的显著性检验。由于本书选取的产业结构是第二产业增加值与第三产业增加值的比值,因此说明产业结构中第二产业占比高的地区能源消费强度较高,这是因为第二产业对能源的需求最大,以目前中国工业生产的现状来看,工业能源消费强度普遍偏高,所以第二产业占比高的地区整体能源消费强度较高。各省区市应该加快产业结构转型升级的进程。

能源消费结构 $LnES$ 的直接效应、间接效应和总效应分别为 0.0058936、0.0043183 和 0.0102118,均为正数,但均未通过 10% 的显著性检验,可见能源消费结构对能源消费强度的影响并不显著。一般来说,我国富煤贫油,煤炭资源较为丰富,但煤炭产生的环境污染较大,会影响能源整体利用效率,从而提高能源消费强度。本书检验结果显示能源消费结构对能源消费强度的影响不显著,说明能源消费结构在不断改善,政府要进一步推行清洁能源的使用。

第7章

中国绿色技术效率的地区差异及收敛研究

改革开放以来,我国经济发展取得了举世瞩目的成就,但也引发了一些深层次的矛盾和问题。尤为突出的是能源、资源不堪重负,生态环境不断恶化,高投入、高污染的传统经济发展方式已不可持续。在日益严峻的发展背景下,中国政府积极应对,提出建设生态文明的重大方略,坚持践行绿色发展理念,着力实现经济发展可持续。实现经济发展可持续的重要标志是生产由要素驱动模式逐步升级为效率驱动模式。因此,在环境资源约束下研究绿色技术效率,可为我国坚持绿色发展提供理论、实证、经验支持和方法参考。

"绿色技术"概念于20世纪90年代提出,源于发达国家频繁爆发的公害事件和环境污染问题,是对现代技术破坏生态环境、威胁人类生存状况的反思。"绿色技术"就是指符合绿色发展理念,在经济生产过程中充分利用资源和能源,最大限度地减少环境污染的技术。它代表着一种新的生产方式,意在着力解决经济发展与资源环境之间的矛盾,维护生态环境平衡。顾名思义,绿色技术效率,即表示在经济生产过程中综合考虑环境污染和资源利用状况,用给定的要素投入,努力获得最大产出;或在给定产出时,努力实现要素投入最小。

学术界对技术效率的研究是基于哈维·莱宾斯坦(1966)从产出角度下的定义,即技术效率是指依靠现有科技水平投入一定要素所获取的实际产出水平与最大产出水平的比率。早期的文献主要考察在经典经济理论框架下的技术效率问题。近年来,关于技术效率的研究有所突破,学者们逐步加入环境、资源等因素。胡鞍钢等(2008)将环境因素纳入标准 DEA 模型测算各省(区、市)技术效率,认为考虑了环境因素的技术效率水平由东部、中部、西部依次递减;杨龙和胡晓珍(2010)通过构造环境污染综合指数来衡量环境污染代价,将单位污染产出指标引入 DEA 模型测算绿色经济效率,并分析了区域差异性和收敛性;李玲和陶锋(2011)将工业污染排放视为非期望产出,运用 SBM 方向性距离函数和 Luenberger 生产率指标,测算了中国工业产业绿色全要素生产率,并分析了绿色全要素生产率的影响因素;匡远凤和彭代彦(2012)以 CO_2 排放作为投入要素引入生产函数,研究我国在考虑环境因素下的经济生产效率,认为环境生产效率要小于传统生产效率;李胜文和李大胜等(2013)以 GDP 与环境污染物量之比衡量环境污染对产出的影响,采用共同前沿生产函数估算各区域技术效率水平;宋马林和王舒鸿(2013)通过对环境规制进行量化,计算了 1992 年以来中国各省份的环境效率值,并从区域差异的视角来分析影响环境效率的各项因素;钱争鸣和刘晓晨(2014)以工业"三废"作为非期望产出,测算了各省绿色经济效率,并深入分析绿色经济效率的区域差异和影响因素;杨文举(2015)首次系统完整地提出绿色技术效率的概念,并对其进行趋同测试和影响因素分析。这些对绿色技术效率的研究,大多只是将环境因素作为变量纳入估计模型,并没有考虑其实际意义或是否符合实际生产过程。与此同时,它们只考虑了环境污染排放,忽略了环境污染治理。

基于此,本书借鉴绿色 GDP 核算思想,通过构建环境综合指数(Environment Comprehensive Index,ECI)来修正传统产出指标,采用随机前沿分析方法测度各地区绿色技术效率,以此为基础深入探讨绿色技术效率的地区差异及收敛状况。

7.1 绿色技术效率的测度及其地区差异

7.1.1 环境综合指数及相对绿色 GDP

在国民经济核算理论中,绿色 GDP 是一个综合考虑资源消耗、环境污染、经济发展的产出指标,它反映的是经济生产过程中的真实产出值。我国于 2004 年启动"绿色 GDP 核算"项目,但由于缺乏完善的理论体系和技术体系的支撑,所获取的绿色 GDP 仅仅是一个局部的、有诸多限制的绿色 GDP,获取完全意义上的绿色 GDP 在短期内无法实现。借鉴绿色 GDP 的核算思想,本书参考朱承亮和岳志宏等的处理方法,通过构建 ECI 来衡量经济发展中的环境代价,以此

对传统产出指标进行调整,得到相对绿色 GDP 产出。其具体步骤如下:

首先,选取构建反映各地区环境状况的环境指标体系,从环境污染排放和治理角度共选出 7 个指标($X_1 \sim X_7$),其中

X_1(废水排放达标率) = 废水排放达标量/废水排放总量 × 100%

X_2(工业粉尘去除率) = 工业粉尘去除量/工业粉尘产生量 × 100%

X_3(工业烟尘去除率) = 工业烟尘去除量/工业烟尘产生量 × 100%

X_4(SO$_2$去除率) = SO$_2$去除量/SO$_2$产生量 × 100%

X_5(固体废弃物综合利用率) = 固体废弃物综合利用量/固体废弃物产生量 ×100%

X_6("三废"综合利用产品产值占工业污染治理投资额比重) = "三废"综合利用产品产值/工业污染治理完成投资总额

X_7(污染治理投资率) = 污染治理投资总额/GDP × 100%

其次,采用因子分析方法简化指标,计算综合因子得分 S,通过式(7.1)将其转化为 ECI,衡量各地区环境代价。

最后,将计算得来的 ECI 乘以各地区 GDP,定义为各地区相对绿色 GDP。

$$ECI = 0.5 + 0.5 \times [S - \min(S)]/[\max(S) - \min(S)] \qquad (7.1)$$

测算结果表明,我国 ECI 年平均值为 0.8032,呈现先上升后下降再上升的趋势。分区域情况来看,东、中、西三大区域 ECI 水平分别为 0.8668、0.8221、0.7206,表明东、中部地区在经济发展过程中拥有更多的资源和更高的能力治理环境污染,环境代价较小。从波动来看,东、中、西部地区的 ECI 水平的标准差系数年均值分别为 3.96%、3.27%、4.53%,表明西部地区各省区市 ECI 水平呈现较大差异,区域内部存在较大的相互促进空间。东、中、西部地区的 ECI 水平的标准差系数的年平均变化率分别为 −6.68%、−1.67%、0.68%,也即东部地区各省区市和中部地区各省的 ECI 差异幅度在不断缩小,而西部地区各省区市的 ECI 差异有所增加。考虑环境代价得到的相对绿色 GDP,数值比传统 GDP 小,各地区差异幅度也有所下降。

7.1.2 研究方法

本书主要研究在环境资源约束下各地区技术效率的状况,明确界定绿色技

术效率为考虑环境污染与治理下各地区投入既定生产要素所获取的实际产出与期望产出(生产前沿面)之间的比率。

确定生产前沿面是技术效率测度的关键所在。大量文献研究中常见的方法为 DEA 方法和随机前沿分析(Stochastic Frontier Analysis,SFA)方法。傅晓霞和吴利学(2007)认为,由于中国经济发展面临诸多不可忽略的随机因素的影响,SFA 是比 DEA 更为适合的研究中国经济增长问题的分析工具,分析结果可信度更高。不仅如此,相比 DEA,SFA 还具有如下两个明显优势:①通过 SFA 方法测算出来的是"绝对"效率值,能对个体间差异进行比较,同时能进行定量分析;而通过 DEA 方法测算出来的效率值是"相对"的,所有个体仅被区分为"有效"或"无效",无法进一步对有效单位进行比较分析。②SFA 方法通过生产函数的设定而具有统计特征,能对模型中的参数和模型本身进行统计检验,使模型结果更加严谨;而 DEA 方法不具备这一统计特征。有鉴于此,本书拟采用 SFA 方法测度各地区绿色技术效率水平。

Aigner、Lovell 和 Schmidt 等于 1977 年几乎同时发文提出 SFA 方法,经过多年的不断努力,该方法日臻完善,已形成一套完整的理论体系。SFA 方法模型的一般形式如下:

$$Y = f(X;\beta) exp(\nu - \mu) \tag{7.2}$$

式中,Y 为产出向量。$f(\ )$ 为生产函数,确定生产前沿面。X 为要素投入向量,包括资本、劳动力等。β 为待估计的参数向量。$\nu - \mu$ 为复合误差向量,ν 服从 $N(0,\sigma_\nu^2)$ 分布,表示随机扰动的影响;μ 服从 $N^+(\mu,\sigma_\mu^2)$ 分布,为技术无效率项。

根据 Battese 和 Coelli(1992)的理论,μ 和 ν 相互独立,且和解释变量无关。$\gamma = \sigma_\mu^2/(\sigma_\mu^2 + \sigma_\nu^2)$,若 $\gamma \neq 0$,且统计显著,表明 SFA 方法的使用是合理的。这时由于残差为复合结构,使用 OLS 方法估计会使结果失效,应使用极大似然估计(Maximun Likelihood,ML)估计参数变量,所得估计量均为一致估计量。

7.1.3 指标选取与模型构建

本书选取 1996—2014 年中国 30 个省级行政单位的年度基础数据测度各地区绿色技术效率。其中,由于西藏地区数据缺失严重,因此暂不列入本书研究对象。本书所使用的数据资料主要来源于《中国统计年鉴》《中国环境年鉴》《新中国六十周年统计资料汇编》《中国科技统计年鉴》,以及部分省(区、市)统计年鉴。为比较区域差异性,本书按照1986年我国地区划分以及2000年的修正结果,将所要研究的30个省(区、市)划分为东部、中部及西部地区。

7.1.3.1 绿色技术效率投入产出指标

根据柯布－道格拉斯生产函数理论,投入指标包括劳动力和物质资本。对于劳动力投入,大多数文献采用年平均就业人数来表示。就业人数指标仅反映了劳动力数量的增长,而忽视了其质量的提高。近年来,大量研究表明,劳动力质量与经济增长之间存在紧密联系(钞小静和沈坤荣,2014;张月玲等,2015),且随着科学技术水平的不断提高,生产方式逐渐由粗放型向集约型转变,现代生产部门更加注重劳动力质量。鉴于此,本书参考王志平等的处理方法,采用有效劳动力指标来表示劳动力投入。各地区有效劳动力计算方法如下:

各地区有效劳动力 = 各地区就业人数 × (各地人均受教育年限 ÷ 当年全国人均受教育年限)

各地区人均受教育年限的计算公式如下:

$$H_{it} = \sum_{j=1}^{5} \frac{\text{edu}_{it,j} \times P_{it,j}}{\sum_{j=1}^{5} P_{it,j}} \tag{7.3}$$

式中,i 为不同省份;j 为5种受教育程度(未上小学、小学、初中、高中、大专及以上);H_{it} 为第 i 个省份第 t 年人均受教育年限;

$\text{edu}_{it,j}$ 为第 i 个省份第 t 年的第 j 种受教育程度所代表的受教育年限(5种受教育程度所代表的受教育年限分别为3、6、9、12、16);

$P_{it,j}$ 为第 i 个省份第 t 年第 j 种受教育程度的人口数量。

未上过小学人员在工作当中会得到相关培训和具备一定技能,同时考虑到体现不同教育程度之间的差距,本书将未上过小学所代表的受教育年限取值为3。当年全国人均受教育年限是以当年各地区人口占全国人口比重为权,各地区人均受教育年限为变量计算得来的。

物质资本投入采用年均资本存量指标来衡量。从已公开的统计资料来看,资本存量数据仍是一片空白,参考众多学者对各省份资本存量估计所做的诸多

有益探索,本书采用"永续盘存法"估算各省份1996—2014年的资本存量数据。其具体计算公式如下:

$$K_{it} = K_{it-1}(1 - \delta_{it}) + I_{it}/P_{it} \qquad (7.4)$$

式中,K_{it} 和 K_{it-1} 分别为 t 时期和 $t-1$ 时期第 i 个省(区、市)的资本存量;δ_{it}、I_{it} 和 P_{it} 分别为 t 时期第 i 个省份的折旧率、当年投资总额和投资价格指数。

初始资本存量、折旧率以及投资价格指数的计算均借鉴单豪杰(2008)的算法。为了研究的可比性,本书将估算得来的各省份1996—2010年资本存量数据全部换算成以1995年价格计价。

产出指标以相对绿色GDP来表征,为消除价格因素的影响,以1995年为基年采用GDP平减指数进行调整。

7.1.3.2 模型构建

综上所述,本书引入柯布-道格拉斯生产函数,函数形式采用超越对数,建立随机前沿生产函数模型:

$$LnY_{it} = \beta_0 + \beta_1 LnL_{it} + \beta_2 LnK_{it} + \beta_3 t + \beta_4 (LnL_{it})^2 + \beta_5 (LnK_{it})^2 + \beta_6 t^2 +$$
$$\beta_7 (LnL_{it})(LnK_{it}) + \beta_8 t(LnL_{it}) + \beta_9 t(LnK_{it}) + v_{it} - u_{it} \qquad (7.5)$$

式中,i 取值 $1\sim30$,表示除西藏以外的30个省级行政单位;t 取值 $1\sim19$,表示1996—2014年;Y_{it} 为 i 省在第 t 年的相对绿色GDP;L_{it} 和 K_{it} 分别为 i 省在第 t 年的资本存量与有效劳动力;β 为待估参数向量;v_{it} 为 i 省在第 t 年生产过程中的随机误差;u_{it} 为 i 省在第 t 年的生产无效率项。

式(7.5)是式(7.2)的具体表现形式,满足其基本假设条件。

7.1.4 计算结果与分析

表7.1给出了绿色技术效率的SFA函数的估计结果。从表7.1可以看出,模型中主要参数都统计显著,γ 值为0.9464,且统计显著,表明本书所采用的SFA方法合理。图7.1和表7.2给出了各区域绿色技术效率估量结果。就全国而言,绿色技术效率水平的年平均值为0.4896,随时间变化呈现缓慢上升趋势,年增长率为0.38%。我国绿色效率水平偏低,仍有很大的提升空间,相比于经济水平的快速提高,绿色技术效率水平表现出增长乏力。由于我国经济发展走的是高投入、高污染的道路,在经济快速发展的同时忽略了资源节约和环境治

理,这使得我国绿色技术效率常年处在较低水平,随着时间发展这一状况并没有得到有效改善。分区域来看,东、中、西部三大区域绿色技术效率水平年均值分别为0.6530、0.4442、0.3593,变化趋势与全国大致一致,随时间变化都呈现缓慢上升,其中东、中、西部地区的年增长率为2.3%、4.6%和5.9%。东部地区由于其早期经济发展积累了一定的技术和资本优势,在经济发展过程中逐步节约资源、控制环境污染,表现出较高的绿色技术效率,但由于其经济发展方式并未完成真正的转型,因此在样本期内东部地区绿色技术效率并未出现大幅上升。西部地区由于地理位置和历史等因素的影响,经济发展水平普遍偏低,生态环境脆弱。虽然"西部大开发"战略的实施在一定程度上促进了西部地区的经济发展,但不加甄别地迁入高污染、高耗能企业使西部地区生态环境遭到严重破坏,经济发展付出了较大的环境代价,故绿色技术效率仍处于较低水平。东、中、西部地区的绿色技术效率的标准差系数的年平均值分别为18.00%、7.27%、8.42%,表明东、西部地区绿色技术效率水平呈现较大差异,区域内部都存在较大的相互提升的空间。因此,各区域应根据自身特点并结合现状,鼓励加强区域内部合作,在提高绿色技术效率整体水平的同时,逐步缩小各省份之间的差距。东、中、西部地区的绿色技术效率的标准差系数的年平均变化率分别为-2.74%、1.71%、1.56%,也即东部各省绿色技术效率水平差异不断减少,中、西部地区绿色技术效率水平差异有所增加。

表7.1 SFA函数参数估计结果

变量	系数	T值	变量	系数	T值
常数项	-3.3260***	-2.8284	(LnL)×(LnK)	0.2013***	6.6495
LnL	1.8529***	5.8996	t×(LnL)	-0.0128***	4.4688
LnK	0.2991**	1.5348	t×(LnK)	0.0239***	7.006
t	-0.0405	-0.1929	σ^2	0.0906***	9.8289
(LnL)×(LnL)	-0.2162***	8.2518	γ	0.9464***	125.85
(LnK)×(LnK)	-0.0936***	-5.4527	η	0.0048**	2.5679
t×t	-0.0027***	9.3513	LR	900.82	

注:*表示$P<0.1$,**表示$P<0.05$,***表示$P<0.01$

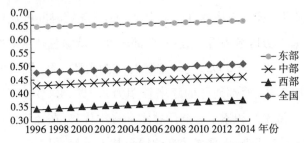

图 7.1 各区域绿色技术效率动态趋势

表 7.2 各区域绿色技术效率年均值(1996—2014 年)

地区	绿色技术效率	排名	地区	绿色技术效率	排名
北京	0.7452	4	湖北	0.4317	18
天津	0.7580	3	湖南	0.4977	12
河北	0.4076	19	广西	0.2839	28
辽宁	0.4558	13	内蒙古	0.5307	10
上海	0.9806	1	重庆	0.4457	16
江苏	0.6723	5	四川	0.4539	15
浙江	0.6588	6	贵州	0.2576	30
福建	0.5878	8	云南	0.3481	23
山东	0.8855	2	陕西	0.3758	22
广东	0.6407	7	甘肃	0.2991	26
海南	0.3905	20	青海	0.2846	27
山西	0.3231	25	宁夏	0.2837	29
吉林	0.4540	14	新疆	0.3888	21
黑龙江	0.5528	9	全国	0.4896	—
安徽	0.4445	17	东部	0.6530	—
江西	0.3478	24	中部	0.4442	—
河南	0.5021	11	西部	0.3593	—

7.2 绿色技术效率收敛分析

通过上文分析,不难发现各区域与各省份之间绿色技术效率存在较大差异。为协调各地区均衡发展,本书根据经济收敛理论对我国绿色技术效率收敛状况进行分析。目前大量有关收敛的研究没有考虑空间效应,这与现实明显不符,所得结果多少存在偏误。洪国志(2010)、史修松和赵曙东(2011)等认为,在研究中国区域经济增长与收敛过程中考虑地理空间效应,会使模型估计结果更加准确。因此,本书基于Martin(1996)提出的收敛模型,通过考虑各省份空间地理位置建立收敛空间模型。

7.2.1 模型设定

7.2.1.1 β 绝对收敛空间模型

空间滞后模型和空间误差模型是分析空间地理效应常用的两个计量模型,由于事先无法判断哪个空间模型更加符合客观实际,因此本书对两个模型分别进行验算。

β 绝对收敛空间滞后模型:

$$g = \alpha + \beta \mathrm{Ln} y_0 + \gamma W g + \varepsilon \tag{7.6}$$

β 绝对收敛空间误差模型:

$$g = \alpha + \beta \mathrm{Ln} y_0 + \mu \qquad \mu = \lambda W \mu + \varepsilon \tag{7.7}$$

式中,g 为绿色技术效率的平均增长率;y_0 为绿色技术效率的初始水平;γ / λ 为反映空间相关性的待估参数;W 为空间权重矩阵,空间权重矩阵采用简单的地理邻接矩阵,即对于全国30个省(区、市),各省(区、市)间如果地理上相邻,对应权重取1,否则取0;μ 为扰动项,表示存在空间依赖性;ε 为服从白噪声的随机误差项;α 为待估常数项;β 为反映收敛性的待估参数,如果β 显著小于0,则表示存在β 收敛,即各地区绿色技术效率水平会向同一个稳态水平趋近,否则不收敛。

7.2.1.2 β 条件收敛空间模型

β 条件收敛认为由于具有不同的经济基础和特征,各地区绿色技术效率水平不会向同一个稳态水平趋近,而是向它们各自的稳态水平路径发展,该稳态水平由各地区自身的特征和条件所决定。因此,本书通过引入控制变量,在β 绝对收敛空间基础上构建β 条件收敛空间模型。

β 条件收敛空间滞后模型:

$$g = \alpha + \beta \ln y_0 + \varphi x + \gamma W g + \varepsilon \tag{7.8}$$

β 条件收敛空间误差模型:

$$g = \alpha + \beta \ln y_0 + \varphi x + \mu \qquad \mu = \lambda W \mu + \varepsilon \tag{7.9}$$

式中,x 为控制变量向量;φ 为控制变量带估参数向量;其他符号含义与式(7.6)、式(7.7)相同。

若 $\beta < 0$ 且统计显著,表示存在 β 条件收敛,即各地区绿色技术效率水平向各自的稳态水平趋近,否则不存在 β 条件收敛。

控制变量 x 的选择具体如下:

(1)经济发展水平:用人均 GDP 的对数表示(LnPGDP),人均 GDP 的平方也放在回归方程中。以往大量研究表明,经济发展水平和环境污染之间存在倒 U 形关系,绿色技术效率水平与经济发展水平可能也存在类似的关系。

(2)城市化率(URBAN):用城镇人口比重表示,相对于农村,城市对资源的依赖更加突出,而城市对环境污染的处理更有技术优势。因而,城市化率可能会对绿色技术效率产生一定影响。

(3)R&D 投入:加大 R&D 经费投入有利于微观企业提高经济效益和治污能力,本书用 R&D 经费内部支出表示。

(4)科技进步水平:一般来说,一个地区科技进步水平越高,它的资源利用效率和环境污染治理水平会更高,因而能在一定程度上提高绿色技术效率。本书用国内 3 种专利申请量的对数表示。

(5)外商直接投资(FDI):用外商直接投资占 GDP 的比重表示,外资的流入能给当地带来先进的技术和管理理念,但同时也存在着低端产业迁入所导致的环境污染、资源消耗等问题。

(6)能源强度(ER):用能源消费总量(折算成标准煤)与 GDP 比重表示,它是影响资源消耗、环境污染的直接因素。

7.2.2 计算结果与分析

表 7.3 所示为绿色技术效率水平空间相关性检验结果。从表 7.3 可以看出,Moran's I 指数取值为 0.306,且统计显著,表明我国绿色技术效率水平存在空间正相关性,即位置相近地区表现出相近属性值。运用空间计量技术分别对三大区域绿色技术效率水平进行 β 绝对收敛检验,估计结果如表 7.4 所示。由表 7.4 可得,从全国范围来看,两个模型的回归系数 β 均为负值,但统计不显著,反映空间相关性的参数 γ/λ 在 10% 的显著性水平下统计显著。这表明我国

绿色技术效率的空间特征虽然显著,但不存在 β 绝对收敛。分区域看,东部地区回归系数 β 为负值,表明东部地区内部差距有逐步缩小的趋势,但统计不显著;中、西部地区 β 值均显著为正,表明中、西部内部差距有扩大的趋势。

表 7.3   绿色技术效率水平空间相关性检验

变量	I	均值 $E(I)$	标准差 $Sd(I)$	Z	P 值
Y	0.306 ***	−0.034	0.112	3.044	0.002

表 7.4   绿色技术效率 β 绝对收敛空间模型

模型及变量	全国		东部		中部		西部	
	SLM	SEM	SLM	SEM	SLM	SEM	SLM	SEM
β	−0.0044 (0.192)	−0.0045 (0.134)	−0.0032 (0.261)	−0.0027 (0.324)	0.0018 ** (0.021)	0.0025 ** (0.014)	0.0015 * (0.056)	0.0017 * (0.087)
γ/λ	−0.459 * (0.059)	0.464 * (0.052)	−0.0837 (0.318)	0.3972 * (0.09)	0.6518 ** (0.029)	0.5009 ** (0.025)	0.0157 (0.61)	0.0271 (0.413)
$LogL$	170.83	168.90	168.39	167.92	161.98	162.05	216.27	216.47
R^2	0.67	0.68	0.51	0.54	0.48	0.49	0.52	0.55
$LM-lag$	2.273 * (0.061)		0.916 (0.339)		2.989 * (0.084)		0.254 (0.615)	
$LM-err$		1.147 * (0.070)		0.578 (0.312)		0.327 (0.567)		1.125 (0.289)

注:(1)参数估计值下面括号内的数值是 P 值;
(2)*表示 $P<0.1$,**表示 $P<0.05$,***表示 $P<0.01$(下表同)

由于各地区自身特征和条件不同,绿色技术效率可能无法达到一致的水平,但会收敛到各自稳态的水平。本书通过引入控制变量剔除各地区差异性大的因素对绿色技术效率的影响,以此考察绿色技术效率的条件收敛性,结果如表 7.5 所示。由表 7.5 结果可得,在东部、中部、西部和全国范围内,回归系数 β 都为负,且在 5% 的显著水平下统计显著,表明存在 β 条件收敛。经济发展水平 (LnPGDP)、R&D 投入、科技进步水平(LnTL)、外商直接投资(FDI)以及能源强度(ER)是影响各地区绿色技术效率水平收敛的主要因素,其中经济发展水平与我国绿色技术效率水平不存在倒 U 形关系。通过控制变量,我国绿色技术效率的增长随时间趋于收敛。具体来说,经济发展水平、科技进步水平的提高,R&D 投入、外商直接投资的增加,能源强度的下降,都有助于全国范围内绿色技术效率水平的收敛;东部地区具备一定的技术优势,加大 R&D 投入和提高科技水平有助于促进东部地区绿色技术效率收敛;要缩小中部各省市之间绿色技术效率水平的差距,应加大力度引进外资,同时要降低能源强度;西部地区经济、技术相对落后,积极引进外资、大力发展经济和增加 R&D 投入能显著缩小内部绿色技术效率的差距。

表 7.5　绿色技术效率 β 条件收敛空间模型

模型及变量	全国		东部		中部		西部	
	SLM	SEM	SLM	SEM	SLM	SEM	SLM	SEM
β	-0.0042*** (0.000)	-0.0039*** (0.000)	-0.0029*** (0.000)	-0.0032*** (0.000)	-0.0023*** (0.001)	-0.0027*** (0.003)	-0.0035** (0.046)	-0.027** (0.057)
LnPGDP	3.58e-6*** (0.009)	3.35e-6*** (0.008)	1.56e-6* (0.065)	2.00e-6* (0.053)	2.65e-6** (0.039)	2.78e-6** (0.041)	3.19e-6*** (0.001)	3.33e-6*** (0.007)
LnPGDP²	3.32e-7 (0.104)	3.01e-7 (0.201)	2.13e-7 (0.123)	2.46e-7 (0.134)	1.68e-7 (0.214)	1.73e-7 (0.127)	3.41e-7 (0.142)	3.15e-7 (0.132)
URBAN	0.0018 (0.327)	0.0016 (0.333)	0.0032 (0.147)	0.0028 (0.227)	0.0012 (0.413)	0.0015 (0.425)	0.0016 (0.198)	0.0018 (0.188)
R&D	0.0026** (0.014)	0.0025** (0.023)	0.0038** (0.122)	0.0026 (0.141)	0.0032 (0.213)	0.0037 (0.251)	0.0089*** (0.004)	0.0086*** (0.005)
LnTL	0.00063* (0.066)	0.00064* (0.067)	0.00014** (0.043)	0.0092 (0.108)	0.0028 (0.131)	0.0027 (0.504)	0.0029 (0.142)	0.0023 (0.625)
FDI	0.0014 (0.484)	0.0015 (0.463)	0.0042 (0.126)	0.0029 (0.240)	0.0029** (0.014)	0.0034 (0.174)	0.0010*** (0.003)	0.0094 (0.353)
ER	-0.0013** (0.032)	-0.0010** (0.044)	0.0031 (0.134)	0.0032 (0.127)	-0.0034** (0.034)	0.0039 (0.415)	0.0012 (0.102)	0.0015(0.101)
γ/λ	0.416* (0.063)	-0.226* (0.086)	-0.218** (0.016)	0.0116 (0.372)	0.752** (0.042)	0.802** (0.035)	0.712** (0.409)	0.0226 (0.543)
LogL	175.20	187.15	172.44	167.92	159.47	163.08	221.82	222.51
R²	0.73	0.78	0.81	0.75	0.68	0.72	0.69	0.75
LM-lag	1.873* (0.085)		1.632** (0.034)		1.832* (0.092)		1.942** (0.032)	
LM-err		1.167* (0.065)		0.698 (0.112)		0.227 (0.467)		0.409 (0.342)

以绿色技术和绿色 GDP 核算理论为指导,本书借鉴已有研究成果构建 ECI,衡量各地区相对绿色 GDP,采用超越对数柯布 – 道格拉斯生产函数随机前沿模型测度各地区 1996—2014 年绿色技术效率水平,并在此基础上引入空间计量技术研究绿色技术效率的地区差异及收敛状况。本章主要结论如下:

第一,我国绿色技术效率整体水平偏低,随时间变化缓慢上升;绿色技术效率表现出东高西低的区域特征,但年增长率表现出西高东低的区域特征,西部地区具有赶超特征;东、西部地区绿色技术效率水平内部差异较大,随时间变化东部各省市绿色技术效率水平的差异在逐渐缩小,而西部各省市绿色技术效率水平的差异则有所增加。

第二,我国绿色技术效率具有空间正相关特征,三大区域以及全国范围内的绿色技术效率水平都不存在 β 绝对收敛;引入控制变量剔除各地区自身特征和条件所造成的影响,东部、中部、西部及全国范围内的绿色技术效率水平具有 β 条件收敛特征。

第三,经济发展水平(LnPGDP)、R&D 投入、科技进步水平(LnTL)、外商直接投资(FDI)以及能源强度(ER)是影响各地区绿色技术效率水平收敛的主要因素。为促进各地区绿色技术效率水平的趋同,各地区仍需坚持以经济发展为工作重心,同时结合自身条件特征有的放矢地开展相关工作。具体而言,东部地区应增加 R&D 投入和努力提高科技进步水平,充分发挥其具有的技术优势;中部地区需要进一步扩大对外开放水平,吸收外资所带来的先进技术和管理经验,同时控制能源强度,避免造成严重的资源浪费和环境污染;西部地区应扩大对外开放水平,积极引进外资促进经济发展,同时增加 R&D 投入以提高微观企业的技术效率。

第 8 章

环境规制与中国工业绿色技术效率

8.1 中国环境规制效率研究

从"可持续发展战略"到"科学发展观",再到如今"美丽中国"的伟大构想,环境问题早已成为我国政府工作的重中之重,特别是新《中华人民共和国环境保护法》的面世,我国环境规制程度必将来到一个新高度。正因如此,笔者认为在特有制度环境下,对我国环境规制效率进行评价具有深刻的理论和现实意义。从理论上来讲,效率研究牵涉到成本与收益关系的比较问题,而 DEA 的核心思想正是成本收益理论,使用 DEA 方法来评价环境规制效率具有重要的理论价值;并且,本书中使用的三阶段超效率 DEA 模型修正了传统 DEA 模型的不足,对其他领域效率的研究有一定的参考作用。从现实意义上讲,一方面,我国正在紧抓党风廉政建设,社会各界对政府工作透明度也愈加"挑剔"。受历史环境影响,我国政府机构存在一定的机构臃肿、效率低下现象,开展政府环境规制效率评价有助于我国政治体制改革,也有助于各级机构自觉接受民众监督,促进党风廉政建设。另一方面,我国经济正处于迈入新阶段、新常态的关键时期,如何与我国环境建设相协调、相适应,如何走可持续发展道路,具有重要的现实意义。

8.1.1 国内外文献综述

文献检索表明,目前国内外学者对于环境规制问题已经做了大量的研究,其研究重点主要是环境规制的影响以及环境规制效率的评估等方面,相关文献梳理如下。

8.1.1.1 环境规制的影响

(1)对宏观经济的影响。

环境规制影响经济的途径有两方面,一是提高企业生产成本,二是促进技术创新,所以环境规制对经济的影响积极与否取决于这两方面的影响力大小。从目前的研究结果来看,除了部分学者认为环境规制会抑制经济的增长[如 Jorgenson(1990)研究发现环境规制造成了美国 GNP 水平下降了 2.59%]外大多数学者认为环境规制对宏观经济具有积极的促进作用。Lanoie 等(2007)通过对欧盟 4200 多家工厂进行实证研究得出,环境规制能够显著地促进经济绩效的提升,并且能够引发环保研发投资的增加;傅京燕等(2010)通过引入环境规制和要素禀赋指标对我国企业的国际比较优势情况进行研究,得出我国污染密集型行业并不具有绝对比较优势,但环境规制的二次项与比较优势呈现正相关关系,这表明环境规制对比较优势的影响呈 U 形;熊艳(2011)同样认为我国环境规制与经济增长之间存在着正 U 形关系,并且主张当前我国合理的环境规制政策应该是加强环境规制强度;樊丽明(2012)从生产率、技术创新和产业竞争力等层面研究发现,中国的环境规制非但没有促进经济增长,反而竞相降低环境标准的竞争会阻碍经济的良性发展,如 SO_2 的规制强度每提高 1%,企业生产率将提高 0.03%;刘伟明(2012)运用我国 2003—2009 年 29 个省份的面板数据研究得出环境规制有助于我国经济发展的结论,并且认为污染治理投入与环境规制标准必须"两头抓",这样才能实现人类福利水平的最大化和经济的长期稳定增长;张晓莹(2014)基于包含环境规制的拓展引力模型研究得出,尽管我国企业的贸易竞争力受到国内环境规制政策的"成本效应"以及国外环境规制政策的"波特效应",但两者的综合影响为正,即随着环境规制水平的提升,我国企业(制造业、污染产业等)的贸易竞争力趋于上升。

(2)对产业结构调整的影响。

在此方面进行研究的学者基本上认为环境规制会促进产业结构的调整,但可能存在一定的"门槛"效应。谭娟等(2011)检验发现政府环境规制是引起第二、第三产业单位 GDP 碳排放量变动的格兰杰原因,而我国要构建低碳型产业结构,必须加大环境规制程度。龚海林(2012)运用我国30个省区市(除西藏)的面板数据进行了实证研究,结果表明环境规制的实施有利于消费结构的升级,使得投资结构系数趋向高级化,进而促进企业的产业结构调整。李斌等(2013)基于中国31个工业行业的投入产出数据研究发现,环境规制影响中国工业发展方式的转变,但存在倒U形的门槛效应;并且认为环境规制要想能真正促进中国工业发展方式的转变,还必须同时跨越科技创新水平门槛和所有制结构门槛。原毅军和谢荣辉(2014)运用面板回归和门槛检验研究,认为正式环境规制能有效驱动产业结构调整。与此同时,当以工业污染排放强度作为门槛变量时,环境规制对产业结构调整同样会呈现出U形的"门槛"效应。吕明元等(2014)以山东省17地市为研究对象,依据Baumol修正模型得出,滞后一期的环境规制措施更能引起能源消耗的降低和污染排放的减少,从而实现产业结构的生态化转型。

(3)对技术进步的影响。

环境规制对技术进步的影响研究大多是基于"波特假说","波特假说"是指适当的环境管制将刺激技术革新,从而减少费用,提高产品质量。在国外,Lanjouw等(1996)证明了环境专利数量与污染治理支出间存在正相关关系,但技术创新对规制的反应有1~2年的滞后期;而Jaffe(1997)在指标体系中加入了R&D支出变量,发现R&D支出变量与滞后的环境规制强度间存在相关关系,但环境专利数量与规制强度间的关系不显著;Francesco(2011)研究得出,设计合理的命令控制型环境规制工具能够显著促进企业进行技术创新。在国内,李斌等(2011)通过一步运用GMM方法得到环境规制在时间维度和强度维度上都与治污技术创新存在着U形关系,并且环境规制强度与FDI的引进存在负相关关系;沈能等(2012)利用非线性门槛面板模型实证研究发现,只有环境规制强度跨越特定门槛值时,"波特假说"才能实现;李玲等(2012)分析得到重度污染产业当前环境规制强度相对合理,能够促进产业绿色全要素生产率提高、技术创新和效率改进,而中度和轻度污染产业环境规制强度则较弱;孙伟等(2015)从演化博弈的视角,得出严格的环境规制与企业技术创新可以同时实现,而其中的关键因素是有效的政府投入。

8.1.1.2 环境规制效率评价

(1)理论研究。

环境规制效率的理论研究最先始于欧洲工业革命。工业革命中,人们开始对快速的工业与经济发展中所造成的河流污染、空气污染、土壤沙漠化等环境问题进行深刻的反思,环境规制的概念也由此产生。在这场大反思中诞生了三个比较有代表性的理论,即功利主义理论、福利经济学理论和公共选择理论。

功利主义理论是由英国著名哲学家、经济学家边沁所创立的。边沁从人的心理需求为研究的落脚点,认为影响人性的两个基本要素是痛苦与快乐,并且避苦求乐、追求幸福既是人类的自然本能,也是人类行为的唯一动因。因此,政府进行环境规制要以"全力追求绝大多数人的最大幸福"为原则。

福利经济理论则以"怎么配置社会资源来实现社会福利最大化"为原则。福利经济理论比较有代表性的就是帕累托效率,帕累托最优状态就是不可能再有更多的帕累托改进的余地。福利经济学从社会福利的角度强调了社会不同主体的利益通过政府规制相联系的重要事实,提出将全面考虑规制福利的总体影响作为政府规制成本—收益分析的主要原则,并将帕累托改进作为制度安排的最优选择。

公共选择理论认为法律的制定涉及立法者、利益集团与公众三方力量的共同博弈。政府的行为往往倾向于捍卫政府的利益,而不是完完全全捍卫公共利益。政府作为公共利益的保证人,目的是解决市场的失灵,但有时政府干预也并非是解决一切问题的良方,只有当事实证明市场手段确实比公共干预手段代价更高或效率更低时才应选择政府干预。

而我国环境规制效率的理论研究开展稍晚,并且集中于分析国外的规制体系,如席涛(2005)和张会恒(2005)分别分析了美国与英国规制体系的发展和演进过程,并对我国规制体系的改革提出了相应建议。

(2)实证研究。

实证方面的研究相对较多。在国外,环境规制效率按照评价标准可分为收益指标评价标准和"收益—成本"指标评价标准两个阶段。前者有代表性的研究有:Dasgupta(2001)指出环境规制能有效减少污水排放水平,并使 EKC 的拐点提前;Greenstone(2002)通过对 175 万个企业的调查,得出环境规制在一定程度上会限制污染密集型企业的发展的结论。而后者将成本类指标加入评价体系,使得效率评价更为科学。这一时期,DEA 得到了广泛的应用和发展,如 Simoes(2010)估算了葡萄牙固体垃圾处理服务效率。

在国内,环境规制效率按照分析方法可大致分为层次分析法、指数分析法和 DEA 方法三类。在层次分析法方面,王晓宁等(2006)对河南省 13 个县级环境保护局的机构能力进行了评价,结果显示,地方环境保护机构能力总体处于较差水平且区域差距显著;陈丙旭(2012)通过对企业绩效评价体系相似模型方面的研究,发现要构成基于自愿环境规制的企业绩效评价指标体系,就必须将环境因素纳入企业绩效评价体系当中。在指数分析法方面,叶祥松等(2011)运用 Malmquist – Luenberger 指数方法测度了我国各省份在不同规制强度下的全要素生产率,得出环境规制政策越严格,全要素生产率增长得越快;高宏霞等(2012)等利用我国各省份 2000—2010 年的相关数据,预测得出我国不同省份 EKC 转折点到来时间是存在较大差异的,这是由不同省份的结构效应和技术效应大小不同所造成的;刘洋(2014)测量了我国各省份的环境规制效率和经济发展耦合度,发现我国各地区的环境规制效率和经济增长耦合度处于颉颃时期的原因有所不同,经济发展和环境规制的关系也不相同。DEA 方法在研究效率方面是目前用得最广泛的,这方面的研究也相对较多。例如,姜林(2011)通过 SE – DEA 模型与 DEA 模型方法进行比较分析,得出 2000—2009 年,虽然环境规制的收益,即污染控制能力与环境质量在逐年提升,但是我国环境规制效率并没有得到根本性的提高,并且 SE – DEA 模型在分析效率时误差更小;武群丽和贾瑞杰(2012)利用超效率 DEA 模型分析了我国电力行业的环境效率,认为目前我国上海、北京、海南、福建 4 个省市的电力产业环境效率相对较高,并运用了聚类分析对我国 30 个省区市进行了区域性划分;宋马林等(2013)将影响环境效率的因素分解为技术因素和环境规制因素两类并进行量化分析,得出我国需要进一步加大对中西部省区市环境问题的环境规制,并推动东部地区先进环保技术向中西部省区市的转移;张天悦(2014)基于 SE – SBM 模型,就 31 个省份的环境规制效率进行横向和纵向上的排序比较,得出在"十一五"期间,各个省份在环境规制投入和产出上均取得一定增长,但资源配置能力仍然不足,使得规制综合效率尚未达到最有效水平;杨文举(2015)运用跨期 DEA – Tobit 模型实证分析发现,我国工业环境绩效省际差异大且水平低,并且环境规制水平与工业环境绩效有正相关关系。

可见,已经有很多学者对环境规制进行了全面深入的研究,特别是在环境规制效率研究方面,DEA 模型得到了深远的应用和发展。然而,尽管传统 DEA 模型具有不需要预先估计参数,可避免权重赋予的主观因素影响等优点,但是 DEA 模型不具统计特性,也不能对模型进行检验,并且也没有考虑外生环境以及随机误差因素的影响,容易受样本数据质量的影响,分析效率易产生较大偏差。而 Fried 等(2002)提出的三阶段超效率 DEA 模型既继承了传统 DEA 模型在评价效率方面的优点,又能够有效地剔除外生环境变量以及随机因素对效率的影响。近年来,三阶段 DEA 模型已经在旅游业、高新技术、碳排放等方面的效率研究中得到了广泛的应用与发展,但在环境规制效率方面的研究却不多。

此外,以往环境规制效率评价研究中所建立的评价指标体系鲜有考虑到国家政策对规制效率的影响。然而在我国,随着国家对环境问题的重视程度越来越高,国家政策对环境规制效率的影响也会越来越大。因此,本书在进行评价指标体系构建时将加入衡量国家相关政策影响的指标。

综上所述,本书将运用剔除外生环境变量以及随机因素影响的三阶段超效率 DEA 模型,并且在评价指标体系中特别引入代表国家政策影响的指标,对我国 2005—2012 年 30 个省区市(除西藏外)的环境规制效率进行测算,以期能够得到客观真实的效率值。在分析过程中,还将结合多元统计分析中的聚类分析思想来划分我国各省区市的环境规制效率水平等级。

本节从国内外有关环境规制效率评价的研究出发,着眼于当前国际经济新形势以及国内主要矛盾,再结合环境规制效率的相关理论,设计出适用于我国当前国情的环境规制效率评价指标体系,然后运用三阶段超效率 DEA 模型对我国 30 个省区市(除西藏外)在 2005—2012 年的环境规制效率进行实证分析。在实证分析过程中,比较第一阶段效率值与第三阶段效率值的差异,并分析其发展变化及趋势。在此基础上,运用多元统计分析方法中的聚类分析对各省区市的规制效率进行评级分类。最后以实证分析的结论为依据,探索出提

高我国环境规制效率、促进我国经济发展与环境保护建设相适用、相协调的
对策建议。

8.1.2 环境规制效率评价体系及模型构建

本节将在对环境规制效率评价的基本理论以及我国主要环境规制政策做
简要梳理和介绍的基础上,设计出适用于我国国情的环境规制评价指标体系。
此外,还将对本书所使用的三阶段超效率 DEA 模型进行原理介绍。

8.1.2.1 环境规制效率评价的基本理论

(1)环境规制效率。

环境规制效率又可称为环境管理效率,是指国家职能部门在行使环境保护
的公共管理职能及从事规制管理活动时,所获得的环境效益同所投入的各方面
环境规制成本之间的比例关系,即

$$环境规制效率 = 环境规制投入/环境规制产出 \times 100\%$$

在现实经济生活中,政府环境规制并不一定是高效的,甚至有时规制的结
果会劣于市场失灵。然而即便如此,政府也不应该放弃规制,那是因为政府在
处理环境问题时不能仅站在即期经济利益的角度,而应全面考虑社会公共生命
与健康等多种利益以及国家长远发展的长久利益。因此,当环境规制效率表现
为低效时,不应该放松或放弃环境规制,而应该尽可能地提高环境规制效率。

(2)环境规制效率评价。

为了了解当下环境规制的效率,从而对相关的规制政策做出调整,必须对
环境规制效率进行评价。环境规制效率评价是指为达到特定的目标,采用科学
的评价方法对政府环境规制行为所进行的衡量与评估。环境规制效率评价可
分为事前预测性评价、事中调节性评价与事后分析性评价三种基本类型。事前
预测性评价是指为了把握发展趋势与寻找解决问题的方法,在环境规制开始前
进行的评价;事中调节性评价是指在环境规制过程中,为了保证环境规制效果,
对规制过程的调整进行的评价;事后分析性评价是指在环境规制停止服务时,
对其的合理性和有效性做出的价值判断。而要评价环境规制的效率,首要任务
是科学、合理地建立起一个适合国情的评价指标体系。

8.1.2.2　环境规制效率评价指标体系构建

环境规制效率指标体系不仅是一个评价环境的指标体系,而且是一个评价政府相关工作的指标体系。因此,在设计环境规制效率指标体系时,必须满足科学性、系统性和有效性原则。此外,运用 DEA 在研究效率时,首先必须合理地选择投入与产出指标,而且必须满足"指标数至多是样本数量的一半或投入产出指标数目的乘积不大于样本数"的原则。

(1)环境规制投入(成本)指标。

环境规制的投入(成本)是指政府职能部门为了预防和控制污染,对市场经济行为进行管理或制约所实际花费或预期要付出的损失或代价。本书在选取投入指标时,依据相关的经济学原理以及数据的可得性,并结合当今我国的具体国情,将环境规制的投入指标分为人力投入、物力投入、财力投入以及相关环境政策投入四类指标。

①人力投入指标:环境系统实有人数(人)。环境系统实有人数具体包括报告期内环保局人员、环境监察人员与环境监测人员之和。

②物力投入指标:环境污染治理设施数(台)。环境污染治理设施数是指报告期内用于环境污染治理的设施与设备总数。根据相关数据的可得性,环境污染治理设施数在本书中只包括"废水"和"废气"两方面的治理设施数。其具体计算公式如式(8.1):

$$环境污染治理设施数 ≈ "废水"治理设施数 + "废气"治理设施数$$

$$(8.1)$$

③财力投入指标:环境污染投资率(%)。环境污染投资率指报告期内环境污染治理投资总额占国民生产总值的比率。该指标数值越大,表示环境规制的财力投入相对越多。其具体计算公式如式(8.2):

$$环境污染投资率 ≈ 环境污染治理投资总额 /GDP × 100\%　(8.2)$$

④环境政策投入指标:"三同时"执行项目数(个)。"三同时"指新扩改项目和技术改造项目的环保设施与主体工程必须同时设计、同时施工、同时投产使用。该政策是我国发展最为成熟的以预防为主的环境管理制度。这里用"三同时"执行项目数表示该项政策的落实情况,该指标值越大,说明环境规制的政

策投入越多。

(2)环境规制产出(收益)指标。

环境规制的产出(收益)是指在实施环境规制后,社会总体得到所需事物(环境质量改善、收入增加等)的一种满足和效用。本书在选取产出指标时,从对正常的经济生活是否有益的角度选择了七个指标,其中"坏产出"指标三个,分别是SO_2排放量、工业废水排放量和工业固体废物排放量;"好产出"四个,包括体现直接经济收益的人均GDP、"三废"综合利用产值,以及体现间接收益的人均公园绿地面积和建成区绿化覆盖率。

①SO_2排放量(万吨)。SO_2是工业废气的主要排放物,并且是造成酸雨等环境污染现象的主要污染源,因此本书选取SO_2排放量来作为废气产出指标。

②工业废水排放量(万吨)。工业废水排放量指报告期内排放企业的厂区所有排放口排放到企业外部(沟渠、河流等)的工业废水量,包括外排的直接冷却水、生产废水、超标排放的矿井地下水等。工业废水是造成河流污染等环境污染现象的主要污染源。

③工业固体废物排放量(万吨)。工业固体废物排放量指将所产生的固体废物排到固体废物污染防治设施、场所以外的数量,而矿山开采的掘进废石和剥离废石等除外。

④人均GDP(元/人)。人均GDP从数值上讲,是将一个国家核算期内(通常是一年)实现的GDP与这个国家的常住人口(或户籍人口)相比从而计算得到的。人均GDP是衡量人民生活水平的一个标准。

⑤"三废"综合利用产值(万元)。"三废"综合利用产值指利用工业"三废"(废液、废气、废渣)作为主要原料进行再生产得到的产品价值,以现行价计算得到。

⑥(城镇)人均公园绿地面积(平方米/人)。

"公园绿地"是城市中开放的具有美化景观、休憩服务等功能的绿化用地,是城市绿地系统、城市市政公用设施以及城市建设用地的重要组成部分。这项指标数值越高,说明一个城市整体环境水平和居民生活质量越高。而人均公园绿地面积指城镇公园绿地面积的人均占有量,以平方米/人表示。其计算公式为

$$人均公园绿地面积 = \frac{公园绿地面积}{城镇人口数量} \tag{8.3}$$

⑦建成区绿化覆盖率(%)。建成区绿化覆盖率指建成区内一切草本植物的垂直投影面积与建成区总面积的百分比。建成区绿化覆盖率越高,说明绿化程度越高。其计算公式为

$$建成区绿化覆盖率 = \frac{垂直投影的绿化面积}{建成区总面积} \times 100\% \tag{8.4}$$

(3)外生环境指标。

外生环境指标指的是影响各省区市环境规制效率但又不在各省区市的主观可控范围之内的因素。考虑到我国实际情况及相关数据的可得性,本书选择产业结构、能源依赖程度、资金支持及城市化水平作为外生环境指标。

①产业结构:第二产业占 GDP 的比重(%)。第二产业是指加工产业,利用基本的生产资料进行加工并出售。工业废水、废气以及固体废物等的排放大多数与第二产业有关,所以第二产业所占 GDP 的比重越大,说明这个地区经济对第二产业发达程度的依赖性越大,对环境造成的压力也越大。

②能源依赖程度:单位地区生产总值能耗(等价值)(吨标准煤/万元)。从某种意义上讲,我国经济的发展主要依赖于能源的消耗,而一个地区的经济越是依赖于对能源的消耗,对环境造成的压力就越大。

③资金支持:人均财政收入水平(元/人)。财政收入的大小体现了一个地区经济的实力。政府财政收入越大,越有资金进行环境改善方面的投资,而人均财政收入水平则是一个更加有效的指标。

④城市化水平:非农人口占总人口的比重(%)。城市化水平可以在一定程度上体现经济发展水平。另外,城市化水平越高,表示城市人口越多,生活垃圾产生的也越多,对环境施加的压力也越大。

综合投入、产出以及外生环境指标的选取,可以构建我国环境规制效率评价指标体系,如表8.1所示。

表 8.1　我国环境规制效率评价指标体系

一级指标	二级指标	三级指标	四级指标	单位
中国环境规制效率评价指标体系	环境规制投入指标体系	人力投入指标	环境系统实有人数	人
		物力投入指标	环境污染治理设施数	台
		财力投入指标	环境污染投资率(%)	—
		环境政策投入指标	"三同时"执行项目数	个
	环境规制产出指标体系	"好产出"	人均 GDP	元/人
			"三废"综合利用产值	万元
			建成区绿化覆盖率(%)	—
			人均公园绿地面积	平方米/人
		"坏产出"	SO$_2$ 排放量	万吨
			工业废水排放量	万吨
			工业固体废物排放量	万吨
	外生环境指标体系	产业结构	第二产业占 GDP 的比重(%)	—
		能源依赖程度	单位地区生产总值能耗(等价值)	吨标准煤/万元
		资金支持	人均财政收入	元/人
		城市化水平	非农人口占总人口的比重(%)	—

8.1.2.3　三阶段超效率 DEA

(1)第一阶段:计算超效率 DEA 值。

传统 DEA 模型将决策单元分为有效和无效两类,即无效率的决策单元的评价值小于1,有效率的决策单元的评价值等于1。当出现多个有效率的决策单元时,传统 DEA 模型将无法做进一步的比较。其而超效率 DEA 模型则能够很好地弥补这一缺陷,从经济意义上讲,其表示一个有效决策单元可以使其投入按比例增加而效率值保持不变,而其投入增加的比例即为超效率值 θ。因此,超效率 DEA 模型能够区别出有效的决策单元之间的效率差异,对决策单元进行有效的排序,使得有效的决策单元可以进一步比较。其具体的线性数学形式如式(8.5)所示

假设有 n 个评价对象(DMU),且每一个对象(DMU) 有 m 种投入和 s 种产

出。可以用 X_{ik} 表示 DMU_{ik} 的第 i 项投入,Y_{jk} 表示 DMU_{jk} 的第 j 项产出,则 DEA 超效率模型可表示为

$$
\text{超效率 DEA 模型:} s.t. \begin{cases} \min\theta \\[2mm] \sum_{\substack{i=1 \\ i \neq k}}^{n} X_i\lambda_i - \theta X_k \leqslant 0 \\[4mm] Y_k - \sum_{\substack{j=1 \\ j \neq k}}^{n} Y_j\lambda_j \geqslant 0 \\[4mm] \lambda_j \geqslant 0, j = 1,2,\cdots,n \\[2mm] X_i = \binom{X}{i1}, X_{i2}, \cdots, X_{im})T, i = 1,2,\cdots,n \\[2mm] Y_j = \binom{Y}{j1}, Y_{j2}, \cdots, Y_{js})T, j = 1,2,\cdots,n \end{cases} \tag{8.5}
$$

(2)第二阶段:运用 SFA 模型分解第一阶段的差额值。

Fried 等(2002)认为第一阶段计算出的效率值受到管理无效率、外生环境和随机误差的干扰,为了得到更为精确的效率值,还需要对数据做进一步的调整。在此基础上,Fried 等(2002)提出了一种解决方案,即以第一阶段计算出的松弛变量值为因变量,环境变量为自变量,通过 SFA 模型进行回归,从而可以将统计噪声和管理无效率区分出来。

SFA 方法在考虑随机误差干扰的影响下,将所有的决策单元调整到相同的外生环境条件。设共有 n 个决策单元,每一个决策单元都有 m 种投入,假定存在 p 个可观测的环境变量,分别对每一个决策单元的各投入差额值进行 SFA 分析,构建 SFA 回归方程。其回归过程可以细化为以下四步。

①计算投入差额值 S_{ik}:

$$
S_{ik} = x_{ik} - \overline{x_{ik}}
$$

式中,S_{ik} 为松弛变量值,它受外部环境因素、随机误差项和经营管理效率共同影响;x_{ik} 为第 $k(k=1,2,\cdots,n)$ 个决策单元第 $i(i=1,2,\cdots,m)$ 个投入变量的实际投入值;$\overline{x_{ik}}$ 为第 $k(k=1,2,\cdots,n)$ 个决策单元第 i $(i=1,2,\cdots,m)$ 个投入变量目标投入值。

②拟合 S_{ik} 的回归方程：

$$S_{ik} = f^i(Z_k;\beta^i) + v_{ik} + u_{ik}$$

式中，$f^i(Z_k;\beta^i)$ 为环境因素对松弛变量的影响形式，在本书中取为 $Z_k\beta_i$；$Z_k = (Z_{1k},Z_{2k},\cdots,Z_{qk})$，为 q 个可观测的外生环境变量；β^i $(i=1,2,\cdots,m)$，为待估参数；$v_{ik} + u_{ik}$ 为组合误差项；v_{ik} 为随机误差项，并服从标准正态分布 $[v_{ik}(0,\sigma_{vi}^2)]$；$u_{ik}$ 为管理无效率，一般假设其服从截断正态分布 $[u_{ik}(0,\sigma_{ui}^2)]$，且与 v_{ik} 相互独立。

定义 $\gamma^i = \sigma_{ui}^2/(\sigma_{ui}^2 + \sigma_{vi}^2)$，用以表示技术无效率方差占总方差的比重。特别地，当 γ^i 的值趋近于 1 时，说明管理因素的影响占主导地位；而当 γ^i 的值趋近于 0 时，则说明随机误差的影响占主导地位。

③计算调整后的投入变量值 $\overline{x_{ik}}$：

$$\overline{x_{ik}} = x_{ik} + [\max_k(Z_k\overline{\beta^i}) - Z_k\overline{\beta^i}] + [\max_k(\overline{v_{ik}}) - \overline{v_{ik}}]$$

式中，x_{ik} 为第 $k(k=1,2,\cdots,n)$ 个决策单元第 $i(i=1,2,\cdots,m)$ 个投入变量的实际投入值；$\overline{x_{ik}}$ 为调整投入值；$\overline{\beta^i}$ 为环境变量的估计参数值；$[\max_k(Z_k\overline{\beta^i}) - Z_k\overline{\beta^i}]$ 表示把全部决策单元调整到相同的环境状态；$[\max_k(\overline{v_{ik}}) - \overline{v_{ik}}]$ 表示把全部决策单元的随机误差调整到相同情形。

具有相对不利生产环境的生产者把投入向上调整相对较少的数量，而具有相对有利生产环境的生产者把投入向上调整相对较多的数量。

根据 $\overline{x_{ik}}$ 的计算表达式可知，要计算出 $\overline{x_{ik}}$，必须将随机误差项（v_{ik}）与管理非效率（u_{ik}）进行分离，这样才能得到每个 DMU 的误差项估计值 v_{ik}。Jondrow 等(1982)的方法为

$$\sigma^2 = \sigma_u^2 + \sigma_v^2, \varepsilon = v_{ik} + u_{ik} \tag{8.1}$$

$$u_* = -\sigma_u^2\varepsilon/\sigma^2, \sigma_*^2 = \sigma_u^2\sigma_v^2/\sigma^2 \tag{8.2}$$

$$E(u\mid\varepsilon) = u_* + \sigma_*f(-u_*/\sigma_*)/[1 - F(-u_*/\sigma_*)] \tag{8.3}$$

式中，f 和 F 分别为标准正态分布的概率密度和分布函数。

将 $-u_*/\sigma_* = \varepsilon\lambda/\sigma$、$\lambda = \sigma_u/\sigma_v$ 代入式(8.3)，得到如下形式的估计：

$$E(u\mid\varepsilon) = \sigma_*[(f(\varepsilon\lambda/\sigma)/(1 - F(\varepsilon\lambda/\sigma)) - (\varepsilon\lambda/\sigma)] \tag{8.4}$$

通过管理非效率的条件估计 $E(u_{ik} \mid u_{ik} + v_{ik})$，我们能够得到随机误差项 v_{ik} 的条件估计：

$$E(v_{ik} \mid u_{ik} + v_{ik}) = s_{ik} - z_k \beta^i - E(u_{ik} \mid u_{ik} + v_{ik}), i = 1, 2, 3, \cdots, m,$$
$$k = 1, 2, 3, \cdots, n \qquad (8.5)$$

$E(v_{ik} \mid u_{ik} + v_{ik})$ 和 $E(u_{ik} \mid u_{ik} + v_{ik})$ 的值取决于 $(\beta^i, u^2, \sigma_{vi}^2, \sigma_{ui}^2)$，其 β^i 为环境变量对第 i 个投入松弛变量的贡献，$(u^2, \sigma_{vi}^2, \sigma_{ui}^2)$ 为管理非效率和随机误差项对第 i 个投入松弛变量的贡献。

(3)第三阶段：调整再计算超效率 DEA 值。

将第二阶段处理得到的经调整的投入数据和原始的产出变量再次代入超效率 DEA 模型,最后得到剔除了外生环境变量和随机误差因素影响的效率值。

8.1.3 我国环境规制效率评价实证研究

在本阶段将运用三阶段超效率 DEA 模型对 2005—2012 年我国 30 个省区市的环境规制效率进行实证研究。

8.1.3.1 决策单元的界定

运用 DEA 模型来分析我国环境规制效率时,首先要决定选择怎样的决策单元。在 DEA 模型中,决策单元即研究对象,是指要代表或者表现一定的经济意义,具有一定的输入/输出,并且在输入转化为输出的过程中努力实现其自身的决策目标的对象。此外,决策单元的个数要满足"大于等于投入和产出指标数目的乘积或者至少是投入和产出指标数目总和两倍以上"的条件。因此,结合相关数据的可得性,本书以 2005—2012 年我国 30 个省区市为决策单元,因西藏相关数据缺失较多,香港、澳门以及台湾地区相关的数据不可得,故皆不作为本次研究的决策单元。

8.1.3.2 数据的收集与处理

(1)数据的收集。

根据 2005—2013 年《中国统计年鉴》、《中国环境统计年鉴》和《中国环境统计公报》等资料对表 8.2 所构建的指标体系进行数据收集。

(2)数据的处理。

DEA 模型要求投入指标与产出指标必须满足"同向性"假定,即随着投入的增加,产出不能减少。因此,需要对产出指标体系中的"坏产出"(SO_2排放量、工业废水排放量和工业固体废物排放量)数据进行处理。本书采取倒数的方式"$y = 1/(x)$"将这些"坏产出"转化为"好产出"。此外,对于涉及价格因素的指标(人均GDP、"三废"综合利用产值),均已剔除价格因素的影响。

8.1.3.3　综合效率评价

(1)第一阶段计算结果。

通过采用投入导向的超效率DEA模型对我国30个省区市的环境规制效率进行研究,运用EMS1.3软件计算得到2005—2012年各省区市的效率值,如表8.2所示。

表8.3展示的是在不考虑外生环境变量与随机因素影响的情况下,我国30个省区市(除西藏)在2005—2012年的环境规制超效率值,可以反映出各省区市在此期间内的环境规制效率变化情况。整体来看,这八年我国环境规制效率在2008年前一直处于增长态势(图8.1),但增长速度比较缓慢,2008年达到顶峰0.8196,然后有所下降,在2012年又有提升的趋势。这在一定程度上是2008年北京奥运会"绿色奥运"政策的影响所致。此外,尽管效率值增长了15.57%,但8年的环境规制效率均表现为低效,效率平均值仅为0.7332。

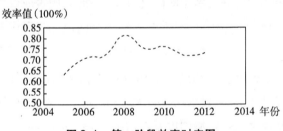

图8.1　第一阶段效率时序图

从单个省份的角度看,我国省际环境规制效率发展极不平衡,高效率的省份与低效率的省份差距很大。对比分析各个省份的效率数据可知,环境规制平均效率最高的省份是海南,达到1.2654;而效率最低的是山西,仅为0.3950,两者相差0.8704,可见省份间的环境规制发展极不平衡。此外,从横向看,八年平均规制效率超过100%(有效)的省份一共只有三个,占到30个省份的10.00%,从高到低依次是海南、青海和北京,而其他27个省份的环境规制平均效率都没

表 8.2　第一阶段各省市环境规制效率评价结果

省区市	2005 年	2006 年	2007 年	2008 年	2009 年	2010 年	2011 年	2012 年	平均值	排名
北京	1.1025	1.0105	0.9727	1.0993	0.9421	1.0713	1.0892	1.0022	1.0362	3
天津	0.6856	1.0033	0.8423	0.9457	0.9466	1.2289	0.9589	1.1258	0.9671	5
河北	0.4142	0.4456	0.4454	0.5132	0.5256	0.5035	0.3392	0.4340	0.4526	28
山西	0.5058	0.4886	0.4390	0.3706	0.3738	0.3843	0.3208	0.2770	0.3950	30
内蒙古	0.3361	0.3314	0.5996	0.5351	0.6277	0.5558	0.4306	0.4388	0.4819	27
辽宁	0.3805	0.3871	0.5054	0.4900	0.4943	0.6026	0.4410	0.3028	0.4505	29
吉林	0.6128	0.6242	0.6916	0.8333	0.9086	0.7161	0.9304	1.0472	0.7955	11
黑龙江	0.5643	0.5780	0.6715	0.7881	0.6217	0.6919	0.6811	0.5333	0.6412	19
上海	0.7864	0.9101	0.8925	0.8404	0.8764	0.9837	0.9601	1.2725	0.9403	6
江苏	0.4093	0.4804	0.6151	0.6223	0.7390	0.7399	0.6903	0.6875	0.6230	21
浙江	0.5185	0.6954	0.7442	0.4370	0.8484	0.7428	1.3300	0.9010	0.7772	12
安徽	0.5472	0.6557	0.5452	0.4822	0.5365	0.5563	0.4994	0.4676	0.5363	24
福建	0.5473	0.7742	0.7539	0.8851	0.9560	0.8361	0.7077	0.7447	0.7756	13
江西	0.6506	0.7419	0.7698	1.2062	0.8234	0.5813	0.4791	0.4506	0.7129	16
山东	0.4548	0.6184	0.6502	0.6209	0.6682	0.7422	0.6787	0.6518	0.6357	20
河南	0.5872	0.6195	0.6373	0.8479	0.8268	0.9071	0.8475	0.7504	0.7530	14
湖北	0.6019	0.6860	0.8562	0.8021	0.6305	0.7835	0.5324	0.6400	0.6916	17
湖南	0.8468	0.7046	0.7505	0.8419	0.6716	0.9658	0.9418	0.7583	0.8102	10
广东	0.7361	0.8524	1.0663	1.0301	0.8513	0.2896	0.8410	1.3809	0.8810	7
广西	0.5331	0.6767	0.5420	0.4726	0.4013	0.4159	0.5614	0.5477	0.5188	25

续表

省区市	2005 年	2006 年	2007 年	2008 年	2009 年	2010 年	2011 年	2012 年	平均值	排名
海南	1.3062	1.5763	1.1480	1.7872	1.1140	1.1095	1.0771	1.0045	1.2654	1
重庆	0.3310	0.3475	0.4386	0.5589	0.5354	0.5729	0.6879	0.9023	0.5468	23
四川	0.4603	0.5940	0.5270	0.6608	0.7840	1.0976	0.8299	0.7954	0.7186	15
贵州	0.7744	0.7442	0.8167	1.4353	1.0733	0.9302	0.5634	0.6876	0.8781	8
云南	0.8472	0.7649	1.1198	1.0921	0.7556	0.7865	0.6271	0.6932	0.8358	9
陕西	0.5556	0.6369	0.5457	0.6029	0.5379	0.5146	0.6468	0.6743	0.5893	22
甘肃	0.5250	0.4898	0.6189	0.9319	0.9871	0.7736	0.7024	0.4595	0.6860	18
青海	1.0855	1.1889	0.9803	1.2711	0.9791	1.1386	0.9820	1.0949	1.0901	2
宁夏	0.8403	1.0167	0.9175	1.0302	1.1771	1.0887	0.8893	0.9941	0.9942	4
新疆	0.4850	0.7076	0.6400	0.5530	0.4151	0.5727	0.4134	0.3547	0.5177	26
平均值	0.6344	0.7117	0.7248	0.8196	0.7543	0.7628	0.7227	0.7358	0.7332	

有达到有效,充分说明我国环境规制效率水平很低,还有极大的提升空间;而平均规制效率水平最低的三个省份依次是山西、辽宁和河北,这三个省份的效率值都没有超过 0.5,规制效率极低。从纵向来看,天津、吉林、重庆、四川等省份在这八年来环境规制效率在上升,相关环境政策落实情况好;河北、辽宁、黑龙江等省份规制效率基本保持不变,且效率水平都比较低;江西、河南、湖北和云南等省份效率水平波动较大,波动趋势与全国平均水平变动情况大致相同;而山西、安徽等省份环境规制效率在这八年仍在下降,环境规制状况不容乐观。

总体而言,我国环境规制效率水平较低,并且各省份的规制水平差异大,发展较不平衡。不过,我国各省区市的环境规制效率差异除了受自身发展条件的影响外,还不可避免地受到随机因素和外生环境因素的干扰,并且对不同省份的影响往往也是不同的。例如,一些第三产业发达的地区,由于经济的发展在很大程度上不需要依赖能源的大量消耗,因此产生的污染物较少,即便环境规制的投入不高,规制的效率水平也会很高。因此,图 8.1 还无法真实地反映各省区市的环境规制效率水平,还需对数据做进一步的调整,这样才能获得较为真实可靠的数据材料。

(2)第二阶段 SFA 回归。

此阶段主要是通过 SFA 方法对原始投入数据进行调整,目的是剔除外生不可控环境因素及随机误差项的干扰,以突出各省份环境规制效率差异反由管理效率水平高低造成的,从而能准确测评各省份实际环境规制效率水平。本书将第一阶段超效率模型计算出的各投入变量的松弛变量作为因变量,将第二产业占比(产业结构)、单位地区生产总值能耗(能耗依赖程度)、人均财政收入(资金支持)和非农人口占比(城市化水平)作为自变量,而后代入 SFA 模型来拟合变量间的线性回归。利用 Frontier4.1 软件进行回归,可以得到表 8.3 所示结果。

表 8.3　SFA 模型回归结果

自变量	环境系统实有人数松弛变量	环境污染治理设施数松弛变量	环境污染投资率松弛变量	"三同时"执行项目数松弛变量
常数项	-333.7299 (-6.7380)***	-232.6372 (-0.5866)	-0.07792 (-1.6089)	-282.3009 (-2.5832)***

自变量	环境系统实有人数松弛变量	环境污染治理设施数松弛变量	环境污染投资率松弛变量	"三同时"执行项目数松弛变量
第二产业占比	12.2334 (2.0820)**	−4.0419 (−1.4127)	−0.0010 (−1.2108)	1.7313 (2.3390)***
单位地区生产总值能耗(等价值)	166.8803 (2.3353)***	192.4289 (1.8187)*	0.0492 (−4.6340)***	−49.9386 (−1.9037)**
人均财政收入	0.7910 (2.2665)***	0.9808 (2.7842)***	−0.0002 (−0.6593)	0.4846 (3.2637)***
非农人口占比	−25.0446 (−1.9174)*	−12.3019 (−2.0199)**	−0.0012 (1.1591)	1.2749 (2.2749)**
σ^2	5987014 (5453)***	2954190.4 (23944354)***	0.0086 (9.5839)***	359660.72 (127638.31)***
γ	0.8278 (53.1334)***	0.7277 (27.8790)***	0.0402 (0.5339)	0.4407 (8.4799)***
Log *likelihood*	−2114.5159	−2070.7698	241.3545	−1890.1741
LR test	220.3220	121.9757	241.354	29.4753

注:括号中的数据为 t 值,＊＊＊表示显著性水平达到1%,＊＊表示显著性水平达到5%,＊表示显著性水平达到10%

从回归结果可以看出,除了环境污染投资率松弛变量外,其他三个松弛变量估计得到的 γ 值都通过了1%的显著性检验,说明管理因素对投入要素松弛变量的影响较大,而随机误差对投入要素松弛变量的影响很小。因此,采用 SAF 模型进行参数估计是合适的。

此外, σ^2 统计量都通过了显著性水平为1%的检验,说明外生环境因素对投入冗余存在显著的影响。因此,在测算环境规制效率时应先剔除环境变量和随机误差因素的影响,这样才能得出更真实的结论。

(3)第三阶段计算结果。

将投入变量按照第二阶段 SFA 回归结果进行调整,将调整后的投入变量和原始产出变量再次代入超效率 DEA 模型,通过 EMS1.3 软件计算得到的结果正是在剔除外生环境因素和随机误差影响后的超效率值,其能真实反映出各省区市的环境规制效率水平,具体结果如表8.4所示。

表 8.4　第三阶段回归结果

省（区，市）	2005 年	2006 年	2007 年	2008 年	2009 年	2010 年	2011 年	2012 年	平均值	排名
北京	1.1117	1.1415	1.1242	1.3396	1.1199	1.0781	1.1535	1.0498	1.1398	1
天津	0.8123	1.0035	0.8472	0.9163	0.9658	1.1398	0.9825	1.1266	0.9743	8
河北	0.8131	0.8055	0.7995	0.8303	0.8058	0.8171	0.8502	0.8454	0.8208	23
山西	0.7534	0.7646	0.8021	0.8138	0.8284	0.8378	0.8454	0.8462	0.8115	25
内蒙古	0.6712	0.7066	0.8047	0.7865	0.8447	0.8829	0.8803	0.9168	0.8117	24
辽宁	1.0571	0.9173	0.8957	0.8235	0.7801	0.8411	0.7547	0.7399	0.8512	20
吉林	0.9086	0.8489	0.8287	0.9186	0.9469	0.9419	0.9535	1.0133	0.9200	13
黑龙江	0.6585	0.6969	0.7434	0.9459	0.7750	0.8273	0.8544	0.8121	0.7892	29
上海	0.8029	0.9219	0.9113	0.9600	0.9969	1.0806	1.0528	1.1893	0.9895	6
江苏	0.7854	0.8988	0.9318	0.9628	0.9251	0.9215	0.8904	0.9217	0.9511	9
浙江	0.7982	0.9506	0.9014	0.9628	0.9504	0.9168	1.3437	1.1342	0.9948	5
安徽	0.6443	0.7487	0.7761	0.8255	0.7978	0.7992	0.8396	0.8495	0.7851	30
福建	0.8135	0.8889	0.9082	0.9468	1.0849	1.0112	0.9528	0.9780	0.9480	11
江西	0.7385	0.7921	0.8712	1.1389	0.9778	0.9116	0.8995	0.8754	0.9006	15
山东	0.7074	0.8014	0.9340	0.9258	0.9480	0.9610	0.9522	0.9522	0.8977	16
河南	0.7628	0.7859	0.8249	0.9659	0.9542	1.1015	1.1693	0.9632	0.9410	12
湖北	0.8532	0.8707	0.9750	0.9176	0.8098	0.9559	0.8160	0.8409	0.8799	17
湖南	0.9170	0.8468	0.8653	0.8562	0.7968	1.0414	1.0384	0.9624	0.9155	14
广东	0.8770	0.9285	1.0639	1.1112	1.0372	0.8639	0.9583	1.3805	1.0276	3
广西	0.7494	0.8257	0.8490	0.7515	0.7803	0.7648	0.8348	0.8364	0.7990	27

续表

省（区、市）	2005 年	2006 年	2007 年	2008 年	2009 年	2010 年	2011 年	2012 年	平均值	排名
海南	1.3068	1.0791	1.0785	1.2365	1.0214	1.0953	1.0766	0.9805	1.1093	2
重庆	0.6093	0.6395	0.7383	0.7924	0.8364	0.8896	0.9935	1.2438	0.8429	22
四川	0.7365	0.8423	0.7686	0.8073	0.8699	1.0494	0.9632	0.9512	0.8735	18
贵州	0.8405	0.9405	0.9785	1.1935	1.0732	1.0957	0.8149	0.8709	0.9760	7
云南	1.0018	0.8343	1.0731	1.1901	1.0685	1.0561	0.8876	0.9353	1.0058	4
陕西	0.6794	0.8382	0.7948	0.8051	0.7931	0.7834	0.8527	0.8748	0.8027	26
甘肃	0.6700	0.7072	0.7910	0.9576	1.1528	0.9285	0.8961	0.8683	0.8715	19
青海	0.8486	0.8998	0.8734	0.9045	0.7705	0.8081	0.8350	0.8472	0.8484	21
宁夏	0.6771	0.8374	0.9532	0.9903	1.0149	1.1095	1.0068	1.0180	0.9509	10
新疆	0.7500	0.7610	0.7672	0.7402	0.8034	0.9157	0.7973	0.8047	0.7924	28
平均值	0.8118	0.8508	0.8825	0.9563	0.9177	0.9475	0.9382	0.9543	0.9074	

表 8.4 是在剔除了外生环境变量及随机误差影响后的我国各省区市在 2005—2012 年环境规制超效率值及其变动情况。从表 8.4 结果可知,八年来我国整体环境规制效率水平同样在 2008 年达到峰值 0.9563,但其后呈现出波浪式的上升趋势。总体而言,效率水平从 2005 年的 0.8118 上升到 0.9074,增长幅度为 11.78%,并且相较于第一阶段的平均效率值有明显增长,增长幅度为 23.75%。这表明外生不可控的环境变量及随机误差因素会在很大程度上低估我国环境规制效率水平。两阶段效率比较如图 8.2 所示。

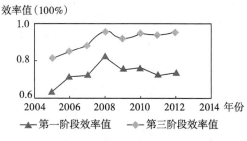

图8.2　两阶段效率比较

从单个省份的情况来看,环境规制效率水平最高的省份是北京,效率值为 1.1398;而效率最低的是安徽,效率值为 0.7851,二者相差 0.3547。这说明剔除外生环境变量和随机误差因素的影响后,减小了各省份的规制效率水平差异。从横向来看,环境规制效率水平超过 100% 的省份有四个,从高到低依次是北京、海南、广东和云南,这四个省份的环境规制效率水平达到了有效;而效率水平较低的是安徽、黑龙江和新疆。从纵向来看,我国大部分地区环境规制效率水平都在缓慢地上升,只有少数地区规制水平仍在下降,如辽宁;还有部分省份环境规制效率有较大波动,波动趋势与全国平均水平波动趋势相似,如江苏和湖南。典型省份效率情况分析如图 8.3 所示。

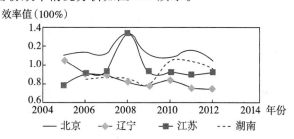

图8.3　典型省份效率情况分析

(4)第一阶段与第三阶段效率值对比分析。

为了能更加清晰地比较调整前后各省份环境规制效率的变化情况,整理两个阶段的计算结果,如表 8.5 所示。

表 8.5　第一阶段与第三阶段的超效率 DEA 模型的平均效率值

地区		第一阶段效率平均值	排名	第三阶段效率平均值	排名
北京	东部	1.0362	3	1.1398	1
天津	东部	0.9671	5	0.9743	8
河北	东部	0.4526	28	0.8208	23
山西	中部	0.3950	30	0.8115	25
内蒙古	西部	0.4819	27	0.8117	24
辽宁	东部	0.4505	29	0.8512	20
吉林	东部	0.7955	11	0.9200	13
黑龙江	东部	0.6412	19	0.7892	29
上海	东部	0.9403	6	0.9895	6
江苏	东部	0.6230	21	0.9511	9
浙江	东部	0.7772	12	0.9948	5
安徽	中部	0.5363	24	0.7851	30
福建	东部	0.7756	13	0.9480	11
江西	中部	0.7129	16	0.9006	15
山东	东部	0.6357	20	0.8977	16
河南	中部	0.7530	14	0.9410	12
湖北	中部	0.6916	17	0.8799	17
湖南	中部	0.8102	10	0.9155	14
广东	东部	0.8810	7	1.0276	3
广西	西部	0.5188	25	0.7990	27
海南	东部	1.2654	1	1.1093	2
重庆	西部	0.5468	23	0.8429	22
四川	西部	0.7186	15	0.8735	18
贵州	西部	0.8781	8	0.9760	7
云南	西部	0.8358	9	1.0058	4
陕西	西部	0.5893	22	0.8027	26
甘肃	西部	0.6860	18	0.8715	19

地区		第一阶段 效率平均值	排名	第三阶段 效率平均值	排名
青海	西部	1.0901	2	0.8484	21
宁夏	西部	0.9942	4	0.9509	10
新疆	西部	0.5177	26	0.7924	28
全国		0.7332		0.9074	

注：东部地区包括北京、天津、河北、辽宁、吉林、黑龙江、上海、江苏、浙江、福建、山东、广东和海南；中部地区包括山西、安徽、江西、河南、湖北和湖南；西部地区包括重庆、四川、贵州、云南、陕西、甘肃、宁夏、青海、新疆、广西和内蒙古

从表 8.5 可以看出，第一阶段和第三阶段各省份的环境规制超效率值差别很大，说明了外生环境变量及随机误差项对各省份的环境规制效率的影响比较显著。从整体来看，第一阶段我国环境规制效率值为 0.7332，第三阶段经调整后得到的效率值为 0.9074，两者相差 0.1742，说明忽略外生环境变量及随机因素的影响将会低估我国环境规制效率水平。因此，在评估环境规制效率时就应当考虑外生不可控环境及模型内的随机误差项的影响并对其进行调整，从而可以反映出环境规制效率的真实水平。

再从单个省份的情况来看，总的来说，各省份前后效率值排名变动较大。

首先，在忽视外生环境变量及随机误差因素条件下的效率排名中，海南的效率值排名第一，次之是青海和北京，而效率值排名最低的是山西、辽宁和河北；但当分离出外生环境变量和随机误差因素的影响，调整后的效率值排名前三的是北京、海南和广东，排名最末的是安徽、黑龙江和新疆。

其次，第一阶段排名第一的海南，规制效率为 1.2654；第三阶段排名第一的北京，规制效率为 1.1398。第一阶段排在末位的安徽，规制效率为 0.3950；第三阶段排在末位的安徽，规制效率为 0.7851。很明显可以看出，剔除了外生环境变量和随机误差因素的影响后，下调了规制效率水平高地区的效率水平，提升了规制效率水平低的效率水平，从而减小了各省份的环境规制效率水平差距。

再次，调整前排在第 21 位和第 29 位的江苏和辽宁，调整后排在了第 9 位和第 20 位，分别上升了 12 位和 9 位；相反，青海和黑龙江在第一阶段排在第 2 位和第 19 位，经调整后在第三阶段排在第 21 位和第 29 位，分别下降了 19 位和

10位。另外,经调整后,广东规制效率从0.8810上升到1.0276,即从"规制无效"调整为"规制有效",出现同样情况的还有云南;而青海则从"规制有效"(1.0901)调整为"规制无效"(0.8484),这说明了外生环境变量及随机误差因素对环境规制效率具有很大影响,即通过上调被低估单元的效率值或下调被高估单元的效率值,可能会改变其效率状态。

最后,上海、江西、湖北等省份环境规制效率受外生环境变量和随机误差因素的影响较小,排名调整前后没有显著变化。

(5)环境规制综合效率分析。

为了更好地了解我国的环境规制效率水平,下面运用2005—2012年的相关数据进行技术效率(TE)、纯技术效率(PTE)、规模效率(SE)以及松弛变量等方面的测算,以探究政府环境规制无效率的原因。以上数据分析结果都是通过EMS 3.1软件分析得出,如表8.6所示。

表8.6　环境规制效率综合结果与排名

省(区、市)	技术效率	排名	纯技术效率	排名	规模效率	排名	规模报酬	所在地区
北京	1.1398	1	1.0000	1	1.0498	8	递增	东部
天津	0.9743	8	0.9892	5	1.1389	5	递增	东部
河北	0.8208	23	0.8256	30	1.0240	14	递增	东部
山西	0.8115	25	0.8536	27	0.9913	19	递减	中部
内蒙古	0.8117	24	0.9065	21	1.0113	17	递增	西部
辽宁	0.8512	20	0.8635	26	0.8568	29	递减	东部
吉林	0.9200	13	0.9801	7	1.0339	11	递增	东部
黑龙江	0.7892	29	0.8777	24	0.9252	24	递减	东部
上海	0.9895	6	0.9929	4	1.1978	3	递增	东部
江苏	0.9511	9	0.9369	16	0.9838	20	递减	东部
浙江	0.9948	5	0.9627	9	1.1781	4	递增	东部
安徽	0.7851	30	0.8415	29	1.0095	18	递增	中部
福建	0.9480	11	0.9611	11	1.0175	16	递增	东部
江西	0.9006	15	0.9438	14	0.9275	23	递减	中部
山东	0.8977	16	0.9078	20	1.0489	9	递增	东部
河南	0.9410	12	0.9341	17	1.0311	12	递增	中部
湖北	0.8799	17	0.8888	22	0.9461	22	递减	中部
湖南	0.9155	14	0.9397	15	1.0242	13	递增	中部

省(区、市)	技术效率	排名	纯技术效率	排名	规模效率	排名	规模报酬	所在地区
广东	1.0276	3	0.9622	10	1.4347	1	递增	东部
广西	0.7990	27	0.9234	18	0.9058	26	递减	西部
海南	1.1093	2	0.8750	25	1.1206	6	递增	东部
重庆	0.8429	22	0.9535	12	1.3045	2	递增	西部
四川	0.8735	18	0.8855	23	1.0741	7	递增	西部
贵州	0.9760	7	0.9846	6	0.8845	28	递减	西部
云南	1.0058	4	0.9725	8	0.9617	7	递减	西部
陕西	0.8027	26	0.8452	28	1.0351	10	递增	西部
甘肃	0.8715	19	0.9529	13	0.9113	25	递减	西部
青海	0.8484	21	1.0000	1	0.8472	30	递减	西部
宁夏	0.9509	10	1.0000	1	1.0180	15	递增	西部
新疆	0.7924	28	0.9086	19	0.8857	27	递减	西部
全国	0.9074		0.9290		1.0260		递增	
东部	0.9549		0.9334		1.0777		递增	
中部	0.8723		0.9003		0.9883		递减	
西部	0.8704		0.9393		0.9854		递减	

①技术效率分析。

技术效率表示在最大产出下,最小的要素投入成本。技术效率值可观测出各个省份的规制投入是否得到有效运用,以达到产出最大化。其效率值越高,表示投入资源使用越有效率。效率低下的原因很可能是管理层未能充分利用资源而造成投入要素浪费,使其不能发挥应有的效益。

就单个省份而言,技术效率值超过100%,即达到有效的省份一共有四个,从高到低依次为北京、海南、广东和云南。这四个省市的环境规制投入和产出较为适当,达到了规制效率相对有效状态。而其他技术效率小于1的省份,说明其资源配置的使用没有达到最优的状态,环境规制效率有待进一步提高。此外,从效率评价结果可以得出,我国东部地区环境规制技术效率相对较高,达到了0.9549,超过了全国平均水平。东部地区由于地理位置优越,经济发展速度快,得到国家的政策支持较多,并且监督机制较完善,因此规制效率水平全国领先;而中部和西部地区由于经济水平较低,政府把大量的资金投入经济建设上,一方面在环境规制方面的投资低,得到国家的支持也少;另一方面,相关的环境规制政策可能会由于"地方保护主义"等原因而没有得到贯彻执行,从而使得环境规制效率低下。

②纯技术效率分析。

纯技术效率表示在同一规模的最大产出下,最小的要素投入成本。纯技术效率更多反映的是决策单元的日常管理政策和水平,是在不考虑规模因素的条件下,衡量政府环境规制在资源投入、政策落实上,因管理层的决策错误、管理不佳而造成资源浪费的比例情况。

我国 30 个省份中的纯技术效率为 100% 的省份只有三个,即北京、青海和宁夏,说明我国绝大多数省份的规制纯技术效率比较低,因纯技术无效而在环境管理上造成资源浪费。这说明我国政府对环境的管理制度不够完善、管理体系不稳定并且管理运作效率较低。此外,我国东部、中部和西部的规制纯技术效率相差不大,这说明纯技术效率低是我国各地区普遍存在的问题。

③规模效率分析。

规模效率是指在最大产出下,技术效率的生产边界的投入量与最佳规模下的投入量的比值。可以通过规模效率衡量在投入导向模型下,政府环境规制是否处于最优生产规模。

具体来看,我国 30 个省份中的 18 个(60%)规模效率都超过了 100%,即处于规模报酬递增的阶段,说明这些省份的资源投入得到了最大限度的利用,环境规制效率较为理想。其中,绝大多数省份(14 个,77.78%)尽管技术效率水平较为低下,但规模效率值超过了 1,这说明这些省份投入的资源已经得到了有效的利用,只是投入量过少,才导致了总体规制效率水平较低。因此,对于这些地区,为了提高规制的效率水平,可以适当提高投入量。而其他的 12 个省份均处于规模报酬递减阶段,说明这些省份的政府需要实施紧缩的环境管理战略,控制和缩小管理规模,以减少对投入资源的浪费和虚耗。显然,规模效率小于 1 的省份数远远小于技术效率小于 1 的省份数,这在一定程度上说明造成我国环境规制无效率的主要原因是纯技术无效率。

(6)松弛变量分析。

对于那些环境规制效率水平较低的省份,政府管理者更关注的是如何改善资源的配置,进而提高其环境规制效率水平。而对于环境规制效率有效(效率值≥100%)的省份,其投入与产出数都是有效的,不须加以改善。因此,运用松弛变量分析可以了解环境规制相对低效率的省份该如何改善资源的运用状况,即在产出既定下,投入哪些可减少,以及减少的数量;在投入既定下,产出哪些应该增加,以及增加的数量。

从表8.7和表8.8可以看出,我国30个省份中的26个(86.67%)环境规制都存在着不同程度的投入冗余和产出不足现象,说明其资源没有得到充分的利用,存在虚耗浪费的局面

表8.7 各省(区、市)环境规制投入冗余

省(区、市)	效率值 θ	投入冗余			
		S^{1-}	S^{2-}	S^{3-}	S^{4-}
北京	1.1398	0.00	0.00	0.00	0.00
天津	0.9743	209.00	645.09	0.03	0.00
河北	0.8208	4264.02	3343.22	0.10	0.00
山西	0.8115	4591.78	4740.38	0.33	0.00
内蒙古	0.8117	1643.22	1071.73	0.29	0.00
辽宁	0.8512	313.02	385.16	0.08	153.89
吉林	0.9200	2291.45	802.88	0.01	13.10
黑龙江	0.7892	1194.90	68.51	0.00	0.00
上海	0.9895	91.33	9.37	0.00	38.07
江苏	0.9511	0.00	0.00	0.00	246.32
浙江	0.9948	86.84	3025.47	0.13	97.09
安徽	0.7851	1319.48	1031.41	0.04	0.00
福建	0.9480	0.00	1412.36	0.00	401.06
江西	0.9006	234.02	347.46	0.07	3.99
山东	0.8977	3519.81	379.36	0.00	0.00
河南	0.9410	3162.08	0.00	0.00	0.00
湖北	0.8799	1279.61	437.89	0.00	0.00
湖南	0.9155	1255.28	292.57	0.00	0.00
广东	1.0276	220.01	226.29	0.16	0.00
广西	0.7990	368.00	1517.01	0.01	98.45
海南	1.1093	0.00	0.00	0.05	0.00
重庆	0.8429	293.44	1048.73	0.22	130.68
四川	0.8735	1335.17	2053.20	0.00	0.00
贵州	0.9760	701.62	1119.15	0.00	0.00

续表

省(区、市)	效率值 θ	投入冗余			
		S^{1-}	S^{2-}	S^{3-}	S^{4-}
云南	1.0058	83.34	91.70	0.00	0.00
陕西	0.8027	848.77	608.01	0.02	0.00
甘肃	0.8715	957.68	356.14	0.11	7.11
青海	0.8484	245.41	700.31	0.16	47.54
宁夏	0.9509	680.55	974.23	0.72	0.00
新疆	0.7924	976.89	1572.96	0.29	0.00
平均	0.9074	1072.22	942.02	0.09	41.24

注:(1)表8.7和表8.8中相应的决策单元如存在投入或产出松弛变量数值空缺,则表示该决策单元处于有效状态。

(2)其中 S^{1-} 表示环境系统实有人数调整值,S^{2-} 表示环境污染治理设施数调整值,S^{3-} 表示环境污染投资率调整值,S^{4-} 表示"三同时"执行项目数调整值

表8.8 各省(区、市)环境规制产出不足

省(区、市)	效率值 θ	产出不足						
		S^{1+}	S^{2+}	S^{3+}	S^{4+}	S^{5+}	S^{6+}	S^{7+}
北京	1.1398	0.00	0.00	0.00	0.00	0.00	0.00	0.00
天津	0.9743	0.00	0.00	0.00	0.07	0.93	105.63	0.59
河北	0.8208	0.00	0.00	0.00	0.21	0.00	1471.53	0.23
山西	0.8115	0.00	0.00	0.00	0.35	0.00	2294.00	0.24
内蒙古	0.8117	0.00	0.00	0.00	0.00	4.76	63.09	1.35
辽宁	0.8512	0.00	0.00	0.00	0.05	0.00	190.64	0.91
吉林	0.9200	0.00	0.00	0.00	0.04	0.00	611.07	0.24
黑龙江	0.7892	0.00	0.00	0.00	0.00	0.00	190.66	0.13
上海	0.9895	0.00	0.00	0.00	0.27	0.81	0.00	0.95
江苏	0.9511	0.00	0.00	0.00	0.33	0.00	546.52	0.99
浙江	0.9948	0.00	0.00	0.00	0.72	0.00	311.55	0.27
安徽	0.7851	0.00	0.00	0.00	0.02	0.00	2720.14	0.45
福建	0.9480	0.00	0.00	0.00	0.07	0.00	1586.92	1.56
江西	0.9006	0.00	0.00	0.00	0.08	0.00	2300.53	0.62
山东	0.8977	0.00	0.00	0.00	0.10	1.01	139.70	0.00
河南	0.9410	0.00	0.00	0.00	0.02	0.00	304.22	0.25
湖北	0.8799	0.00	0.00	0.00	0.13	0.00	258.20	0.00

省(区、市)	效率值 θ	产出不足						
		S^{1+}	S^{2+}	S^{3+}	S^{4+}	S^{5+}	S^{6+}	S^{7+}
湖南	0.9155	0.00	0.00	0.00	0.60	0.00	233.31	0.32
广东	1.0276	0.00	0.00	0.00	0.16	0.16	0.00	1.26
广西	0.7990	0.00	0.00	0.00	0.13	0.00	4076.65	1.97
海南	1.1093	0.00	0.00	0.00	0.00	0.00	0.00	0.06
重庆	0.8429	0.00	0.00	0.00	0.09	0.28	2250.95	1.24
四川	0.8735	0.00	0.00	0.00	0.04	0.00	1170.09	0.05
贵州	0.9760	0.00	0.00	0.00	0.40	0.00	973.38	0.00
云南	1.0058	0.00	0.00	0.00	0.00	0.00	1093.28	0.00
陕西	0.8027	0.00	0.00	0.00	0.51	0.00	374.28	1.62
甘肃	0.8715	0.00	0.00	0.00	0.00	0.63	895.51	0.00
青海	0.8484	0.00	0.00	0.00	0.44	4.75	328.62	1.71
宁夏	0.9509	0.00	0.00	0.00	0.00	0.00	211.83	0.82
新疆	0.7924	0.00	0.00	0.00	0.19	0.00	2047.23	0.25
平均	0.9074	0.00	0.00	0.00	0.17	0.44	891.65	0.60

注：S^{1+} 表示 SO_2 排放量调整值，S^{2+} 表示工业废水排放量调整值，S^{3+} 表示工业固体废物排放量调整值，S^{4+} 表示人均公园绿地面积调整值，S^{5+} 表示建成区绿化覆盖率调整值，S^{6+} 表示人均 GDP 调整值，S^{7+} 表示"三废"综合利用调整值

①投入冗余。

从投入冗余程度来看，在各项投入指标上存在冗余的省份个数分别是环境系统实有人数(26 个，86.67%)、环境污染投资率(18 个，60%)和"三同时"执行项目数(11 个，36.67%)。可见，我国各省份在环境规制的投入方面都有不同程度的冗余，其中投入冗余情况最严重的是环境污染治理设施数的投入。环境规制低效的省份都出现了此方面的投入冗余，其中冗余最大的是山西，冗余 4740.38(台)，说明山西约有 4740 台环境污染治理设施处于空置状态，没有得到充分的利用。此外，人力(环境系统实有人数)资源投入冗余的省份也很多(86.67%)，最多的同样是山西，达到 4591.78 人，说明山西环境相关部门空闲工作人员较多，人力资源过剩，造成机构臃肿，这同时是我国绝大多数地区环境规制效率不高的症结所在。

②产出不足。

从产出不足的程度来看,30个省份在工业"三废"方面的产出不足可以忽略不计,可见各个省份在污染物的控制方面做得很出色。但是,在"好产出"方面还存在产出不足的现象,具体来看,各项产出指标上存在不足的省份个数分别是人均公园绿地面积(23个,76.67%)、建成区绿化覆盖率(8个,26.67%)、人均GDP(26个,86.67%)和"三废"综合利用(24个,80.00%)。其中体现环境与经济发展相互关系的是人均GDP和"三废"综合利用指标,存在很严重的产出不足,说明我国环境保护与经济发展还没有达到协调的地步,这也表明了我国环境规制的程度还不够。现有有关文献研究表明,环境规制与经济发展之间存在U形的关系,也就是说,目前我国的环境规制程度还没有到达拐点的位置,对经济发展还没有明显的促进作用。此外,人均公园绿地面积产出情况较差,可以看出我国很多省份在绿化建设等方面还存在很大的提升空间。

(7)决策单元环境规制效率的聚类分析。

使用SPSS19.0软件对我国30个省份的2005—2012年环境规制效率进行聚类分析,选用其中的离差平方和(Ward)进行聚类分析,得到表8.9所示结果。

表8.9 聚类分析结果

环境规制效率	省(区、市)
环境规制效率高	北京、海南
环境规制效率较高	天津、贵州、上海、浙江、云南、广东
环境规制效率一般	江苏、宁夏、福建、河南、江西、山东、吉林、湖南
环境规制效率较低	山西、内蒙古、河北、广西、陕西、黑龙江、新疆、安徽、辽宁、青海、重庆、四川、甘肃、湖北

由表8.9可知,经过聚类分析,将我国30个省份按照环境规制效率水平的高低分成了环境规制效率水平高、较高、一般和较低四个等级。由于三阶段超效率DEA模型剔除了外生环境变量以及随机误差因素对效率评价的影响,因此决定效率水平高低的就是管理效率水平、监督体系完善程度等方面。具体来看,只有北京和海南属于环境规制效率水平高的省市。北京是我国的首都,在政策上享受着各方面的优待。另外,北京作为我国的政治中心,一方面,自然而然要为其他地区树立好榜样;另一方面,其相应的监督体系比较完善,并且受到

国内外媒体的监督也较多,因此环境规制的效率水平较高。但与此同时,根据实证分析结果,北京近年的环境规制效率相比 2008 年有明显的下降趋势,需引起相关部门的重视。海南位于我国南端,也是我国第二大海岛,具有得天独厚的自然条件,极高的植被覆盖率提供了天然的环境"净化器"。此外,丰富的旅游资源带来了旅游业的极度繁荣,发展经济也不需要过度依靠工业、建筑业等污染性相对较高的产业,再加上管理和监督体系较为完善,因此环境规制效率很高。

属于环境规制效率较高的地区有 6 个,分别是天津、贵州、上海、浙江、云南和广东。天津、上海、浙江和广东与北京的情况相似,也是在政治、经济、文化等方面国内影响力较大,除了政府有大量的资源对环境规制进行人力、物力、财力等多方面的投入外,其受到社会各界的监督也更大,因此环境规制效率较高。而贵州和云南尽管经济不是那么发达,投入不是那么大,但环境规制效率水平高,也在一定程度上说明这些地区环境规制管理体系较为完善,并且监督得力。

余下的 22 个地市分别属于环境规制一般和较低的地区,从经济发展的角度看,这些地区的经济发展水平都不是很高,而且很依赖重工业的发展(如河北、东三省)。由于这些省份过于依赖重工业的发展,而重工业又是排污的重要源头,因此就会造成环境质量过差。另外,由于地区经济水平较低,政府把大量的资金投入经济建设上,一方面,在环境管理方面的投资程度低,得到国家的支持也少;另一方面,由于经济发展的水平较低,相关的环境规制政策可能会由于"地方保护主义"等原因而没有得到贯彻执行,从而使得环境规制效率低下。

本节运用三阶段超效率 DEA 模型对我国各省份的环境规制效率进行了研究,解决了传统 DEA 模型无法区分有效决策单元之间的效率差异及外生环境变量和随机误差因素对环境规制效率测算影响的局限性,以能更加准确地比较分析我国各省份的环境规制效率水平。本节通过实证分析得到以下结论:

第一,外生环境变量及随机误差因素对我国环境规制效率的准确测量具有显著的影响。在运用三阶段超效率 DEA 模型的分析过程中,具体表现为第一阶段效率值与经过第二阶段 SFA 模型调整得出的第三阶段效率值有显著的差异,外生环境变量及随机误差因素的存在会低估我国实际环境规制效率,并且外生环境变量和随机误差因素会放大我国省际间的环境规制效率水平差距。

因此,在分析各省份的环境规制效率时有必要先剔除这些因素的影响,以更为真实地反映各个省份环境规制效率的实际情况。

第二,剔除外生环境变量和随机因素的影响后,我国环境规制效率有波浪式上升的趋势,但总体水平还很低。一方面,在2005—2012年八年间我国整体环境规制效率有一定的上升,从2005年的0.7903上升到0.9515,增长幅度为20.40%,并在2008年达到峰值0.9074。造成这种现象的原因很可能与2008年北京奥运会所提倡的"绿色办奥运"理念有关。另一方面,从横向来看,环境规制效率水平超过100%的省份有四个,从高到低依次是北京、海南、广东和云南,这四个省份的环境规制效率水平达到了有效;而效率水平最低的是新疆、黑龙江和安徽。环境规制效率最高的省份是北京(1.1398),效率最低的是安徽(0.7851),效率相差0.3547。从纵向来看,我国大部分地区环境规制效率水平都在上升,但上升得较为缓慢。

第三,我国环境规制存在严重的投入冗余和产出不足现象。其中,在投入方面,环境系统实有人数投入冗余较多,说明我国环境相关部门空闲工作人员较多,人力资源过剩,造成机构臃肿现象严重,这同时也是我国各地区普遍存在的问题。另外,环境污染设施同样存在严重的冗余问题,设备闲置、设备利用率不高问题严重。在产出方面,工业"三废"等产出控制情况较好,而人均GDP和"三废"综合利用指标存在很严重的产出不足,说明我国环境保护与经济发展还没有达到协调的地步,也进一步说明我国环境规制的程度还不够。此外,人均公园绿地面积产出情况较差,表明我国很多省份在绿化建设方面还存在很大的提升空间。

第四,将我国30个省份按环境规制效率从高到低排列可分为四个等级,在剔除外生环境变量和随机误差因素的影响后,决定效率水平高低的是管理水平和监督体系的完善程度等方面。具体来看,属于环境规制效率高的是北京和海南,属于环境规制效率较高的是天津、贵州、上海、浙江、云南和广东,属于环境规制效率一般的是江苏、宁夏、福建、河南、江西、山东、吉林和湖南,而山西、内蒙古、河北、广西、陕西、黑龙江、新疆、安徽、辽宁、青海、重庆、四川、甘肃和湖北属于环境规制效率较低的一类。

总的来说,我国环境规制效率水平在过去几年得到了一定的进步和发展,国家政府对环境保护建设越来越重视,人民群众的环保意识和环保理念也在加强。但必须要注意的是,我国的环境规制效率水平还很低,绝大多数地区的环境规制还处于低效率状态,造成这种状态的原因有很多,主要有两方面:一是管理制度不够完善、管理体系不稳定并且管理运作效率较低;二是管理监督的缺失,这不仅仅是监督体系的问题,全社会的监督意识缺失的问题更为严重。而要解决好环境规制效率低的问题,需要动员全社会的力量,共同努力,这样才能提高我国的环境规制效率,促进经济发展与环境保护相协调,才能拥有更美好的发展前景。

8.2 命令型、市场型环境规制与中国工业绿色技术效率

工业作为国民经济的主导产业,同时又是高消耗、高污染的典型代表,在经济转型过程中的重要性不言而喻。一方面,在"绿色"经济理论风靡全球之际,中国工业的绿色发展是经济可持续增长的重要推动力,提高工业绿色技术效率是解决目前资源枯竭、环境污染问题的基本途径;另一方面,在环境资源约束下,中国必须制定更为完备、合理的环境规制。那么,随之而来的问题是,环境规制会对中国工业绿色技术效率带来什么影响? 是促进还是抑制技术效率的提升? 不同类型的规制所产生的影响是否不同?

现有文献对绿色工业的测算主要基于两个方面:一是设计工业绿色发展的指标体系,通过对众多指标进行无量纲化和赋权处理构建工业绿色发展总指数,该方法因易于操作而深受广大学者青睐,但是权重的确定具有一定的主观性;二是基于技术效率,将环境污染和资源消耗纳入模型分析工业绿色增长绩效或工业全要素生产率,SFA 和 DEA 是两种常用的分析方法。SFA 通过设定具体函数形式将误差项和无效率项进行分离,使估计效率具备有效性和一致性;DEA 是基于非参数的方法,无法对估计结果进行统计检验,但在无法确定函数形式时,该方法是一个较好的选择。

在当前有关环境规制与绿色工业的研究中,学者们主要集中在三个方向。

第一,考察环境规制对工业污染物排放的影响,主要是检验环境规制是否有助于减少工业污染物排放。何小刚和张耀辉发现环境规制对工业行业 CO_2

的排放没有显著影响;彭熠等发现环境规制能够有效地促进工业治理废气投资的增加,从而达到减少工业废气排放的目的;徐志伟发现2008年后环境规制对工业污染减排效果才开始显现,环境规制的污染减排效果仅在东部地区明显;Cole等利用英国数据进行研究,发现环境规制能够有效降低英国工业空气污染排放量;Kathuria针对印度的研究发现,非正式的环境规制,如环境新闻报道,对企业污染排放的控制具有积极作用。

第二,考察环境规制对企业创新活动的影响,主要检验环境规制是否有利于激励企业技术创新。许士春等的研究表明提高环境规制的严厉程度可以提高企业绿色技术创新的激励效果;李勃昕等的研究表明环境规制强度与R&D创新效率呈现倒U形关系,环境规制对R&D创新效率的促进有一定“度”的限制;陈强和徐伟的研究表明环境规制促进了工业行业R&D支出的增加,有利于工业企业治污技术和生产技术的创新;Jaffe和Stavis的研究表明环境规制加重了企业的负担,在短期内抑制了企业的生产积极性,但长远来看会加速淘汰进程,促使企业进行技术创新,提高自身竞争力;Ambec等的研究表明合适的环境规制能够刺激企业技术创新,并通过“创新补偿效应”和“学习效应”促进全要素生产率的提高。

第三,考察环境规制对工业绿色全要素生产率的影响,主要检验环境规制与绿色全要素生产率之间存在何种关系。李斌等认为环境规制强度存在“门槛”效应,过低或过高的环境规制强度都不利于绿色全要素生产率的提高,适中的环境规制强度才是提升绿色全要素生产率的合理途径;王杰和刘斌认为环境规制与企业全要素生产率之间存在倒N形关系,只有把握环境规制的合理范围,才能最大限度地促进企业全要素生产率的提高;原毅军和谢荣辉认为费用型规制与工业绿色生产率之间存在倒U形关系,而投资型规制与工业绿色生产率呈现负向线性关系;Zhang等认为提高环境规制强度有利于我国全要素生产率的提升。

总的来看,学者们从不同方面对环境规制与绿色工业之间的关系进行了诸多有益的探索,但存在几点不足:第一,大量文献研究了环境规制与工业污染物排放、技术创新之间的关系,但从技术效率角度研究的文献较少;第二,衡量绿色工业时只是简单地将体现环境污染、资源消耗的变量纳入模型,没有考虑其是否符合现实生产过程,更没有思考其经济含义;第三,从技术效率角度研究的文献,其研究方法大多采用非参数方法,对估计参数缺乏相应的统计检验,而且对环境规制的测度比较单一。

为此,本书利用 2000—2014 年各省份工业面板数据,参考《环境经济综合核算体系 2012》计算考虑环境污染成本的绿色工业产出,采用 SFA 模型测算工业绿色技术效率,并考察命令型环境规制和市场型环境规制对工业绿色技术效率的影响效果及差异,以期为实现工业绿色发展、经济可持续发展提供理论支持和方法参考。

8.2.1 模型设定、变量选择与数据说明

8.2.1.1 模型设定

借鉴 SFA 方法测算各省份工业绿色技术效率,结合本书实际情况,构建如下随机前沿生产函数模型:

$$\ln Y_{it} = \ln f(X_{it}, t) + v_{it} - \mu_{it} \tag{8.6}$$

式中,Y_{it} 为 i 省 t 年的绿色工业产出;X_{it} 为投入向量,包括 i 省 t 年的劳动投入 (L) 和资本投入 (K);$v_{it} - \mu_{it}$ 为复合误差项。

$v_{it} \sim N(0, \sigma_v^2)$,为 i 省 t 年工业生产过程中的随机误差,包括测量误差以及其他不可控的随机因素的影响;$\mu_{it} \sim N^+(u, \sigma_u^2)$,为 i 省 t 年的无效率项,代表实际产出水平与期望产出水平之间的差额,差额越大说明技术效率水平越低。v_{it} 和 μ_{it} 相互独立,且和解释变量无关。各省工业绿色技术效率 (TE) 可通过 $\text{TE}_{it} = \exp(-\mu_{it})$ 求得。

超越对数生产函数形式灵活,具有包容性强和易估计等优点,同时能较好地研究投入变量之间的交互作用以及技术进步随时间变化的关系。受此启发,本书将生成函数 f 设定为超越对数形式,可得到如下随机前沿生产函数模型:

$$\text{Ln}Y_{it} = \beta_0 + \beta_1 \text{Ln}(K_{it}) + \beta_2 \text{Ln}(L_{it}) + \beta_3 t + \beta_4 \text{Ln}(K_{it})\text{Ln}(L_{it}) + \beta_5 t \text{Ln}(K_{it}) +$$
$$\beta_6 t \text{Ln}(L_{it}) + \beta_7 \text{Ln}^2(K_{it}) + \beta_8 \text{Ln}^2(L_{it}) + \beta_9 t^2 + v_{it} - \mu_{it} \tag{8.7}$$

为考察相关因素对技术效率的影响,贝特斯和柯埃利在 1992 年和 1995 年先后提出两种方法,分别称为两步法和一步法。两步法的思路是先估计出随机前沿生产函数,然后将分离出来的技术无效率项对外生变量建立回归方程。使

用该方法的前提是外生变量和解释变量无关。一步法的思路是将所有变量都纳入方程,同时对两部分的变量参数进行估计。王泓仁(2002)通过采用 Monte Carlo 模拟方法证明了当技术无效率的解释变量个数较少时,一步法优于两步法。本书的无效率项考虑的因素不多,因此使用一步法,在式(8.7)的基础上引入非效率函数,具体形式下:。

$$u_{it} = \delta_0 + \delta_1 CER_{it} + \delta_2 MCR_{it} + \delta_3 CER_{it} \times MER_{it} + \sum_j X_{j,it} + w_{it} \quad (8.8)$$

式中, CER_{it} 和 MER_{it} 分别为 i 省 t 年的命令型环境规制和市场型环境规制; w_{it} 为随机扰动项。

为检验环境规制类型的相互关系,引入命令型环境规制和市场型环境规制的交叉项,即 $CER_{it} \times MER_{it}$。若系数 δ_1、δ_2 为负,说明环境规制对工业绿色技术效率有正向作用,即环境规制强度的提高有利于绿色技术效率的提升;若系数 δ_3 为负,说明命令型环境规制和市场型环境规制的交叉项对工业绿色技术效率有正向作用,即两者存在互补关系,反之则存在替代关系。为控制其他影响因素,加入控制变量 X,其选择依据会在后文进行详细说明。w_{it} 为随机扰动项。

为检验模型使用是否合理,贝特斯和柯埃利(1995)提出方差参数指标 $\gamma = \sigma_u^2/(\sigma_u^2 + \sigma_v^2)$,用来表示技术非效率项所占比重。若 $\gamma \neq 0$,统计显著,则表明存在技术非效率因素,使用 SFA 模型是合理的。这时由于残差项为复合结构,使用 OLS 估计会使参数结果有偏且非一致,而使用 ML 可以保证估计结果的一致性。

8.2.1.2 变量选择与数据说明

建立随机前沿模型需要选择合适的投入产出变量,下文将详细阐述变量的选择和数据来源。

(1)工业绿色产出。

在国民经济核算理论中,绿色 GDP 是一个综合考虑资源消耗、环境污染、经济发展的理想产出指标,它反映的是经济生产过程中真实的产出水平。完全意义上的绿色 GDP 需要进行资源核算和环境核算,而当前已有知识尚不能为其提供足够的技术和理论支撑。所以,完全意义上的绿色 GDP 是一个长期的、理想化的核算目标。中国于 2004 年开始绿色 GDP 的试点工作,考虑到现实可行性,将绿色 GDP 界定为经环境污染调整的 GDP,即在传统 GDP 基础上扣减环境污染成本。受此启发,本书将工业经济活动中的环境污染成本从工业产出中予以扣减,经过调整,得到经环境调整的工业产出(EIP),以此来表征绿色工业产出。其计算公式如下:

$$EIP = 工业增加值 - 环境污染成本 \quad (8.9)$$

环境污染成本采用虚拟治理成本法计算获得。虚拟治理成本是指当时工业经济活动排放的污染物按当时已有的治理技术水平全部治理所需支付的费用。本书从水污染、大气污染和固体废弃物污染三个层面考虑工业经济活动对环境造成的损失。工业废水的排放是造成水污染的主要来源,工业废水按一定标准进行处理将大大降低其危害。工业废水虚拟治理成本的计算公式如下:

$$工业废水虚拟治理成本 = 工业废水实际治理成本/工业废水排放达标率$$
$$(8.10)$$

大气污染物主要包括工业 SO_2、工业烟尘、工业粉尘以及 NO_x 其计算公式如下:

$$工业废气虚拟治理成本 = 工业 SO_2 实际治理成/工业 SO_2 排放达标率 + 工业$$
$$烟尘实际治理成本/工业烟尘排放达标率 +$$
$$工业粉尘实际治理成/工业粉尘排放达标率 +$$
$$NO_x 实际治理成/NO_x 排放达标率 \quad (8.11)$$

现有统计资料缺少工业固体废弃物实际治理成本的相关数据,绿色 GDP 核算科研小组根据对试点省份所调查的数据估算出 2004 年全国工业一般固体废弃物治理成本为 22 元/吨,本书假定治理技术和水平不变,考虑价格因素的影响,得出工业固体废弃物虚拟治理成本,其计算公式如下:

$$工业固体废弃物虚拟治理成本 = 一般工业废物产生量 × 22 元/吨 ×$$
$$工业品出厂价格指数 \quad (8.12)$$

将各省份工业部门具体数据按公式计算,便可得到各省份工业绿色产出,为消除价格因素影响,用工业品出厂价格指数将其折算成以 2000 年为基期的实际值。

(2)工业产出的投入。

为尽可能如实反映工业生产过程,本书根据柯布 - 道格拉斯生产函数理论,考虑资本和劳动力两方面来衡量工业产出的投入。资本投入一般采用资本存量衡量,从现有公开的统计资料和文献来看,工业资本存量数据仍是一片空白。众多学者对此做了诸多有益的探索,涂正革(2008)、李斌(2013)及原毅军等(2016)等采用对固定资产净值年平均余额进行价格指数平减,平减后的数值作为固定资本存量的估计量。然而,正如陈诗一(2011)指出的,采用该方法得到的数据值往往比实际的固定资本存量数值小,且处理过于粗糙。参考陈诗一(2011),本书采用“永续盘存法”对各省工业资本存量进行科学系统的估算,其具体公式如下:

$$K_{it} = K_{it-1}(1 - \delta_{it}) + I_{it}/P_{it} \tag{8.13}$$

式中,K_{it} 和 K_{it-1} 分别为 i 省 t 年和 $t-1$ 年工业固定资本存量;

δ_{it}、I_{it} 和 P_{it} 分别为 i 省 t 年的折旧率、投资增加额和价格指数。

折旧率无法直接获得,需对其进行估算。利用可获得的数据,本书对各省历年折旧率进行了估算,具体公式如下:

$$\delta_{it} = (累计折旧_{it} - 累计折旧_{it-1})/ 固定资产原值_{it-1} \tag{8.14}$$

每年投资增加额是当年新投入各类资产的金额总计,计算公式如下:

$$I_{it} = 固定资产原值_{it} - 固定资产原值_{it-1} \tag{8.15}$$

价格指数选取固定资产投资价格指数,初始资本存量采用固定资产净值数据估计,根据固定资产投资价格指数换算成以 2000 年为基年的实际值。

对于劳动力投入,大多数文献采用年平均就业人数来表示。就业人数指标仅仅反映了劳动力数量的增长,而忽视了其质量的提高。近年来,大量研究表明劳动力质量与经济增长之间存在紧密联系(钞小静和沈坤荣,2014;张月玲等,2015),且随着科学技术水平的不断提高,现代生产部门更加注重劳动力质量。鉴于此,本书采用有效劳动力指标来表示劳动力投入。

各省有效劳动力 = 各省就业人数 ×

(各省就业人员平均受教育年限 ÷ 当年全国就业人员平均受教育年限)

各省就业人员平均受教育年限的计算公式如下:

$$H_{it} = \sum_{j=1}^{5} \text{edu}_{it,j} \times P_{it,j} \tag{8.16}$$

式中,i 为不同省份,j 为 5 种受教育程度(未上小学、小学、初中、高中、大专及以上); H_{it} 为 i 省 t 年人均受教育年限; $edu_{it,j}$ 为 i 省 t 年的第 j 种受教育程度所代表的受教育年限(5 种受教育程度所代表的受教育年限分别为 3、6、9、12、16); $P_{it,j}$ 为 i 省 t 年第 j 种受教育程度就业人数占总就业人数的比重。

未上过小学人员在工作当中会得到相关培训和具备一定技能,同时考虑到体现不同教育程度之间的差距,本书将未上过小学所代表的受教育年限取值为 3。按式(8.16)代入全国数据就可求出当年全国就业人员平均受教育年限。各省就业人数选取各省工业企业年平均人数衡量。

(3)影响工业绿色技术效率的因素。

本书主要关注环境规制对工业绿色技术效率的影响。综合考虑政府和市场的作用,将环境规制划分为命令型和市场型两类。命令型规制是指政府出于环境保护的目的强制要求企业必须遵守相关的环保标准和规范。为达到该标准,企业必须投入一定的治污费用并采用一定的技术手段。命令型规制能使环境状况在短期内得到显著提高,但与此同时,由于政府的强制干预,企业毫无话语权,只能被迫接受,这在很大程度上会损伤企业的积极性,降低企业效率。参考以往文献研究,本书选取工业污染治理投资占工业增加值的比重来衡量命令型规制的强度。市场型规制是指充分利用市场机制,通过排污费或污染排放证等工具,将环境污染损失的"外部效应"内部化,激励企业降低污染水平。只有市场经济充分发达,市场型规制才能有效发挥其作用。考虑到我国经济发展体制和环境保护状况,本书选用排污费收入衡量市场型规制的强度。

为有效分离环境规制对工业绿色技术效率的影响,本书对影响工业绿色技术效率的其他相关因素进行了控制。考虑到数据的可得性和对相关文献的研究,选取如下变量进行控制:

①外商直接投资(FDI)。近年来,大量研究表明,FDI 给东道国带来的影响令其喜忧参半,一方面 FDI 的涌入能带动当地经济发展,而且有利于先进的技术、管理经验的交流;但另一方面也造成了当地的资源过度消耗和环境污染(张中元和赵国庆,2012;阚大学,2014)。本书用外商直接投资占 GDP 的比重来衡量。

②研发投入(R&D)。加大研发投入有利于微观企业进行技术创新,提高企

业技术效率,促使资源节约和循环利用,达到在给定的资源条件下具有更高产出的目的,进而使企业污染排放水平降低。本书选取各地区工业企业 R&D 经费内部支出衡量。

③工业结构(IS)。优化工业结构是发展绿色工业的有效手段。我国工业发展过度依赖高载能的重工业,这造成了资源的大量消耗,同时污染排放也处在较高水平。《2015 年国民经济和社会发展统计公报》指出,六大高耗能产业占规模以上工业增加值比重为 27.8% ,而美国所占份额约为 7% 。本书选取六大高耗能产业的工业产值占工业增加值的比重来衡量。

(4)数据说明。

本书选取 2000—2014 年我国 30 个省级行政单位工业部门的年度相关数据进行研究。西藏地区由于数据缺失严重,因此暂不列入本书考察范围。所用的原始数据主要来源于 1999—2015 年的《中国环境年鉴》《中国统计年鉴》《中国工业经济统计年鉴》《中国科技统计年鉴》《中国劳动统计年鉴》。其中,工业增加值来源于中国统计局网站;工业"三废"的相关数据以及各地区排污费征收情况和工业污染治理投资额均来自《中国环境年鉴》;工业品出厂价格指数、固定资产价格指数等来源于《中国统计年鉴》;计算固定资本存量的相关数据,如累计折旧、固定资产原值以及六大高耗能产业数据来源于《中国工业经济统计年鉴》;R&D 经费内部支出来源于《中国科技统计年鉴》;就业人数、就业人员受教育程度均来源于《中国劳动统计年鉴》;外商直接投资的数据来源于《新中国 60 年统计资料汇编》(2000—2008 年)和各省历年统计年鉴(2009—2014 年)。

8.2.2 计算结果与分析

8.2.2.1 模型的选取和检验

利用 Frontier4.1 程序对各省工业的投入产出数据进行处理,测算工业绿色技术效率并分析其影响因素。赵玉民等(2009)指出,由于中国市场经济体制不健全,市场型环境规制往往存在时滞性。因此,本书对市场型环境规制滞后 0、1、2 期,分别得到模型 1、模型 2 和模型 3,结果如表 8.10 所示。

表 8.10 前沿生产函数与效率函数

变量	模型 1	模型 2	模型 3
常数	3.422 **	4.961 ***	2.3845 ***
	(2.514)	(5.618)	(3.122)
LnK	1.886 ***	2.535 ***	2.425 ***
	(3.796)	(6.414)	(3.152)
LnL	1.137 *	2.094 ***	1.218 **
	(1.765)	(4.346)	(2.411)
t	0.287 ***	0.397 ***	0.213
	(5.440)	(7.216)	(1.416)
LnK × LnL	−0.524 ***	−0.519 ***	−0.687 ***
	(−4.580)	(−4.188)	(−2.638)
LnK × t	0.035 ***	0.074 ***	0.0971
	(3.240)	(4.637)	(1.005)
LnL × t	0.051 ***	0.0459 ***	0.628 **
	(3.751)	(3.725)	(2.260)
$Ln^2 K$	0.295 ***	0.354 ***	0.243 **
	(3.748)	(4.781)	(2.421)
$Ln^2 L$	0.245 ***	0.186 ***	0.142 ***
	(5.460)	(3.507)	(3.251)
$Ln^2 t$	−0.002 *	0.017	0.006
	(−1.841)	(1.558)	(1.392)
技术无效率函数			
常数项	0.844 ***	0.243 ***	0.124 ***
	(6.367)	(7.243)	(3.162)
CER	0.064 **	0.109 ***	0.084 *
	(2.325)	(2.543)	(1.842)
MER	−0.043	−0.031 ***	−0.042
	(−1.225)	(2.732)	(1.042)
CER × MER	0.040	0.018 ***	0.021
	(1.456)	(2.898)	(0.313)

变量	模型1	模型2	模型3
FDI	−0.439	−0.363	−0.421
	(1.417)	(0.301)	(1.528)
R&D	−0.137 **	−0.097 ***	−0.421 ***
	(2.564)	(3.975)	(2.893)
IS	0.621 *	0.596 ***	0.731 ***
	(1.662)	(5.420)	(4.219)
γ	0.553 ***	0.832 ***	0.742 *
	(2.620)	(2.655)	(1.692)
LR	146.675	151.166	149.445

注:(1)括号中为 t 值。
(2) * 表示 $P < 0.1$, * * 表示 $P < 0.05$, * * * 表示 $P < 0.01$(下表同)

从表 8.10 结果可得,三个模型的 γ 值在 1% 的显著性水平下都统计显著,说明使用 SFA 模型是合理的。从随机前沿生产函数系数进行比较,三个模型中的主要系数回归结果都显著,系数符号、大小与预期一致。资本投入、劳动力系数显著为正,但资本投入系数大于劳动力投入系数,这表明资本和劳动力对工业发展的影响是正向的,同时资本对工业发展的影响要大于劳动力对工业发展的影响。资本和劳动力的交叉项为负,可以理解为两者存在替代关系。两种要素的平方项都显著为正,这佐证了两种要素对工业发展的正向作用。从技术无效率函数估计结果来看,模型 2 的各项系数明显优于模型 1 和模型 3,且模型 2 的 γ 值大于模型 1 和模型 3。因此,本书选择将市场型环境规制滞后 1 期,拟采用模型 2 的估计结果作为本书分析的基础。

为进一步验证模型 2 结果的准确性,采用广义似然比检验对超越对数生产函数形式、技术无效率项进行验证,统计量为

$$LR = 2[\ln L(H_1) - \ln L(H_0)]$$

式中,$\ln L(H_0)$ 为有约束条件下的对数似然函数值;$\ln L(H_1)$ 为无约束条件下的对数似然函数值

该检验统计量的基本思想是通过比较无约束模型和有约束模型的对数似然值差异大小来判断原假设是否成立,它服从自由度为受约束条件个数的卡方分布,具体结果如表 8.11 所示。

表 8.11   LR 统计结果检验

原假设	原假设 H_0	$\ln L(H_0)$	LR 值	临界值	结论
Ⅰ	$\beta_4 = \beta_5 = \beta_6 = \beta_7 = \beta_8 = \beta_9 = 0$	31.363	151.478***	16.812	拒绝
Ⅱ	$\delta_1 = \delta_2 = \delta_3 = \delta_4 = \delta_5 = 0$	64.538	42.564***	15.086	拒绝
Ⅲ	$\delta_1 = \delta_2 = 0$	25.476	163.252***	9.210	拒绝
Ⅳ	$\delta_3 = 0$	48.275	117.654***	6.635	拒绝

注:显著性水平为 1%

表 8.11 中原假设 Ⅰ 是指随机前沿生产函数中所有变量交叉项和平方项都为零,即假定变量之间不存在相互关系,采用普通柯布 - 道格拉斯生产函数即可;原假设 Ⅱ 是指技术非效率函数中的变量系数为零,若假设成立,说明技术非效率函数设定有误;原假设 Ⅲ 是指环境规制的变量系数为零,若假设成立,说明环境规制变量对技术效率没有影响;原假设 Ⅳ 是指两种类型环境规制交叉项系数为零,若假设成立,说明两种环境规制之间不存在相互关系。

由表 8.11 结果可知,四个原假设均被拒绝。这表明传统的柯布 - 道格拉斯生产函数在此并不适用,所选取的影响技术效率的因素具有一定合理性,环境规制对技术效率具有一定影响且不同类型的环境规制之间存在一定关系。简言之,模型 2 及其变量设置是合理的,可依据其估计结果进行下一步分析。

8.2.2.2   工业绿色技术效率的区域特征

表 8.12 给出了 2000—2014 年各省(区、市)工业绿色技术效率。从估计结果可知,2000—2014 年工业绿色技术效率排在前五位的是江苏(0.863)、广东(0.848)、浙江(0.822)、山东(0.796)和重庆(0.784),它们大多位于我国东部地区,经济发展水平和工业化程度都较高,拥有雄厚的资金和先进的技术,这些因素使得它们具有较高的工业绿色技术效率。而排在后五位的是青海(0.281)、宁夏(0.293)、新疆(0.330)、甘肃(0.382)和海南(0.418),它们大多位于我国西部地区,经济发展水平和工业化程度较低,生态环境较为脆弱,在工业发展过程中容易出现效率低下和环境污染严重等问题。分区域来看,如图8.4 所示,样本期间内我国工业绿色技术效率呈现由东、中、西部依次递减的格局。各区域工业绿色技术效率都呈上升趋势,东、中、西部的年增长率分别为3.48%、3.91%、4.28%。较低的年增长率反映了东部地区工业绿色技术效率

具有相对稳定的特征,也反映出效率逐步积累的特点。工业绿色技术效率水平
较低的中、西部地区具有较高的年增长率,表现出向东部地区追赶的态势。东、
中、西部的标准差系数分别为 0.131、0.104、0.171,这说明东、西部地区内部差
异较大,需进一步加强区域合作。从全国范围来看,工业绿色技术效率呈缓慢
上升趋势,由于种种原因,我国工业起步晚、底子薄,虽然改革开放在一定程度
上促进了工业的发展,但伴随而来的环境污染、效率低下和区域发展不平衡等
问题阻碍了我国工业快速转型升级。

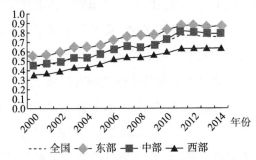

图 8.4　2000—2014 年各区域工业绿色技术效率走势

　　图 8.5 将绿色技术效率和传统技术效率进行比较。从全国范围来看,绿色
技术效率均值略低于传统技术效率。目前我国工业发展仍然是以牺牲环境资
源为代价,近年来工业发展引发了严重的环境污染现象,造成了巨大的经济损
失,因而使绿色技术效率低于传统技术效率。分区域来看,东部地区绿色技术
效率高于传统技术效率,而中、西部地区绿色技术效率低于传统技术效率。东
部地区凭借其早期的资金积累和技术优势,工业化程度已达较高水平,走出了
以牺牲资源和环境为代价发展工业的老路子,踏上了新型工业的道路;同时,通
过“西部大开发”和“中部崛起”战略将大量高消耗、高污染工业迁入中、西部地
区,逐步实现产业转型升级。中、西部地区仍处在工业发展初期阶段,需要消耗
大量资源,技术的缺乏和环保意识的淡薄使得人们对环境污染听之任之。为加
快经济发展,中、西部地区承接了东部地区高消耗、高污染的工业企业,承受了
环境污染和资源过度消耗的沉重代价。

表 8.12 2000—2014 年各省（区、市）工业绿色技术效率

地区	省（区、市）	2000年	2001年	2002年	2003年	2004年	2005年	2006年	2007年	2008年	2009年	2010年	2011年	2012年	2013年	2014年	均值
东部	北京	0.450	0.475	0.504	0.595	0.561	0.551	0.577	0.604	0.580	0.486	0.691	0.738	0.740	0.794	0.811	0.610
	天津	0.380	0.404	0.415	0.524	0.572	0.634	0.724	0.767	0.814	0.797	0.829	0.891	0.913	0.919	0.929	0.701
	河北	0.598	0.594	0.583	0.616	0.621	0.662	0.734	0.777	0.766	0.794	0.810	0.843	0.869	0.863	0.815	0.730
	辽宁	0.470	0.455	0.477	0.507	0.463	0.496	0.501	0.561	0.645	0.694	0.756	0.873	0.894	0.872	0.888	0.637
	上海	0.500	0.529	0.571	0.666	0.648	0.676	0.729	0.774	0.767	0.764	0.844	0.893	0.896	0.901	0.909	0.738
	江苏	0.661	0.700	0.760	0.830	0.793	0.845	0.887	0.915	0.897	0.935	0.931	0.948	0.947	0.944	0.951	0.863
	浙江	0.699	0.709	0.721	0.793	0.713	0.748	0.789	0.849	0.862	0.856	0.887	0.927	0.928	0.922	0.921	0.822
	福建	0.616	0.617	0.643	0.669	0.645	0.655	0.747	0.798	0.824	0.839	0.881	0.916	0.923	0.926	0.930	0.775
	山东	0.617	0.612	0.622	0.701	0.724	0.759	0.821	0.852	0.833	0.875	0.884	0.911	0.914	0.915	0.896	0.796
	广东	0.659	0.666	0.709	0.783	0.788	0.833	0.871	0.905	0.900	0.910	0.901	0.946	0.948	0.950	0.954	0.848
	海南	0.241	0.318	0.329	0.390	0.367	0.345	0.374	0.419	0.432	0.451	0.492	0.558	0.562	0.488	0.499	0.418
	均值	0.535	0.553	0.576	0.643	0.627	0.655	0.705	0.747	0.756	0.764	0.810	0.858	0.867	0.863	0.864	0.722
	标准差	0.134	0.121	0.128	0.128	0.125	0.142	0.152	0.148	0.139	0.154	0.120	0.110	0.111	0.126	0.124	0.131
中部	山西	0.346	0.347	0.353	0.409	0.377	0.388	0.368	0.427	0.366	0.396	0.519	0.843	0.611	0.527	0.582	0.457
	吉林	0.344	0.375	0.392	0.459	0.471	0.499	0.563	0.664	0.634	0.702	0.756	0.834	0.857	0.859	0.867	0.618
	黑龙江	0.502	0.463	0.449	0.515	0.517	0.545	0.559	0.550	0.535	0.525	0.555	0.588	0.589	0.554	0.528	0.532
	安徽	0.460	0.533	0.530	0.567	0.553	0.627	0.682	0.709	0.665	0.716	0.783	0.857	0.865	0.861	0.886	0.686
	江西	0.443	0.451	0.497	0.568	0.594	0.621	0.674	0.709	0.610	0.710	0.741	0.787	0.806	0.812	0.818	0.656
	河南	0.576	0.564	0.573	0.639	0.630	0.717	0.779	0.829	0.814	0.837	0.853	0.854	0.859	0.806	0.772	0.740
	湖北	0.446	0.487	0.507	0.465	0.503	0.543	0.607	0.645	0.638	0.654	0.762	0.860	0.885	0.863	0.883	0.650

续表

地区	省（区、市）	2000年	2001年	2002年	2003年	2004年	2005年	2006年	2007年	2008年	2009年	2010年	2011年	2012年	2013年	2014年	均值
中部	湖南	0.533	0.544	0.556	0.613	0.610	0.657	0.699	0.748	0.773	0.799	0.813	0.868	0.887	0.899	0.912	0.727
	均值	0.456	0.470	0.482	0.529	0.532	0.575	0.616	0.660	0.629	0.668	0.723	0.811	0.795	0.773	0.781	0.633
	标准差	0.077	0.073	0.073	0.076	0.078	0.096	0.117	0.116	0.130	0.135	0.112	0.088	0.115	0.137	0.138	0.104
西部	内蒙古	0.328	0.367	0.377	0.431	0.451	0.498	0.575	0.645	0.671	0.761	0.800	0.857	0.882	0.828	0.617	
	广西	0.412	0.418	0.453	0.512	0.502	0.509	0.577	0.597	0.565	0.598	0.636	0.732	0.729	0.731	0.582	
	重庆	0.505	0.552	0.595	0.706	0.723	0.742	0.796	0.845	0.847	0.889	0.889	0.940	0.934	0.892	0.784	
	四川	0.442	0.478	0.495	0.542	0.540	0.622	0.728	0.762	0.787	0.816	0.852	0.887	0.908	0.901	0.711	
	贵州	0.339	0.335	0.348	0.383	0.360	0.381	0.382	0.412	0.416	0.417	0.449	0.481	0.526	0.557	0.427	
	云南	0.404	0.445	0.488	0.526	0.539	0.554	0.574	0.601	0.608	0.614	0.625	0.688	0.690	0.675	0.581	
	陕西	0.387	0.417	0.439	0.491	0.501	0.539	0.561	0.608	0.643	0.697	0.749	0.729	0.760	0.818	0.608	
	甘肃	0.303	0.309	0.323	0.328	0.324	0.379	0.397	0.431	0.399	0.408	0.390	0.432	0.425	0.440	0.382	
	青海	0.150	0.155	0.178	0.219	0.187	0.238	0.257	0.287	0.298	0.326	0.341	0.388	0.407	0.393	0.281	
	宁夏	0.227	0.216	0.247	0.266	0.276	0.268	0.287	0.334	0.325	0.291	0.335	0.346	0.342	0.329	0.293	
	新疆	0.340	0.294	0.286	0.316	0.305	0.322	0.367	0.357	0.342	0.310	0.334	0.357	0.360	0.328	0.330	
	均值	0.349	0.362	0.384	0.429	0.428	0.459	0.500	0.534	0.536	0.557	0.582	0.621	0.633	0.627	0.633	0.633
	标准差	0.095	0.111	0.117	0.137	0.146	0.149	0.167	0.174	0.183	0.207	0.209	0.216	0.218	0.215	0.104	0.104
全国	均值	0.446	0.461	0.481	0.534	0.529	0.562	0.606	0.646	0.642	0.662	0.703	0.759	0.762	0.752	0.621	0.621
	标准差	0.134	0.134	0.139	0.151	0.150	0.158	0.173	0.176	0.181	0.192	0.185	0.187	0.189	0.195	0.169	0.169

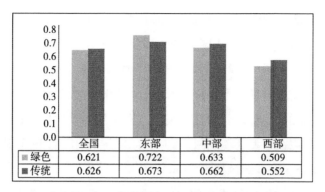

图8.5　各区域工业绿色技术效率与传统技术效率比较

8.2.2.3　环境规制与工业绿色技术效率

根据 SFA,若估计参数结果为负,说明具有正向作用;若估计参数结果为正,说明具有反向作用。由模型 2 的回归结果可得,命令型环境规制的估计参数显著为正,表明命令型环境规制对我国工业绿色技术效率具有显著的负向作用,即命令型环境规制强度越大,工业绿色技术效率越低。造成这一现象的可能原因是:第一,中国环保事业处于初期阶段,有关治污技术和大型治污设备严重不足,企业要想进行污染无公害化处理,势必要投入大量资金。但是,对于一般工业企业而言,在生产资料一定的情况下,增加环保投入一定会发生"排挤"效应,导致原本用于生产和研发的资金缩减,生产技术无法得到提高,因而使工业绿色技术效率降低。第二,工业污染治理投资主要来自企业自有投资和政府补贴,其中政府补贴在很大程度上缓解了企业的治污压力,降低了企业的治污成本,大大削弱了企业自身提高治污技术降低污染水平的意愿,从而无法实现企业环境污染成本内部化。第三,命令型环境规制往往带有强制性,其政策制定具有较强的刚性,一刀切的做法往往会降低企业的生产效率。市场型环境规制的估计参数显著为负,说明市场型环境规制能够明显促进工业绿色技术效率的提升。市场型环境规制主要是通过向企业征收排污费将企业环境污染成本内部化,引导企业主动提高治污技术,降低污染水平。市场型环境规制具有较大的自由度,能让企业拥有一定的自主权,为企业采用较好的治污技术提供强有力的刺激。当市场体系更加健全时,市场型环境规制将展现出更加有效的作用。在 1% 的显著性水平下,命令型环境规制和市场型环境规制的交叉项的系数符号为正,这表明命令型环境规制和费用型环境规制之间存在替代关系,这和前文分析结果相符。目前我国命令型环境规制对工业绿色技术效率的提升没有促进作用,而市场型环境规制则发挥了显著的正向作用,两者都是为控制企业污染水平,实施效果的不同只是因为所处阶段的特殊情况所导致的。扩大市场型环境规制的工具库,运用市场这只"看不见的手"指引工业企业进行生产,同时合理使用命令型环境规制,减少政府对企业生产的干预,让环境规制能有效引导工业企业提高绿色技术效率。

此外,模型 2 的回归结果表明,加大研发投入能显著促进工业绿色技术效率的提高,而产业结构则对工业绿色技术效率具有显著负影响。这和前文的分析一致,科技创新是提高技术效率的有效途径,科研投入是提高科技创新的重要保障,因而加大科研投入能提升工业绿色技术效率。高耗能重工业为我国工业发展做出了突出的贡献,但随着时代的发展呈现出疲软之态,其高消耗、高排放的缺点愈加凸显。当今世界唯变者进,应加快调整工业结构、促进工业高效良好发展。FDI 对工业绿色技术效率的影响不显著,这可能是由于进入我国的国外资本大多是看重我国廉价的劳动力,其技术含量和附加值都较低,对我国技术进步没有明显的促进作用。

为协调经济发展与生态环境之间的关系,政府实施了多种类型的环境规制,借以约束企业生产过程中的污染排放问题。有效的环境规制是保护生态环境的重要手段,同时又是提升工业绿色技术效率、促进工业绿色发展的有效途径。为此,本书利用 2000—2014 年各省工业有关数据,通过 SFA 技术测算了考虑环境污染成本的工业绿色技术效率,并考察了不同类型环境规制对工业绿色技术效率的影响。本节的主要结论如下:

(1)工业绿色技术效率较高的省份大多位于东部地区,而工业绿色技术效率较低的省份大多位于西部地区;我国工业绿色技术效率呈现出由东、中、西部依次递减的区域特征;从时间趋势来看,东部地区工业绿色技术效率变化平稳,中、西部地区具有一定的赶超特征;从标准差系数来看,中部地区内部发展较为平稳,东、西部地区内部差异较大。与传统技术效率比较,全国工业绿色技术效率略低于传统技术效率,东部地区工业绿色技术效率高于传统技术效率,而中、西部地区工业绿色技术效率低于传统技术效率。三大区域应该充分利用自身特点,努力实现资源节约和循环使用,降低污染排放水平。东部地区在引领全国工业绿色技术效率的同时,要注意内部差异,加强各省之间的交流,推动区域整体水平上升;中、西部地区要努力提升自身经济发展水平,借鉴东部地区优秀经验,探索出一条均衡生态环境与经济发展之间关系的道路。

(2)命令型环境规制对工业绿色技术效率有反向作用,而市场型环境规制对工业绿色技术效率具有显著的正向作用,两者之间存在替代关系。现阶段我国命令型环境规制没有起到应有的作用,但这并不意味着命令型环境规制毫无用处,在市场体系尚不健全之时,命令型环境规制仍然必不可少。与此同时,应充分发挥市场型环境规制的作用,扩大市场型环境规制的工具库,通过市场的行为刺激企业提高自身技术效率,降低污染排放水平。除此之外,还应加大科研投入和改善工业结构。科技创新是第一生产力,提高科学技术水平是提升工业绿色技术效率的根本途径。对我国工业进行转型升级,摆脱高载能重工业依赖症,努力实现工业绿色发展。

第 9 章

激励型低碳规制政策评估的动态 CGE 模型构建

目前,CGE 模型已经成为一种规范的政策分析工具,其主要应用领域包括发展战略对经济增长、不同部门产出、收入分配等的影响,税收政策调整的福利影响,贸易政策的影响,劳动力市场政策分析,税收、公共财政政策分析,部门经济政策分析以及能源环境领域的能源政策、环境政策、温室气体减排政策的经济影响等。本书通过借鉴国外先进的 CGE 建模理念和技术,构建一个符合我国基本经济形势的大规模复杂结构递推动态 CGE 模型——MCHUGE(Monash - China Hunan University General Equilibrium,中国动态可计算一般均衡模型)模型仿真研究内生化能源 R&D 活动导致的能源技术进步对中国宏观经济、节能减排、产业发展、进出口贸易等多方面的影响。该模型的主要内容包括方程组体系、数据库和闭合条件,充分体现了中国经济的市场特征和数据结构,通过 GEMPACK 软件实现其计算机求解,模型构建及相关应用可参见 Yinhua Mai 等(2013,2011,2010,2009a,2009b,2009c,2009d,2008,2006a,2006b,2005)、Dixon P. B. 等(1992,2002,2008)、Harrison W. J. 等(1996)、Horridge M. (2003)、Wittwer G. (2014)、赖明勇和祝树金(2008)、胡宗义和刘亦文(2009)、王腊芳(2008)、肖皓(2009)、谢锐(2011)、陈雯(2012)、刘亦文(2013)。而该模型最大的亮点在于其动态跨期链接机制的处理。

由于 CHINGEM 模型与国内外大型静态 CGE 模型结构类似,且湖南大学 CGE 项目团队对 CHINGEM 模型进行过详细的表述,因此本章仅简要介绍 CHINGEM 模型的生产、需求、流通、贸易、价格、地区、宏观闭合七大模块,详见第 9.1 节。详情可参阅赖明勇和祝树金(2008)、胡宗义和刘亦文(2009)等人的专著,也可参阅湖南大学 CGE 项目团队成员王腊芳(2008)、肖皓(2009)、谢锐(2011)、陈雯(2012)、刘亦文(2013)等人的博士论文。本章主要介绍 MCHUGE 模型的动态跨期链接机制。

9.1 静态模型的核心结构

在本课题研究中,我们采用了由澳大利亚莫纳什大学和湖南大学共同开发的中国静态可计算—般均衡模型——CHINGE 模型和中国动态可计算—般均衡模型——MCHUGE 模型的修改版本(Lakatos & Fukui,2013)。该模型代表一个可计算的—般均衡框架下的中国经济,下面将描述该模型的生产和需求结构,以及本书在原有基础上进行的修改。

9.1.1 生产技术

代表性企业将生产要素(人力资本和物质资本)设定为变量,并将价格因素作为成本减少的给定变量。对主要因素的需求计算采用的是两级嵌套的生产函数。

在第一层,位于 $r(1,\cdots,9)$ 区域,并拥有 $o(1,\cdots,9)$ 区域的 $j(1,\cdots,6)$ 企业用 CES(Constant Elasticity of Substitution,替代弹性不变)工艺技术决定主要要素的复合(劳动力和资本的复合)的百分比变动 q_{jro}^{F} ,如下:

$$q_{jro}^{F} = q_{jro} - \sigma(p_{jro}^{F} - p_{jro}) \tag{9.1}$$

式中, $\sigma(0.1)$ 为主要要素的复合和中间投入之间的替代弹性; q_{jro} 为 $(j,r,o)-th$ 行业活动水平的百分比变动; p_{jro}^{F} 为主要要素复合物的价格; p_{jro} 为企业产出品的价格。

从式(9.1)中可以看出,该方程包括行业规模项 (q_{jro}) 和转换项 $(p_{jro}^{F}-p_{jro})$ 。因此,在相对价格没有变化的情况下,产出的改变将改变对主要要素复合的需求。同样地,在产出固定的情况下,相对价格的变化也会引起主要要素复合需求的改变。而且,这种改变会随着 σ 值的变大而加强。所有这些影响反映了企业的标准优化能力。

在第二层,企业同样用 CES 工艺技术决定其对第 $i(2)$ 种生产要素的需求:

$$q_{ijro}^{F} = q_{jro}^{F} - \omega_j(p_{ijro}^{F} - p_{jro}^{F}) \tag{9.2}$$

式中，ω_j 为要素替代弹性，对于所有的 j 行业都小于等于 0.5；p_{ijro}^{F} 为第 i 种主要要素的价格。

和式 (9.1) 一样，式 (9.2) 也包括规模项和转换项两部分。ω_j 的值是基于参数的选择，这在其他研究中也得到广泛应用。

企业能够改变它们在生产中使用的中间投入 $k(1,\cdots,6)$，该价格作为成本减少的给定变量。为了结合中间投入，所有企业都假定使用嵌套的生产函数。

在第 1 级中，所有企业都采用 CES 生产技术决定其使用的中间投入复合 q_{kjro}^{I}：

$$q_{kjro}^{I} = q_{jro} - \sigma(p_{kjro}^{I} - p_{jro}) \tag{9.3}$$

式中，p_{kjro}^{I} 为第 i 个中间投入复合的价格。

式 (9.3) 说明企业中间投入复合的使用由包含规模和转换两项的函数决定。

在第 2 级中，企业同样采用 CES 生产技术决定国内（qd_{kjro}^{I}）及进口（qm_{kjro}^{I}）的中间投入复合的使用：

$$qd_{kjro}^{I} = q_{kjro}^{I} - \zeta_k(pd_{kjro}^{I} - p_{kjro}^{I}) \tag{9.4}$$

$$qm_{kjro}^{I} = q_{kjro}^{I} - \zeta_k(pm_{kjro}^{I} - p_{kjro}^{I}) \tag{9.5}$$

式中，$pd_{kjro}^{I}(pm_{kjro}^{I})$ 为第 k 种国内（进口）中间投入复合的价格；ζ_k 为国产和进口商品之间的替代弹性。

CES 的值位于 2.3 ~ 3.3 时，表明是贸易品（农业、采矿和制造业）；CES 值位于 0.1 ~ 0.5 时，表明是非贸易品（服务）。

所有企业都假定为在完全竞争的市场中运作，强加零纯利润条件就相当于收入等于成本，此时收入为

$$P_{jro}Q_{jro} = P_{jro}^{F}Q_{jro}^{F} + \sum_k P_{kjro}^{F}Q_{kjro}^{F} \tag{9.6}$$

9.1.2 市场出清和商品偏好

$(j,r,o)-th$ 行业的供应价格（P_{jro}）通过公式 $\mathrm{PMKT}_{jro} = P_{jro}(1 + T_{jro})$ 与市场价格 PMKT_{jro} 进行连接。式中，T_{jro} 为 $(j,r,o)-th$ 行业的销项税。PMKT_{jro} 由市场出清状态决定，其百分比变化形式为

$$q_{jro} = \mathrm{SD}_{jro} \mathrm{qd}_{jro} + \sum_{S_s} X_{jros} \cdot \mathrm{qx}_{jros} \tag{9.7}$$

式中，qd_{jro} 为 $(j,r,o) - th$ 商品的国内销量（销售给企业、居民和政府的总和）；qx_{jros} 为 $(j,r,o) - th$ 商品出口到 $s(9)$ 区域的销量；S_s 为国内销量和出口销量在总产出中所占的份额。

生产第 j 种商品的企业的国内总销量由 CES 偏好决定：

$$\mathrm{qd}_{jro} = \mathrm{qd}_{jr} + \zeta_j (\mathrm{pmkt}_{jro} - \mathrm{pmkt}_{jr}) \tag{9.8}$$

式中，qd_{jr} 为所有企业（所有业主）第 j 种商品的国内销量总额；pm_{jr} 为区域 r 中的所有企业生产商品 j 的市场平均价格。

s 区域第 $(j,r,o) - th$ 种商品的出口量由 CES 偏好决定：

$$\mathrm{qx}_{jros} = \mathrm{qm}_{jr} - \zeta_j (\mathrm{px}_{jros} - \mathrm{pm}_{jr}) \tag{9.9}$$

式中，qm_{jr} 为 r 区域所有代理商（即企业、居民和政府）对于第 j 种商品的进口销售；pm_{jr} 为从所有源地区进口到区域 r 的商品 j 的平均到岸价格。

9.1.3　区域和特定部门的投资

在原始形式上，美国国际贸易委员会外商直接投资模型（Uniteal States International Trade Lommission – FDI, USITC – FDI）假定所有的部门都具有一个单一有效的投资商品。这个假定并不符合该模型中的部门、地域、所有者特定（实物）资本。因此，我们通过分摊不同部门间的投资商品来修改单一投资商品的假定。这种分摊把资本存量分摊到每个区域，所以其中隐含着一个假定：一个区域中的投资资本比率在部门间是相等的。一旦区域投资的数据已经分摊给各部门，就有必要确定部门投资在模型中是怎样确定的。

由 j 产业在区域 r 的部门投资 I_{jr}，被认为是部门资本的固定比率 K_{jr}，可由转变项 FI$_r$ 调整而来。

$$\frac{I_{jr}}{K_{jr}} = \mathrm{FI}_r \tag{9.10}$$

根据在式（9.10）中决定的 I_{jr}，k 投入投资的行业需求 I_{kjr} 由 CES 生产技术决定。下面以百分比变化为代表：

$$I_{kjr} = I_{jr} - \sigma(\mathrm{pi}_{kjr} - \mathrm{pi}_{jr}) \tag{9.11}$$

式中，pi_{kjr} 为第 i 个投入投资的（百分比变化的）价格；pi_{jr} 为投入投资的（百分比变化的)平均价格。

一旦 I_{kjr} 被决定,那么投入国内外资源之间的投资需求就由 CES 生产技术决定,CES 生产技术应用于原有模型[式(9.4)和式(9.5)]。

在投资 CES 生产技术的嵌套模型的头层中,区域投资 I_r 被确定为占 GDP 的比例,该比例经资本相对回报率调整:

$$\frac{I_r}{\mathrm{GDP}_r} = \left(\frac{\mathrm{ROR}_r}{\mathrm{ROR}}\right)^{\delta} \mathrm{FG}_r \tag{9.12}$$

式中, $\left(\frac{ROR_r}{ROR}\right)$ 为第 r 区域(全球)资本的税后净(折旧)回报率; $\delta(0.5)$ 为一个正参数; FG_r 为一个调节系数,确保初始状态下的式(9.12)是成立的。

为了确保 I_r 和 I_{jr} 之间的一致性,加入一个附加的约束条件:

$$I_r = \sum_j I_{jr} \tag{9.13}$$

为了确保式(9.13)和式(9.10)、式(9.12)之间的一致性,式(9.10)中的 FI_r 被设定为内生变量。

9.1.4 居民总消费、政府支出和储蓄

遵循 GTAP(Global Trade Analysis Project)模型(Hertel & Tsigas,1997),通过分配净(折旧)国民收入给政府总消费、居民总消费和净(折旧)储蓄来最大化有可变的规模和份额参数的柯布 – 道格拉斯效用函数。因此,政府总消费、居民总消费和净(折旧)储蓄的名义值占名义净国民收入的份额几乎是固定的。这种对待居民消费是不符合消费和储蓄的生命周期理论,该理论预测,真正财富的变化对家庭总支出的影响超出当期收入或其他因素的任何变化对家庭总支出的影响。在这项工作中所分析的政策问题预计将导致实际财富的显著变化,为了捕捉家庭消费的变化所带来的影响,我们实行消费和储蓄的生命周期理论。

根据继多恩布什和费舍尔(1978),我们假设一个地区的家庭名义总支出(C)随着家庭名义可支配收入(HDY)和真正的财富(RW)变动:

$$C = [\mathrm{APC} \cdot \mathrm{HDY} + \alpha \cdot \mathrm{RW}] \cdot \mathrm{FD} \tag{9.14}$$

式中, APC 为 HDY 的平均消费倾向; $\alpha(0.06)$ 为一个控制真正财富平均消费

倾向的正参数;FD 为缩放因子,确保初始解时式(9.14)两侧相等。

家庭消费的上述处理取代了原来在 USITCFDI 中的处理,这也影响对政府消费和储蓄的处理。政府消费(G)现在假定是 GDP 的一个固定份额,按名义价值计算。因此,储蓄(S)是一个差值,是国民生产总值或国民收入和居民消费及政府消费之间的差值。这意味着,储蓄率,S/GNP,具有内源性并且由等式(9.14)确定,即 $1 - (C + G)/GNP$ 。

9.1.5 财富积累

财富积累机制的推导及其说明如迪克森和里默(2002)所示。在应用该模型的动态形式时,我们可以模拟两个点之间的区域和全球经济的变化,如2013—2023 年。在这样的模拟中,只有一个单一的时间周期,长度是 10 年。因此,在这 10 年间积累的任何关系需要模型变量在仿真期间如何演变的假设。根据迪克森和里默(2002),我们假设模型变量在此期间是平稳增长的。这就意味着模型中 2013 年的存量和流量值被视为模型参数,而 2023 年的被视为变量。因此,假设在此期间每个地区的财富积累为

$$W_{t+s+1} = W_{t+s} + NS_{t+s} \qquad s = 0,1,\cdots,9 \qquad (9.15)$$

式中, W_t 为在 t 年初的财富值; NS_t 为在 t 年期间的净储蓄(折旧)。

式(9.15)表示, $t + s + 1$ 年初的财富值等于上一年度的财富值加上 $t + s$ 年期间的净储蓄。因此,式(9.15)中的 $W_{t+\tau}$ 可以写为

$$W_{t+\tau} = W_t + \sum_{s=0}^{\tau-1} NS_{t+s} \qquad (9.16)$$

现在假设净储蓄在模拟时段平稳增长,即

$$NS_{t+s} = NS_t \left(\frac{NS_{t+\tau}}{NS_t}\right)^{s/\tau} \qquad (9.17)$$

令 t 代表 2014 年, $t + \tau$ 代表 2023,则式(9.16)可以写为

$$W_{t+\tau} = W_t + \sum_{s=0}^{\tau-1} NS_t \left(\frac{NS_{t+\tau}}{NS_t}\right)^{s/\tau} + FW \qquad (9.18)$$

式中,FW 为代表偏爱财富积累的变量。

注意,式(9.18)中 W_t 和 NS_t 是参数,并从 2013 年开始设置为数值。

9.1.6 不同资产类别的财富分配

定义每个地区投资者的财富由两个资产组成:实物资本(K)和债券(B)。

实物资本通过产业 j、位置 r 和投资者 o 定义：K_{jro}，其中位置和所有者维度参考模型中的地区。在实物资本和债券之间分配财富，选择由投资者 o 拥有的资金总额决定：$K_o = \sum_j \sum_r K_{jro}$。

在这里，债券代表所有形式的债务和股权融资，即代表所有的金融资产和负债。因此，债券以每个区域被校准，使它们代表除实物资本外所有资本的国外净收入。这是通过设定区域债券净收入实现的，这样可以使资本账户余额与观测值匹配。通过这种方式，债券包括：(i) 允许资本账户被关闭；(ii) 给投资者一个两种类型资产的选择，其中可以投资他们的储蓄，比起 FDI，债券投资代表低风险的投资，同时其回报率也较低。从而纳入债券代表投资者的选择，全球资本市场往往比其他情况更现实。由于债券代表所有金融资产的复合，因此将它们模拟为每个区域的净股数。

在实物资本和债券之间分配财富，每一个区域投资者选择 K_o 和 B_o，从而使得 $[K_o \cdot RK_o - VD_o + B_o \cdot RB]$ 最大化，其中 K_o 和 B_o 受限于 $QW_o = \mathrm{CET}[K_o, B_o]$。其中，$\mathrm{CET}[\cdot]$ 为转换效用函数的不变弹性（鲍威尔和格伦，1968），RK_o 为投资者 o 所收到的资本平均税后租赁价格，RB 为指全球债券利率，QW_o 为投资者 o 拥有的实际财富。$VD_o = \sum_{jr} K_{jro} \cdot PI_{jr} \cdot D_{jr}$，为投资者 o 的资本折旧值，其中 D_{jr} 为行业 j 在区域 r 的资本折旧率。

因此，投资者为了寻求最大化的财富回报，包括(i) 扣除折旧的税后资本回报率 $(K_o \cdot RK_o - VD_o)$，加上(ii) 债券收益 $(B_o \cdot RB)$，基于给定的 RK_o、PI_{jr} 和 RB。注意，债券收益取决于 B 的初始值，其可正可负，因此，$\sum_o B_o = 0$。还需要注意的是，只有一个单一的债券利率，因为我们假设在债券利率市场是完美国际套利机制。

投资者的最大化问题产生了以下百分比变化形式的行为方程：

$$k_o = qw_o - \gamma(ror_o - rorw_o) + fk_o \qquad (9.19)$$

$$qb_o = qw_o - \gamma(CD_o \cdot rb - rorw_o) + fb_o \qquad (9.20)$$

式中，$k_o(qb_o)$ 为区域 o 拥有的资本（债券）数量；ror_o 为区域 o 的税后净（折旧）资本回报率；$rorw_o$ 为区域 o 对财富的平均收益率；$\gamma(-1.5)$ 为一个负参数，控制资本和债券之间的转换程度；fk_o 和 fb_o 为以资本和债券形式持有的财富的偏好。

式(9.19)和式(9.20)包括规模项和变换项。比例项由区域 o 真正的财富决定(qw_o),这是一个经过财富价格指数折算的名义财富值(w_o)。变换项是每个资产类别的相对回报率和转换参数的一个函数。注意,方程的系数 CD_o 决定债券的数量。$CD_o = 1$,$B_o > 0$;$CD_o = -1$,$B_o < 0$,没有地区的债券数量会是 0。如果一个区域是一个净债权国(债务人),则系数可通过($rb-rorw_o$)使 qb_o 上升(下降),即他们会贷(借)多(少)。

9.1.7 跨越地区和行业的资金供给

虽然所有者的资金(K_o)已经在资产供给嵌套模型的第一层中决定了,但是仍然需要将资金分配到 r 区域地区以及那些地区的 j 行业中:K_{jro},这是很常见的。在分析 FDI 的模型中,基于 K_o 用 CET(Xonstant Elasticity of Transformation,固定转换弹性)效用函数来决定 K_{jro},如 Hanslow 等(1999)。但正如 Hanslow(2001)证明的,如果(r,j)– th 的资本存量的比例 K_{jro}/K_o 初始值太小,那么这一比例将长时间都是小的,以至于(r,j)– th 的相对回报率近似为常数。因此,如果所有资本供应商在(r,j)– th 市场上的相对回报率都同样变化,大型供应商将保持大型而小供应商将仍然很小。为了避免 CET 函数的这种性质,我们采用 Hanslow(2001)的方法,运用 CRETH 的改进形式(变换弹性常数比,位似)的效用函数(Vincent et al. , 1980),以确定资本在各行业的双边分配。

因此,在跨越地区和行业分配 K_o 中,每个实物资本的区域所有者都会选择 K_{jro} 使 $\sum_{jr}[K_{jro} \cdot RK_{jro} - VD_{jro}]$ 最大化,其中,$K_o = \text{CRETH}[K_{jro}]$。$RK_{jro}$ 为投资者 o 收到的平均资本税后租赁价格。$VD_{jro} = K_{jro} \cdot PI_{jr} \cdot D_{jr}$,为投资者 o 拥有的用于区域 r 行业 j 的资本折旧额。因此,给定 RK_{jro} 和 PI_{jr},投资者最大化他们自己的总实物资本回报率。

资本投资者的最大化问题产生了以下百分比变化形式的行为方程:

$$k_{jro} = k_o - \varphi_{ro}(ror_{jro} - ror_o^*) + fk_{jro} \qquad (9.21)$$

式中,ror_{jro} 为区域 o 拥有的用于 r 区域 j 产业的税后净(折旧)资本回报率;ror_o^* 为区域 o 拥有的用特殊股份计算出来的税后平均净资本回报率;φ_{ro} 一个负参数,用来控制不同行业之间的转换程度;fk_{jro} 为持有不同行业和地区的资本的偏好。

在这里,ror_o^* 被定义为

$$ROR_o^* = \frac{VPR_o^*}{VK_o^*} - \frac{VD_o^*}{VK_o^*} \qquad (9.22)$$

式(9.22)右边的第一项(RHS)是资本总回报率,即税后租金与资本存量的比值;第二项是折旧率,即折旧额与资本存量的比率。式(9.22) RHS 中的所有变量均采用"改良"股计算。例如,$VK_o^* = \sum_r \sum_j S_{ro}^* K_{jro} \cdot PI_{jr}$ 中的 $S_{ro}^* = \dfrac{\varphi_{ro} \cdot VK_{ro}}{\sum_r \varphi_{ro} \cdot VK_{ro}}$。

CRETH 允许转换弹性 φ_{ro} 在区域 o 投资的 r 地区是变化的。Hanslow(2001)校准 φ_{ro},使其值与初始资本租金份额是负相关的。这避免了上述性质,在相对回报率是常数的情况下,使用 CET 函数会初始资本份额小的一直都小。因此,根据 Hanslow(2001),φ_{ro} 可以被校正为

$$\varphi_{ro} = \eta_o \cdot S_{ro}^{-1/N} \qquad (9.23)$$

式中:

$$\eta_o = \frac{\mu \cdot (1 - \sum_r S_{ro}^2) \cdot \sum_r S_{ro}^{1-1/N}}{(\sum_r S_{ro}^{-1/N})^2 - \sum_r S_{ro}^{2-2/N}} \qquad (9.24)$$

$$S_{ro} = \frac{\sum_j K_{jro} \cdot RK_{jro}}{\sum_r \sum_j K_{jro} \cdot RK_{jro}} \qquad (9.25)$$

参数 μ 是所有 r 地区模型使用者所期望的 K_{jro} 的平均转换弹性,这里设 $\mu = -1$。式(9.25)中的份额是指每个投资者 o 在整个地区 r 的税后租金份额。通过式(9.23)~式(9.25)可以得到与初始租金份额负相关的 CRETH 参数。给定一个均值 μ,N 控制每个投资者各区域参数的标准差。N 值越高,标准差越小,反之亦反。

9.1.8　资本流动

在 K_{jro} 确定的基础上,我们定义所有所有者在 r 区域对 j 产业资本供应量:$K_{jr} = \sum_o S_{jro} \cdot K_{jro}$;同样,定义所有所有者在 r 区域对 j 产业资本需求量:$Q_{jr}^K = \sum_o S_{jro} \cdot K_{jro}$,$i(capital)$。通过声明按行业和地区的市场出清条件 $K_{jr} = Q_{jr}^K$,我们定义了一个资本的租赁价格,该价格可以适用于第 (j,r) 行业所

有拥有者的资本 P_{jr}^K。因此,能够引起 (j,r) 行业任何资本提供者的资本价格下降的任何变化将减少 (j,r) 行业所有拥有者资本的资本价格的下降。例如,如果一个供应商或一组供应商相对于对资金的需求,增加了对给定的区域行业的资金供给,那么该行业其他所有供应商的资本将经历租赁价格的下跌。通过这种方式,一个资本供应商的任何降低成本的技术变革都将被转移到同一区域行业的其他供应商上。

与处理行业租金价格的方法相一致,关于初始数据,我们设定所有资本供应商的净资本回报率等于一个区域行业的净资本回报率。由此可知,一个区域内的资本回报率仅随行业变化,而不随资本所有者的变化而变化。

9.1.9　劳动供给和劳动力市场出清

定义每个区域劳动供给函数是人口和税后实际工资的函数。使劳动力供给能够灵敏地体现实际工资,该实际工资与劳动力供给的非零工资弹性的国际证据相一致(Bargain et al., 2011)。因此,在每一个区域 r,我们定义了劳动力供给的比例 LS_r 比上人口 POP_r 为:

$$\frac{LS_r}{POP_r} = (PRW_r)^{\beta} \cdot A_r \tag{9.26}$$

式中,PRW_r 为在区域 r 劳动力收到的税后实际工资;A_r 和 β 为正参数

因此,劳动力供给是实际工资和人口的正函数。设置劳动力供给弹性 $\beta = 0.2$,使得劳动力供给仅受到每个地区实际工资很小的影响。A_r 是缩放因子,其作用是保证式(9.26)在初始状态时左右两边相等。

原有模型假定每个地区的劳动力总需求 LD_r 是外生变量。根据式(9.26)中定义的 LS_r,这里定义 LD_r 是内生变量,并增加了劳动力市场出清条件:

$$LS_{lr} = LD_{lr} \tag{9.27}$$

式(9.27)通过平衡劳动力的需求和供应来决定 r 区域劳动力收到的税前工资:

9.1.10　地区收入

由于每个区域会赚取外汇收入,因此有必要重新定义区域的收入,以反映区域内经济活动,即 GDP 和该地区的收入,即 GNP 之间的差异。从供给方和需求方的位置,地区 r 的 GDP 被定义为:

$$GDP_r = LY_r + KY_r + IT_r = C_r + I_r + G_r + X_r - M_r \tag{9.28}$$

即劳动收入(LY_r)、资本收入(KY_r)和间接税收(IT)之和等于消费(C_r)、投资(I_r)、政府开支(G_r)和净出口($X_r - M_r$)之和。注意，$KY_r = \sum_j \sum_o KY_{jro}$，包括所有投资者在所有行业赚取的资本收入。同样要注意的是，当 $r = o$ 时，$KY_{ro} = \sum_j KY_{jro}$，表示在区域 r 用内资资本赚取的资本收入；当 $r \neq 0$ 时，$KY_{ro} = \sum_j KY_{jro}$，表示在区域 r 基于外商独资（或 FDI）赚取的资本收入。

地区收入被定义为

$$GNP_r = GDP_r + FKY_r - FKP_r + NINT_r \tag{9.29}$$

即 GNP 等于 GDP 加上区域 r 收到的 FDI 资本收入(FKY_r)，减去在区域 r 支付的 FDI 资本收入(FKP_r)，加上对区域 r 债券的净利息收入($NINT_r$)。

9.2 动态跨期链接机制

MCHUGE 模型与其他比较静态 CGE 模型最大的不同之处在于其动态跨期链接机制。MCHUGE 模型的动态机制主要体现在模型方程体系中增加了动态跨期链接的动态元素和对数据进行动态更新两个方面。MCHUGE 模型包括三种类型的动态跨期链，即实物资本积累、金融资产/负债积累以及滞后调整过程。

9.2.1 实物资本积累

MCHUGE 模型动态机制的核心在于年度投资流量与资本存量之间的联系。其中，投资在经济支出方面占据了相当大的比例，资本租赁在经济收入方面占据了相当大的比例。根据大多数典型的 CGE 模型，资本在某个时期内的增长方式如下：

$$K_{j,t+1} = K_{j,t}(1 - D_{j,t}) + I_{j,t} \tag{9.30}$$

$$E_t \cdot ROR_{j,t} = -1 + \frac{E_t \cdot Q_{j,\,t+1}}{C_{j,t}} \times \frac{1}{1+r} + (1 - D_j) \times \frac{E_t \cdot C_{j,t+1}}{C_{j,t}} \times \frac{1}{1+r}$$

$$= \left\{ \frac{\dfrac{E_t \cdot Q_{j,\,t+1}}{1+r} + \dfrac{(1 - D_j) \times E_t \cdot C_{j,t+1}}{1+r} - C_{j,t}}{C_{j,t}} \right\} \tag{9.31}$$

$$E_t \cdot ROR_{j,t} = f_{j,t}\left(\frac{K_{j,t+1}}{K_{j,t}} - 1\right) \qquad (9.32)$$

$$E_t \cdot Q_{j,\,t+1} = Q_{j,\,t+1} \qquad E_t \cdot C_{j,\,t+1} = C_{j,\,t+1} \qquad (9.33)$$

式中，$K_{j,t}$ 为行业 j 在 t 年的可用资本数量；$I_{j,t}$ 为行业 j 在 t 年的新增资本数量；$D_{j,t}$ 为折旧率；E_t 为第 t 年期望值；$ROR_{j,t}$ 为产业 j 在第 t 年投资报酬率；$Q_{j,t+1}$ 为第 $t+1$ 年产业 j 资本利得；r 为利率；$C_{j,t}$ 为第 t 年产业 j 购置额外一单位资本的成本；$f_{j,t}$ 为一非递减函数。

行业 j 的期望收益率决定其在某一特定时期的投资水平。投资供给曲线表明了追加投资所需的回报率，这取决于行业 j 资本存量的增长率。

9.2.2　金融资产/负债积累

对于中国而言，经常项目资金流（如贸易平衡和外国支付给中国现有债务的净利息）与净外债之间的关系也很重要。该关系会影响可支配净收入和消费函数，消费函数即家庭支出与可支配收入之间的关系。

鉴于中国的净外债余额在 GDP 中占据很大份额，如果在不增加任何经济资本的情况下将上述模型从 t 年移动至 $t+1$ 年，那么会对行业 j 产生持续的影响，这是因为国外在净外债上支出的净利息不断累积。这种影响被 Dixon 和 Rimmer（2002）简称为"动力"，如一个初始条件（如大量的外国债务）在 MCHUGE 模型动态机制中起到关键作用，但其不是比较静态分析的一部分。

9.2.3　滞后调整过程

滞后调整过程具体为逐期分段调整。根据 Dixon 和 Rimmer（2002）的研究启示，MCHUGE 模型中的投资就涉及这样一个过程，通过逐期分段调整，可以部分调整消除投资在投资规模和收益率以及和投资行为理论中的不一致。

MCHUGE 模型动态机制包括在区域水平缓慢的劳动力调整的理论（Wittwer et al.，2005）。区域水平的劳动力市场调整机制如下：

$$\left(\frac{W_t^r}{Wf_t} - 1\right) = \left(\frac{W_{t-1}^r}{Wf_{t-1}} - 1\right) + \alpha\left(\frac{EMP_t^r}{EMPf_t}\right) - \left(\frac{LS_t^r}{LSf_t}\right) \qquad (9.34)$$

式（9.34）表示，如果偏差冲击减弱了劳动力市场在地区 r 和周期 t 之间的相关预测，实际工资 W_t 和相对应预测值 Wf_t 间的偏差将会逐渐减小。另外，劳动力

市场需求 EMP_t^r 和供给 LS_t^r 相对应的预测水平 $EMPf_t^r$ 和 LSf_t^r 初始差距将会扩大。在连续几年中,供求之间的差距会随着实际工资的降低逐渐向预测值回归。劳动力市场的调整速度是由正参数 α 控制的。

区域劳动力供给方程为:

$$\frac{LS_t^r}{LSf_t^r} = \frac{(W_t^r)^\gamma}{\sum_q (W_t^q)^\gamma S_t^q} \Big/ \frac{(Wf_t^r)^\gamma}{\sum_q (Wf_t^q)^\gamma Sf_t^q} \tag{9.35}$$

区域劳动力供给与预测偏差取决于国家实际工资与预测值间的偏差,在式 (9.35) 中, $\sum_q (W_t^r)^\gamma S_t^q$ 是各地区劳动力实际工资反应的测量值,其中 γ 是正参数, S_t^q 是地区 q 占国家就业的份额。假设一个特定地区实际工资与预测值之间的偏差降低影响整个国家的实际工资与预测值之间的偏差,则这个等式指出,当特定区域劳动力供给降低时,其他地区供给将会上升。

结合式(9.34)和式(9.35),给定区域内,劳动力市场的调节最初产生在失业率增加和实际工资降低时。在低实际工资下,失业将最终回归到预测比率上来。相对于一个地区基础水平,实际工资下降,劳动力供给也会随之降低。从这个理论来讲,长期劳动力市场调节发生于地区内部劳动力的转移和实际工资差异的改变。

9.3 能源环境模型拓展

作为一个中国经济的大型 CGE 模型,MCHUGE 模型在开发之初主要用于国际贸易及其产业预警评估等(赖明勇和祝树金,2008;何好俊等,2009;马传秀等,2010;祝树金等,2011),肖皓等(2009)、陈雯等(2012)根据研究需要,对 MCHUGE 模型进行适当的拓展,使之应用于能源环境领域,用以评估燃油税、水污染税等能源环境税种的征收效果。本书通过对 MCHUGE 模型进行适当的拓展,嵌入能耗模块和环境模块,并对 CO_2 排放进行相应处理,用以测度能源技术进步等对中国经济增长、产业发展、进出口贸易、节能减排等多方面的影响效应。

这里设计了能耗使用率[用 $EEU_{1i}(j)$ 来表示]和单位 GDP 能耗系数(用 EEU_2 来表示)两种能耗评估指标,前者用以反映含价格因素的能源使用情况,后者用以反映单位 GDP 能耗水平。

$$EEU_{1i}(j) = VEU_i(j)/VTOT_i \tag{9.36}$$

$$EEU_2 = \sum_{j_2}[XEU(j_2) \cdot CET(j_2)]/X_0 GDP \tag{9.37}$$

环境模块方面,我们同样设计了排污总量[用 $Pol_k(h)$ 来表示]和不同污染物排放类型的排放总量[用 $Tpol(h)$ 来表示]两种环境评估指标,同时对 CO_2 排放进行适当处理,将其转化为相应的能源产品,用以反映各含碳产品的最终消费使用情况。

$$Pol_k(h) = inp_k(h) \times activity_k \tag{9.38}$$

$$Tpol(h) = \sum_k Pol_k(h) \tag{9.39}$$

$$PV(j) \cdot Tp(j) = \frac{V(j)}{P(j)} \cdot C(j) \cdot EcCO_2(j) \cdot Tq \tag{9.40}$$

式中, i 为产品使用用途; j 为能源产品(j_2 为一次能源产品); k 为行业; t 为时期; h 为不同污染物排放类型; inp 为污染系数; $VEU_i(j)$ 为 j 类能源产品投入用途 i 的价值量; $VTOT$ 为用途 i 的总需求投入价值量; $XEU(j_2)$ 为一次能源产品实际投入总量; $CET(j_2)$ 为一次能源产品折合成标准煤的转换系数; $X_0 GDP$ 为价格平减后的实际 GDP; $activity$ 为工业总产出水平; $V(j)$ 为含碳能源产品的消费值; $Tp(j)$ 为能源的从价税; $P(j)$ 为能源价格; $C(j)$ 为含碳能源产品转化为标准煤系数(表 9.1); Tq 为从量税。

含碳能源使用过程中产生 CO_2 的系数如表 9.2 所示。

表 9.1 各种含碳能源折标准煤系数

能源	煤	石油	天然气	石化产品和焦炭	燃气与热力
系数	0.7143	1.4286	1.1~1.33	1.4554	1.286
单位	标准煤/千克	标准煤/千克	标准煤/立方米	标准煤/千克	标准煤/立方米

注:数据来自《中国能源统计年鉴2009》,石化产品和焦炭的能源折标准煤参考系数是按照焦炭、汽油、煤油、柴油、燃料油的 2008 年国内消费情况进行加权平均得到的

表 9.2 含碳能源使用过程中产生的 CO_2 的系数

能源	煤	石油	天然气	石化产品和焦炭	燃气与热力
系数	2.292	1.746	1.288	2.37	1.5

注:排放系数参考肖皓的博士论文,其中石化产品和焦炭的 CO_2 排放系数是按照焦炭、汽油、煤油、柴油、燃料油的 2008 年国内消费情况进行加权平均得到的

第 10 章

能源技术进步效应的动态 CGE 研究

10.1 能源技术研发政策引致的能源技术进步的经济社会效应

技术进步与技术创新对经济增长的巨大推动作用已被广泛认可,经济理论(Dension,1967,1985;Griliches,1996;Slow,1957)和实证研究(Freeman,1989;Grubler,1998;Mokyr,1990)都表明,技术进步是长期经济发展最重要的贡献因素。另外,早在 20 世纪 70 年代初,Herbert Simon(1973)和 Nathan Rosenberg(1976)等学者就指出技术是解决环境问题的最佳克星。技术进步对改进能源消费方式、提高能源效率、减轻环境压力、减少 CO_2 等温室气体排放、减缓全球气候变化将起到无可替代的作用。IEA 在 2006 年的能源技术展望中通过情景分析指出"到 2050 年,在关键能源技术的作用下,届时全球碳排放量可以回到目前的水平,石油需求的增长将会减半。通过可再生能源技术、CO_2 的捕获和封存技术、核能技术(在可以接受的国家中),来减少电厂的碳排放,将是基本的要求"(IEA,2006)。IPCC 在《排放情景特别报告》和《第三次评估报告》中强调,在解决未来温室气体减排和气候变化的问题上,技术进步是最重要的决定因素,其作用将超过其他所有驱动因素(IPCC,2000,2001)。众多气候政策评估模型的研究结果也表明,中长期减排措施的成本和预期效益与模型中关于技术变动的假设密切相关。在 Wey ant(2000)总结的造成气候政策评估模型结果差异的五个关键因素中,对技术变动的不同描述和假设是重要的影响因素之一。

Edmonds J 等(2012)总结了里约会议以来能源技术的经验教训,认为在 1992 年达成《联合国气候变化框架公约》时,当时的研究文献对节能减排技术的作用探讨相对有限,但此后的 20 年里,学术界和实务界就充分认识到能源技术的重要性。IPCC 在《排放情景特别报告》(2001)、《第三次评估报告》(2001)、《第四次评估报告》(2007)和第五次评估报告(2013)中也多次重笔墨强调解决温室气体减排和气候问题中能源技术驱动的重要地位。随着欧洲 SET 计划已于 2020 年到期,目前欧洲学术界部分学者开始反思并重新审视其能源技术政策。Sophia Ruester 等(2013)在同时考虑技术发展和碳价格不确定性的基础上提出了一套修订计划,使政策制定者积极主动地推动有前景的能源技术创新。Winskel Mark 等(2014)研究发现,ETIS 经历了从边缘到主流的过程。不难发现,能源技术的进步,将在可持续发展框架下的能源、经济、环境和气候系统的协调发展中扮演重要角色,发挥重要作用,产生重大影响,甚至是革命性的影响。因此,促进能源技术进步,尤其是碳减排技术的发展是发展低碳经济的核心,碳捕捉等碳处理技术、新能源开发使用技术,将在发展低碳经济时代中的经济、能源与环境的协调发展中起到重要的作用。

国外学者还从不同角度探讨了能源技术进步对经济发展、节能减排等方面的影响。Nakicenovic 等(1998)基于不同的能源技术进步情景假设,得出 2100 年碳排放的预测值在 2 ~40GtC 这样一个非常大的范围内。Matson R. J. 和 Carasso M.(1999)比较了传统能源技术(如石油、煤炭、天然气)与可再生能源技术(如太阳能光伏、风能、太阳能热、生物燃料)对经济、社会、政治和环境的影响,认为快速部署再生能源技术有损区域内和代际公平。Lee Seong Kon 等(2009)分析了韩国长期的能源技术发展战略对该国能源环境、经济发展和商业潜力的影响,从而为确定应该发展哪些能源技术提供决策参考。Greene D. L. 等(2010)基于相关能源技术开发的不确定性,探讨了推进能源技术成功率对美国实现能源目标的重要性,认为在碳捕获和封存、生物质能、电动或燃料电池汽车等各技术领域必须要实现 50% 的成功概率,才能有效实现碳减排,减少对石油的依赖。Spyros Arvanitis 和 Marius Ley(2013)基于 2324 家瑞士企业微观数据,实证分析了采用节能技术对公司和行业的异质性,战略性考虑和外部效应的影响,发现环境友好型技术具有积极的净外部效应。

国内学者关于技术进步对能源消费的影响的分析主要集中在三类,分别是技术进步对能源消费总量、能源消费结构及能源消费强度的影响分析。王玉潜(2003)通过对1987—1997年的数据进行分析,肯定了技术进步对于降低能源消费强度的重要作用。齐志新和陈文颖(2006)在分析了我国改革开放以来能源效率提升的影响因素后发现,技术进步是能源消费强度下降的决定因素,而结构调整对能源消费强度的影响较小。王俊松等(2009)研究发现能源消费强度的降低主要得益于技术进步,其中在技术效应中,化学原料及制品制造业等高能耗产业部门及居民消费业的技术进步是导致我国能源消费强度下降的主要原因。姜磊等(2011)研究发现技术进步降低了能源消费强度,但从系数上看,地区间略有差异。何小钢和张耀辉(2012)测算并分解了我国36个工业行业基于绿色增长的技术进步,认为技术进步对节能减排有正向影响,其中科技进步作用最大。陈夕红等(2013)运用面板方法估算了技术空间溢出对全社会能源效率的影响,结果表明国内技术转让与R&D人员有利于西部地区全社会能源效率的提升,东部地区的技术节能以外商直接投资为主。高辉和吴昊(2014)发现技术进步不仅对本地区能源效率存在显著正向促进作用,还对相邻地区的能源效率存在正向影响。

Andreas(2002)指出在大量的经济模型实证研究中,技术进步不仅决定着低碳经济的发展,长期低碳经济的发展也同样影响着技术进步的发展。为了能够比较精确地运用国内经济信息和经济数据研究技术进步对中国低碳经济的发展态势,本书尝试借助一个中国动态CGE模型——MCHUGE模型来模拟分析技术进步对我国节能减排和经济发展的产出影响,同时从微观层面对各个产业部门受到的冲击进行分析,得到一段时期内各经济变量变化的大致路径,准确把脉技术进步对中国低碳经济的发展态势,并试图以此为依据对发展低碳经济做出有益的对策分析。

10.1.1 闭合条件

在具体应用CGE模型进行政策模拟时,模型"闭合"是关键步骤,即在求解模型时区分哪些变量为外生变量,哪些变量为内生变量。内生变量必须与方程个数相同,这样就可以确定外生变量并对其赋值。外生变量的不同选择即模型闭合的不同选择方案,反映了对要素市场和宏观行为的不同假设。静态 CGE 模型中设计了短期和长期两种闭合条件,而 MCHUGE 模型的一个改进的地方就是能通过灵活选择外生变量实现动态化的模拟过程。

在本书中,短期内资本存量和实际工资率由外生给定,相应的资本投资收益率和就业则由内生给定。这是因为在短期内,资本投资收益率和就业水平是动态变化的,资本投资收益率的变动幅度可以使投资发生相应的变化,从而使资本存量保持不变;实际工资率的变动幅度可以使就业率发生相应的变化,从而使就业水平保持不变。而在长期,资本收益率和就业是外生变量,资本存量和实际工资率则变成内生变量。在长期内,资本可以在国内和国外两个市场以及各部门间流动,资本投资收益率最终在国内和国外两个市场以及各部门间趋于平衡,而实际工资率的变动可以有足够的时间来调节就业水平。无论是在短期还是在长期,劳动力、技术水平和资本存量将共同决定 GDP 的增长率。

MCHUGE 模型分别引入了 4 种闭合方式:历史模拟、分解模拟、预测模拟及政策模拟。4 种闭合方式根据实现目标的不同灵活选择内外生变量以及设置冲击的变化。

10.1.2 模拟情景的设置

在 MCHUGE 模型中,每个生产部门的投入包括使用进口品和国产品的合成品投入、劳动和资本等要素和其他成本,各种投入之间按照两层嵌套的列昂节夫/CES 生产函数结合而成,各部门的总产出是出口品和内销品之间的 CET 函数。因此,对于每个产品和要素的使用,MCHUGE 模型都会给定一个技术参数来刻画这个产品或者要素的技术水平。在本书政策模拟中,模型假定所有的技术参数外生,通过设置相应的参数值来实现技术进步。

由于在 MCHUGE 模型中有关技术进步的变量有很多,其中,△TFP(全要素生产率增长率)、科学技术变化和能源技术变动分别表示为 a1prim、a2tot、ac。为了分析能源技术变动对我国宏观经济变量、产业发展及节能减排的影响程度,在实际模拟过程中,依次设定了能源技术变动(ac)为 0.5%、1%、2%,以此作为政策模拟,分别分析这三个场景下的模拟结果,并进行比较,以得到政策模拟相对于基线值的偏差,即政策效应。

10.1.3 仿真研究

本章利用 MCHUGE 模型对能源技术变动对我国宏观经济变量、产业发展及节能减排的影响程度进行了仿真研究,主要分析结果如表 10.1 ~ 表 10.3 所示。

表 10.1 宏观模拟结果(相对基期的百分比变动率)

主要宏观经济变量	情景 1			情景 2			情景 3		
	2011 年	2016 年	2020 年	2011 年	2016 年	2020 年	2011 年	2016 年	2020 年
宏观经济变量									
支出法 GDP	2.28	2.23	2.24	4.57	4.50	4.53	9.16	9.15	9.26
居民福利(GNP)	2.20	2.12	2.15	4.40	4.28	4.33	8.81	8.71	8.84
消费	1.80	1.69	1.68	3.58	3.41	3.38	7.11	6.92	6.89
投资	3.24	2.85	3.00	6.42	5.77	6.11	12.60	11.88	12.70
政府支出	1.79	1.69	1.68	3.57	3.40	3.38	7.10	6.90	6.88
出口	0.66	0.86	0.82	1.35	1.72	1.63	2.89	3.43	3.24
进口	0.81	0.70	0.75	1.60	1.41	1.52	3.05	2.87	3.15
要素市场									
收入法 GDP	2.28	2.23	2.24	4.57	4.50	4.53	9.16	9.15	9.26
资本租赁价格	2.27	0.64	0.26	4.53	1.27	0.49	8.99	2.48	0.86
实际工资	0.34	1.30	1.60	0.67	2.61	3.21	1.33	5.22	6.48
税后实际工资	0.34	1.30	1.60	0.67	2.61	3.21	1.33	5.22	6.48
土地租赁价格	3.50	3.24	3.14	7.01	6.55	6.36	14.08	13.42	13.08
就业	1.72	0.71	0.40	3.41	1.42	0.82	6.75	2.90	1.70
资本存量	0.00	1.66	2.29	0.00	3.35	4.64	0.00	6.80	9.56
土地存量	0.00	0.00	0.00	0.00	0.00	0.00	0.00	0.00	0.00
价格指数									
GDP 平减指数	−0.03	−0.06	0.01	−0.07	−0.11	0.02	−0.22	−0.21	0.07
投资品价格指数	−0.52	−0.56	−0.54	−1.05	−1.12	−1.07	−2.17	2.21	−2.12
消费者物价指数	0.49	0.43	0.50	0.97	0.86	1.01	1.87	1.73	2.03
实际贬值	0.03	0.06	−0.01	0.07	0.11	−0.02	0.22	0.21	−0.07
贸易条件	−0.10	−0.14	−0.13	−0.20	−0.28	−0.26	−0.44	−0.56	−0.51

续表

主要宏观经济变量	情景 1			情景 2			情景 3		
	2011 年	2016 年	2020 年	2011 年	2016 年	2020 年	2011 年	2016 年	2020 年
节能减排									
单位 GDP 能耗	-0.02	-0.07	-0.10	-0.06	-0.20	-0.29	-0.11	-0.44	-0.65
CO_2 排放	-0.29	-0.27	-0.25	-0.86	-0.79	-0.74	-1.94	-1.75	-1.69

数据来源：模拟结果

表 10.2 能源技术变化对各产业资本收益率的影响（相对基期的百分比变动率）

序号	产业	情景 1			情景 2			情景 3		
		2011 年	2016 年	2020 年	2011 年	2016 年	2020 年	2011 年	2016 年	2020 年
1	水稻种植业	1.89	0.87	0.60	3.73	1.73	1.21	7.25	3.44	2.46
2	小麦种植业	1.48	0.31	-0.09	2.93	0.61	-0.18	5.73	1.18	-0.38
3	其他谷物种植业	1.97	0.31	-0.18	3.87	0.59	-0.37	7.44	1.10	-0.76
4	蔬菜水果种植业	4.47	0.99	0.33	8.98	1.91	0.63	18.07	3.58	1.11
5	油料作物业	1.50	0.07	-0.37	2.95	0.12	-0.75	5.73	0.21	-1.47
6	糖料作物业	0.84	0.09	-0.18	1.65	0.18	-0.35	3.19	0.37	-0.66
7	麻类作物业	1.76	0.11	-0.29	3.58	0.17	-0.60	7.43	0.16	-1.33
8	其他作物业	0.46	-0.11	-0.42	0.92	-0.24	-0.84	1.89	-0.53	-1.69
9	家畜（猪除外）饲养业	4.41	1.08	0.67	8.90	2.10	1.31	18.13	3.98	2.52
10	猪、家禽业	5.76	0.70	-0.12	11.62	1.29	-0.32	23.58	2.14	-1.03
11	奶产品生产业	4.86	1.20	0.88	9.81	2.35	1.75	19.98	4.50	3.38
12	皮革羊毛业	1.46	-0.01	-0.38	2.97	-0.06	-0.77	6.20	-0.27	-1.65
13	林业	3.67	0.30	-0.20	7.28	0.59	-0.40	14.28	1.17	-0.74
14	渔业	5.12	0.58	-0.11	10.28	1.09	-0.24	20.67	1.93	-0.55
15	煤炭开采业	2.78	-0.19	-0.67	5.49	-0.37	-1.31	10.65	-0.65	-2.45
16	石油开采业	0.02	-0.50	-0.59	0.04	-0.99	-1.18	0.08	-1.97	-2.34
17	天然气开采业	0.75	-0.26	0.18	1.51	-0.49	0.40	3.30	-0.78	1.03
18	其他矿业开采业	5.55	0.52	0.46	11.06	1.02	0.93	21.81	1.99	1.84
19	家畜肉类（猪肉除外）加工业	2.31	0.48	0.03	4.72	0.91	0.02	9.94	1.58	-0.17
20	猪肉加工业	2.00	0.96	0.53	3.99	1.90	1.05	7.95	3.73	2.03
21	动植物油加工业	2.13	0.67	0.29	4.28	1.32	0.57	8.62	2.56	1.10
22	乳品加工业	2.46	0.88	0.43	4.99	1.71	0.83	10.27	3.25	1.49

续表

序号	产业	情景1			情景2			情景3		
		2011年	2016年	2020年	2011年	2016年	2020年	2011年	2016年	2020年
23	大米加工业	1.97	1.10	0.80	3.94	2.19	1.58	7.82	4.33	3.13
24	糖类制品加工业	1.87	−0.01	−0.26	3.77	−0.03	−0.54	7.66	−0.16	−1.13
25	其他食品加工业	2.26	0.33	0.03	4.50	0.65	0.05	8.95	1.22	0.06
26	饮料和烟草加工业	2.75	1.22	0.77	5.50	2.43	1.53	11.03	4.78	3.01
27	纺织业	1.86	0.98	0.57	3.74	1.95	1.13	7.60	3.86	2.17
28	服装业	2.28	1.20	0.70	4.60	2.38	1.37	9.37	4.68	2.58
29	皮革制品业	2.36	1.39	0.85	4.78	2.76	1.65	9.86	5.41	3.10
30	木制品业(家具除外)	1.80	1.08	0.77	3.58	2.15	1.54	7.07	4.33	3.10
31	造纸和印刷出版业	1.42	0.92	0.67	2.82	1.84	1.33	5.53	3.68	2.65
32	石油化工业	1.86	0.69	0.37	3.71	1.37	0.73	7.36	2.71	1.43
33	化学工业	1.96	1.09	0.69	3.92	2.18	1.37	7.88	4.31	2.68
34	非金属矿冶炼业	2.84	1.40	1.03	5.62	2.82	2.06	10.93	5.73	4.16
35	钢铁产业	2.18	1.42	1.02	4.35	2.84	2.03	8.65	5.70	4.03
36	其他金属冶金业	1.68	1.24	0.86	3.36	2.47	1.71	6.73	4.91	3.37
37	金属制品业	2.39	1.41	0.95	4.78	2.82	1.90	9.52	5.68	3.77
38	汽车产业	3.18	1.62	1.09	6.38	3.24	2.16	12.76	6.47	4.27
39	其他运输工具生产业	3.12	1.61	1.14	6.24	3.21	2.27	12.44	6.45	4.50
40	办公设备和通信设备生产业	2.76	1.53	0.90	5.56	3.06	1.78	11.32	6.12	3.44
41	机械设备制造业	2.65	1.40	0.88	5.32	2.79	1.74	10.67	5.58	3.41
42	其他制造业	1.54	0.87	0.46	3.09	1.73	0.91	6.28	3.44	1.76
43	电力行业	2.35	−0.52	−0.50	4.66	−1.05	−1.02	9.15	−2.23	−2.18
44	燃气和暖气供应业	1.02	−0.07	−0.34	2.02	−0.15	−0.68	3.93	−0.33	−1.35
45	水的生产和供应业	2.65	−0.45	−0.48	5.26	−0.90	−0.97	10.37	−1.91	−2.05
46	建筑业	3.38	1.65	1.23	6.71	3.32	2.44	13.15	6.75	4.87
47	贸易行业	1.32	0.41	0.04	2.60	0.83	0.07	5.08	1.67	0.12
48	陆地运输业	1.19	0.02	−0.22	2.34	0.02	−0.43	4.55	0.00	−0.88
49	水运业	1.06	−0.02	−0.26	2.11	−0.05	−0.54	4.23	−0.18	−1.12
50	空运业	1.02	−0.37	−0.41	2.06	−0.77	−0.84	4.26	−1.65	−1.75
51	通信业	3.67	−0.28	−0.28	7.31	−0.64	−0.64	14.42	−1.72	−1.82
52	金融服务业	1.88	0.18	−0.08	3.74	0.35	−0.16	7.36	0.65	−0.38

续表

序号	产业	情景 1			情景 2			情景 3		
		2011 年	2016 年	2020 年	2011 年	2016 年	2020 年	2011 年	2016 年	2020 年
53	保险业	1.32	0.07	−0.18	2.62	0.14	−0.36	5.17	0.26	−0.72
54	租赁业	2.23	0.27	−0.05	4.45	0.53	−0.11	8.83	0.98	−0.30
55	娱乐文化体育业	1.92	0.46	0.10	3.82	0.91	0.19	7.54	1.79	0.34
56	公共事业	2.49	1.26	0.80	4.98	2.53	1.58	9.92	5.08	3.07
57	房地产业	4.06	−0.57	−0.75	8.08	−1.22	−1.63	16.02	−2.78	−3.86

表 10.3　能源技术变化对各产业产出水平影响（相对基期的百分比变动率）

序号	产业	情景 1			情景 2			情景 3		
		2011 年	2016 年	2020 年	2011 年	2016 年	2020 年	2011 年	2016 年	2020 年
1	水稻种植业	0.27	0.16	0.10	0.53	0.32	0.20	1.01	0.65	0.42
2	小麦种植业	0.17	−0.14	−0.33	0.33	−0.27	−0.66	0.64	−0.54	−1.32
3	其他谷物种植业	0.28	−0.01	−0.21	0.54	−0.03	−0.43	1.01	−0.09	−0.88
4	蔬菜水果种植业	0.84	0.62	0.50	1.66	1.23	1.00	3.24	2.46	2.01
5	油料作物业	0.17	−0.18	−0.40	0.33	−0.36	−0.80	0.61	−0.73	−1.60
6	糖料作物业	0.00	−0.13	−0.24	−0.01	−0.27	−0.48	−0.03	−0.52	−0.95
7	麻类作物业	0.18	0.08	−0.04	0.37	0.15	−0.08	0.79	0.28	−0.19
8	其他作物业	−0.09	−0.25	−0.40	−0.18	−0.49	−0.79	−0.34	−0.99	−1.59
9	家畜(猪除外)饲养业	0.78	0.69	0.66	1.56	1.38	1.33	3.09	2.79	2.73
10	猪、家禽业	1.02	0.72	0.55	2.01	1.43	1.10	3.91	2.84	2.19
11	奶产品生产业	0.86	0.78	0.79	1.70	1.57	1.61	3.35	3.18	3.30
12	皮革羊毛业	0.12	0.02	−0.09	0.24	0.03	−0.18	0.53	0.04	−0.39
13	林业	0.64	0.34	0.19	1.26	0.69	0.39	2.40	1.40	0.81
14	渔业	0.60	0.40	0.30	1.19	0.81	0.60	2.29	1.59	1.20
15	煤炭开采业	0.15	0.10	0.03	0.29	0.19	0.06	0.54	0.39	0.13
16	石油开采业	−0.02	−0.02	−0.04	−0.04	−0.04	−0.08	−0.08	−0.08	−0.16
17	天然气开采业	0.00	0.09	0.07	−0.01	0.17	0.15	0.00	0.34	0.31
18	其他矿业开采业	0.59	0.62	0.61	1.16	1.24	1.22	2.17	2.47	2.45
19	家畜肉类(猪肉除外)加工业	0.65	0.64	0.45	1.34	1.27	0.88	2.86	2.49	1.67
20	猪肉加工业	0.84	0.61	0.43	1.67	1.21	0.86	3.33	2.43	1.73
21	动植物油加工业	0.60	0.46	0.33	1.21	0.94	0.67	2.43	1.91	1.38

序号	产业	情景1			情景2			情景3		
		2011年	2016年	2020年	2011年	2016年	2020年	2011年	2016年	2020年
22	乳品加工业	0.82	0.86	0.76	1.67	1.73	1.51	3.45	3.47	3.01
23	大米加工业	0.68	0.55	0.47	1.35	1.11	0.95	2.67	2.25	1.95
24	糖类制品加工业	0.34	0.12	−0.07	0.68	0.24	−0.15	1.40	0.49	−0.29
25	其他食品加工业	0.54	0.38	0.24	1.07	0.75	0.48	2.11	1.51	0.97
26	饮料和烟草加工业	1.14	1.00	0.91	2.27	2.01	1.84	4.51	4.08	3.77
27	纺织业	0.69	0.69	0.66	1.39	1.39	1.33	2.87	2.78	2.65
28	服装业	1.21	0.94	0.78	2.45	1.88	1.55	5.04	3.76	3.06
29	皮革制品业	1.29	1.25	1.10	2.63	2.51	2.18	5.50	5.00	4.31
30	木制品业(家具除外)	0.74	0.70	0.73	1.46	1.41	1.48	2.86	2.86	3.05
31	造纸和印刷出版业	0.46	0.39	0.38	0.90	0.79	0.76	1.75	1.59	1.57
32	石油化工业	0.52	0.56	0.57	1.04	1.13	1.15	2.05	2.28	2.36
33	化学工业	0.75	0.87	0.88	1.50	1.74	1.77	3.02	3.49	3.57
34	非金属矿冶炼业	1.54	1.34	1.46	3.02	2.71	2.96	5.77	5.53	6.12
35	钢铁产业	1.13	1.21	1.24	2.25	2.43	2.49	4.47	4.90	5.05
36	其他金属冶金业	0.65	0.89	0.91	1.31	1.79	1.82	2.64	3.58	3.65
37	金属制品业	1.24	1.27	1.28	2.47	2.55	2.59	4.89	5.16	5.27
38	汽车产业	1.50	1.76	1.89	2.99	3.54	3.82	5.93	7.21	7.84
39	其他运输工具生产业	1.69	1.69	1.79	3.36	3.40	3.63	6.66	6.95	7.49
40	办公设备和通信设备生产业	1.24	1.52	1.57	2.50	3.05	3.16	5.09	6.16	6.40
41	机械设备制造业	1.29	1.38	1.40	2.57	2.78	2.82	5.14	5.61	5.74
42	其他制造业	0.35	0.57	0.61	0.71	1.13	1.22	1.48	2.26	2.46
43	电力行业	0.49	0.50	0.50	0.96	1.01	1.01	1.85	2.05	2.08
44	燃气和暖气供应业	0.16	0.21	0.23	0.31	0.42	0.46	0.57	0.85	0.94
45	水的生产和供应业	0.81	0.84	0.84	1.59	1.70	1.70	3.09	3.46	3.50
46	建筑业	2.61	2.25	2.40	5.16	4.56	4.88	9.99	9.35	10.11
47	贸易行业	0.47	0.40	0.40	0.92	0.81	0.80	1.76	1.64	1.66
48	陆地运输业	0.31	0.29	0.29	0.61	0.58	0.59	1.14	1.18	1.22
49	水运业	0.20	0.27	0.23	0.40	0.54	0.45	0.85	1.06	0.91
50	空运业	0.08	0.22	0.17	0.19	0.43	0.33	0.46	0.85	0.64
51	通信业	0.88	1.07	1.10	1.73	2.17	2.24	3.35	4.45	4.65

序号	产业	情景 1			情景 2			情景 3		
		2011 年	2016 年	2020 年	2011 年	2016 年	2020 年	2011 年	2016 年	2020 年
52	金融服务业	0.68	0.71	0.70	1.34	1.44	1.43	2.60	2.92	2.94
53	保险业	0.28	0.40	0.32	0.56	0.81	0.66	1.10	1.68	1.40
54	租赁业	0.98	0.93	0.89	1.95	1.88	1.80	3.84	3.83	3.70
55	娱乐文化体育业	0.96	0.88	0.88	1.89	1.78	1.77	3.70	3.62	3.64
56	公共事业	1.69	1.55	1.51	3.36	3.12	3.05	6.67	6.32	6.21
57	房地产业	0.65	1.10	0.99	1.28	2.23	2.04	2.49	4.64	4.31

10.1.3.1 宏观经济效应分析

模拟结果显示,能源技术变动对主要宏观经济变量都有较为明显的推动作用,支出法 GDP、居民福利、消费、投资、政府支出及进出口相对于预测期都有一定程度的正向偏离,而且技术变动的幅度越大,所产生的正向偏离也就越大。其中,能源技术进步对经济增长、居民福利改善及投资增加作用尤为明显。这是因为在加快经济发展方式转变进程中,发展低碳经济在一定程度上形成新的经济增长点,推动了我国经济的发展。

能源技术进步对要素市场同样存在正向作用。能源技术进步对工资水平的提升在逐年增强。能源使用技术的提升有助于行业的总体生产效率的提高、产品质量控制、资源循环利用技术的运用以及生产成本的节约,同时这些企业对工人的素质要求也在不断提高,以适应不断变化的外部环境。在这个过程中,熟练劳动者与非熟练劳动者的相对工资都会上升,但由于工资在短期具有黏性,工资水平的提高在长期是可期的。从表 10.1 中可以发现,能源技术进步对就业的影响在逐年减弱,这是因为能源技术进步会导致劳动生产率的提高,企业会减少对劳动力的需求,这与当前国内外学者研究认为技术进步对就业具有补偿性和破坏性不谋而合。能源技术进步对资本、土地等要素的租赁价格呈逐步回落态势,这与能源技术进步所带来的投资效益有关。随着投资的增加,企业在投资初期资本、土地等要素的需求也会越多,但投资趋于成熟后,企业对资本、土地等要素的需求也就更为理性。值得注意的是,随着企业对能源技术开发的投入和应用,资本回报率也在逐年增加,从而吸引了更多的投资。从表 10.1 中可以发现,随着投资的不断增加,总投资不断扩大,资本存量逐年增加。

能源技术的开发与应用也引致了价格指数的波动。新产品开发导致的成本下降以及与原有产品竞争会使投资品价格指数下降,但本章中能源技术的开发与应用却引致了消费者物价指数的上升。其实这不难理解,引致消费者物价指数上升的影响因素包括方方面面,通常情况下技术进步会导致物价下跌,但结合表 10.1 中其他宏观经济变量的情况来看,能源技术的开发与应用会促进经济增长、推动投资、促使资源性商品价格及工资水平上涨,这些因素的正向偏离在很大程度上影响消费者物价指数的正向波动。

从表 10.1 中可以看出,能源使用技术的开发与应用能起到不错的节能减排效果。能源使用技术的开发与应用有助于提高能源利用效率,降低能源消耗总量,单位 GDP 能耗在不同情景下都呈现出逐年下降趋势。然而,CO_2 排放量力度逐年呈现出温和的回落,这可能与能源使用技术的开发与应用的成熟有关,能源技术对 CO_2 排放的作用趋于稳定。

10.1.3.2 能源技术变化对各产业资本收益率的效应分析

作为一种全新的经济发展模式,低碳经济的发展有赖于合理的微观激励机制,本章通过分析投资报酬率的高低,进而探寻其投资者的投资意愿的激励作用。从表 10.2 中可以发现,三种模拟情景下,短期内能源技术的正向变动对各产业资本收益率均呈现出正向偏离,其中对农业有关产业的激励更加明显,奶产品生产业,渔业,其他矿业开采业及猪、家禽业等产业的资本收益率短期内呈现出可期的正向偏离,其他大部分产业的资本收益率也有不同程度的正向偏离。因此,短期内,资本收益率的提高有助于拉动投资者的投资意愿。但长期来看,能源技术变化对部分产业资本收益率呈现不同程度的温和的负向偏离,这可能是因为前期的大量投资致使产品过剩、引进的设备处于产品生命周期末期及各产业对技术创新产生了一定程度的路径依赖。

10.1.3.3 产业效应分析

能源使用技术变动对我国不同行业产出水平的影响是不尽相同的,主要体现在对农业相关部门和非农业相关部门的差异上。从表 10.3 中可以发现,能源使用技术的正向变动对非农业相关部门的产出水平均产生了正向偏离;而对农业相关部门并没有完全产生积极的影响,以负向偏离为主。模拟结果表明,与基准情景比较,长期内从技术升级中受损的产业主要包括水稻种植业、蔬菜水果种值业、家畜(猪除外)饲养业、猪、家畜业、奶产品生产业、林业、渔业、煤炭开采业、其他矿业开采业、家畜肉类(猪肉除外)加工业、猪肉加工业、动植物油加工业、乳品加工、大米加工业、其他食品加工、饮料和烟草加工业、纺织业、服装业、皮革制品业、布制品业、石油化工、化学工业、钢铁产业、其他动输工具生产业、建筑业、租赁业、通讯业、娱乐文化体育业、公共事业、房地产业等,由于这些产业的能源投入减少,减少了生产成本,产出增加。因此,从长期来看,能源使用技术变动会促进产业的结构调整,这种调整特别表现在刺激受益产业的进一步低碳化,同时引致受冲击产业加快转换产业结构。

作为国家节能减排工作的重要组成部分,我国农业节能减排形势同样十分严峻。我国大部分农村地区经济发展水平低,农民节能意识淡薄,居民生活用能仍以秸秆、薪柴等低效燃料为主,室内外环境污染相当严重,能源利用效率低,仅为25%左右。我国大部分农村地区农业机械化基础薄弱,对农业设备进行技术升级仍需时日。同时,农村地区基础设施落后,严重制约了能源技术的推广应用,并且能源技术所带来的成本问题多数农民也难以负担。

受能源使用技术变动影响,能源生产和供用业(包括石油开采业、煤炭开采业、天然气开采业等)的产出出现了不同方向的偏离。石油开采业、天然气开采业呈正向偏离,煤炭开采业呈负向偏离,这与我国"富煤、少气、缺油"的资源条件、以煤为主的能源结构有密切关联。从表10.3中可以看出,即使石油开采业呈正向偏离,但偏离的幅度在逐年减少,天然气的开采与利用呈现 U 形关系。

本章利用 MCHUGE 模型仿真分析了三种情景下能源技术变动对我国宏观经济变量、产业发展及节能减排的影响程度,得到了以下有益结论:

第一,能源技术变动在短期和长期中对主要宏观经济变量都有较为明显的推动作用,国民生产总值、居民福利、消费、投资、政府支持及进出口相对于预测期都有一定程度的正向偏离,而且技术变动的幅度越大,所产生的正向偏离也就越大。能源技术进步对要素市场同样存在正向作用。能源技术进步对工资水平的提升在逐年增强,对资本、土地等要素的租赁价格呈逐步回落态势。能源技术的开发与应用还引致了价格指数的波动。同时,能源使用技术的开发与应用能起到较好的节能减排效果。

第二,短期内能源技术的正向变动对各产业资本收益率均呈现出正向偏离,资本收益率的提高有助于拉动投资者的投资意愿。但长期来看,能源技术变化对部分产业资本收益率呈现不同程度的温和的负向偏离,这需要破解各产业技术创新的路径依赖问题。

第三,能源使用技术变动对我国不同行业产出水平的影响是不尽相同的,主要体现在对农业相关部门和非农业相关部门的差异上。能源使用技术的正向变动对非农业相关部门的产出水平均产生了正向偏离;而对农业相关部门并没有完全产生积极的影响,以负向偏离为主。因此,从长期来看,能源使用技术变动有利于促进产业结构的调整。

从模拟结果来看,能源使用技术的进步对有些产业的预期影响可能存在一定的出入。这是由于中国经济的复杂性致使 CGE 模型难以对整个国民经济(包括实体经济和虚拟经济)进行刻画,同时数据的可得性致使 CGE 模型的基准数据难以完整反映国民经济现状,CGE 模型本身的局限性(如对 CGE 模型的动态化处理)也会导致部分结果失真。

中国已经成为世界上第二大能源消费国。中国依靠大量消费能源推动了经济的高速增长,但也使经济增长越来越接近能源资源条件的约束边界。在这样的背景下,进一步发掘并开发技术进步对提高能源效率的作用,转变传统的粗放型能源利用模式,已经成为中国能源发展中的关键问题。

10.2 政府环境治理公共支出引致的能源技术进步的经济社会效应

在已有的关于解决环境问题、改善环境质量的研究中,学者们提出了大量翔实的举措,这些举措包括产业结构的调整、技术引进、严厉的环境规制、开征环境税或者进行环境补贴等。生态环境作为一种纯公共物品和区域性的公共物品,"搭便车"行为使得其对私人领域的投资缺乏吸引力,只能由地方政府对它进行直接投资或者提供技术补贴。根据世界各国的经验,政府为纠正环境污染负外部性方面采取的开征环境税、颁布环境立法、直接增加环保领域的支出比重等直接措施,不仅能直接提高清洁要素的水平,也会从根本上化解环境危机。除此之外,外国政府也通过增加公共教育、医疗卫生、科技等方面的政府支出来积累人力资本,引导生产要素的调整,使两者出现相互替代,从而降低污染水平。因此,政府支出可能成为政府环境规制的有效补充,并且具有明显的成本优势。

资本投入是经济学领域一个提及率十分高的名称,也是发展中国家较为关注的经济指标。为促进经济增长,以中国为代表的发展中国家纷纷采取投资驱动模式,并取得了显著成就;为实现教育均等化,学术界提出要保证每年4%的教育投入水平。同样,为了解决工业化和城市化带来的环境问题,环保投资被提高到国家战略层面,成为短期内解决环境问题的重要途径。一些国际组织与各国环境专家认为,在现代的生产规模、技术水平和自然资源条件下,环境治理支出占国民生产总值的比例应该为1% ~2%(焦若静和杜雯翠,2014)。从表10.4 中可以看出,中国环境污染治理投资总额保持一个较为稳定的水平。2014 年全国环境污染治理投资为9575.5 亿元,同比增长6%,自2007 年以来,中央财政节能环保支出呈增长趋势,2015 年 1 ~11 月中央财政节能环保支出达到3692 亿元,同比增加35%。

表10.4 2001—2014 年全国环境污染治理投资额(亿元)

年份	城市环境基础设施建设投资	工业污染源治理投资	建设项目"三同时"环保投资	投资总额	环保投资占国民生产总值比例
2001	595.7	174.5	336.4	1106.6	1.018
2002	785.3	188.4	389.7	1363.4	1.138
2003	1072.4	221.8	333.5	1627.3	1.199
2004	1141.2	308.1	460.5	1909.8	1.191
2005	1289.7	458.2	640.1	2388.0	1.294
2006	1314.9	483.9	767.2	2566.0	1.179
2007	1467.8	552.4	1367.4	3387.6	1.264
2008	1801.0	542.6	2146.7	4490.0	1.418
2009	2512.0	442.5	1570.7	4525.2	1.309
2010	4224.2	397.0	2033.0	6654.2	1.627
2011	3469.4	444.4	2112.4	6026.2	1.245

年份	城市环境基础设施建设投资	工业污染源治理投资	建设项目"三同时"环保投资	投资总额	环保投资占国民生产总值比例
2012	5062.7	500.5	2690.4	8253.6	1.545
2013	5223.0	849.7	2964.5	9037.2	1.537
2014	5463.9	997.7	3113.9	9575.5	1.506

长期以来,中国式的分权改革使地方政府在财政支出和资源配置上拥有相对自由的裁量权,在以 GDP 增长为核心的政绩考核标准下,为"增长而竞争"的地方政府出于理性选择和思维惯性,会偏好生产性的财政支出,阻碍服务性支出的增长,地方政府支出结构不可避免地显现出"重基础建设、轻公共服务"的特征。一些地方政府官员为吸引外部资源甚至放松对污染排放行业的监管,对污染企业进行财政补贴,导致地方公共服务供给与环境保护投入资金不足,使地方环境质量进一步恶化,这种"趋劣竞争"影响了地方政府支出对环境污染物的直接减排效果(Wilson,1999;Rauscher,2005)。除直接效应外,地方政府支出通过经济增长间接影响环境质量的路径机制同样值得重视(Haolks & Paizanos,2013)。

地方政府支出作为政府履行环境保护职能的直接体现,对环境质量的影响效应不容忽视,但关于地方政府支出规模的增加是否有助于缓解环境问题、地方政府支出结构对环境质量的影响如何,这些问题在国内还未得到充分研究。当前,环境问题已经成为经济发达国家和发展中国家对话的重要内容,中国也面临着由于污染物减排所形成的国际环境约束,在国际社会要求中国"节能减排"的呼声日益高涨的形势下,研究地方政府支出引致的能源技术进步对环境质量的具体影响,揭示两者之间的相互作用机理,对充分发挥地方政府支出的结构调整效应、解释我国地方政府的支出意向、缓解环境问题和实现经济社会的协调可持续发展具有很强的现实意义。本书将政府环境污染治理公共支出纳入局部均衡和一般均衡分析框架,得到政府环境污染治理支出所带来的国民经济各部门影响程度的动态变化方向及其变化路径。

10.2.1 政府支出影响环境质量的局部均衡分析

现阶段政府支出与环境质量之间究竟存在什么样的关联? 具体的作用方

向如何？为解答上述问题,本书参考 Moretti(2004)和 Lopez(2011)的思路,构建了一个简单的局部均衡模型进行分析。

首先,生产污染主要是工业领域中产生的(制造业、采矿业、农业及相关产业),而服务业与人力资本生产行业相对清洁;其次,工业领域(以下称为污染产业)比服务业(以下称为清洁产业)和人力资本生产行业(以下称为知识产业)使用更多资本和燃料;最后,虽然政府在私人物品上的支出可以在以上任何一个产业,但大部分还是集中于污染产业。

我们对有三种产出的生产进行建模:清洁产出(y_c)、污染产出(y_d)以及被称为人力资本的中间产品(h)。人力资本是三种产出的投入品,在产业 i 内提高劳动效能,用 hl_i 表示,这里 l_i 是在第 i 个产业的原始劳动投入,h 假定大于1。污染产业也使用私人资本(k)和污染投入,如化石能源,是生产污染(Z)的来源。所有三个产业受益于政府提供的公共物品。

政府从收入税中获取税收收入 G,并用于作为私人投入补充的公共物品(g)的生产,以及用于生产私人物品(x),可作为私人资本的替代。因此,政府预算为 $G = g + x$。政府也可征收污染税,但会一次性返还给消费者。消费者从最终商品的消费中获取效用,但因污染遭受负效用。效用函数是 $u(c) - \gamma Z$,c 是平均消费,γ 是污染的边际负效用。总消费是 $C = Nc$,N 是消费者总数。不影响结论一般性的前提下,假设 $N = 1$,使得 $\bar{C} = c$。

10.2.1.1 假设和函数形式

A1:经济体量小、在国际市场上进行最终商品交换的自由贸易,意味着商品价格外生给定;国内要素和产出市场完全竞争。

A2:公共物品对经济各个产业都带来好处,但对不同产业带来的生产率影响不同。相反,在私人物品上的政府支出是用于特定产业的。基于第三个显见的事实,假设在私人物品上的政府支出用于污染产业,且这些产品可完全替代私人资本。

A3:将清洁产业、知识产业和污染产业中的产出弹性 g 分别设定为 Ω、μ 和 η,假设 $\eta \leqslant \Omega \leqslant \mu \leqslant 1$。

A4:效用函数单调递增,严格凹向 $c[U'(c) > 0, u'(c) < 0]$,消费边际效用

的弹性 $\alpha(c) = -cu'(c)/u'(c) \geqslant 1$。

A3：假设似乎是任意指定的。然而，在某些情况下可以看到，这一假设可以进行实证检验，且事实上有实证研究结果的支持。同样，A3 假设允许公共物品在所有产业中效果中立，换言之，$\eta = \Omega = \mu$。η、Ω 和 μ 都小于 1 的假设的目的是排除反常情况，这种反常情况会在所有私人生产要素产出效应总和低于政府提供的生产要素的产出效应总和时出现。

A4：假设牢固建立在实证经验上，因为几乎所有 $a(c)$ 的实证检验结果都大于 1。

竞争均衡条件下，假设所有产品的生产函数在运用私人生产要素时规模报酬不变，这不会影响一般性结论（参见 Dixit & Norman，14）。污染产业的生产函数是柯布－道格拉斯生产函数：

$$y_d = D(hl_d)^\alpha Z^\beta (x+k)^{1-\alpha-\beta} g^\eta \tag{10.1}$$

式中，l_d 为污染产业的劳动（hl_d 为单位效率的有效劳动）；D 为总和要素生产率，且 $\alpha > 0$，$\beta > 0$，$\alpha + \beta < 1$。

污染产业的生产函数如下：

$$y_c = Ahl_c g^\Omega \tag{10.2}$$

式中，l_c 为清洁产业的劳动；A 为总和要素生产率。

知识产业的生产函数如下：

$$h = \bar{B}(hl_r)^v g^{\bar{\mu}}$$

式中，l_r 为知识产业的劳动；v、$\bar{\mu}$ 和 $\bar{B}$ 为取值为正的参数。

假设 $v = 1/2$，则生产函数如下：

$$h = Bl_r g^\mu \tag{10.3}$$

式中，$B = \bar{B}^2$ 和 $\mu = 2\bar{\mu}$。

因此，B 是总和要素生产率。

劳动力市场竞争均衡确保完全就业。

$$\bar{L} = l_c + l_d + l_r \tag{10.4}$$

式中，$\bar{L}$ 为经济的劳动固定供给量。

另外,均衡意味着经济中的总消费等于税后净收入:

$$c = (1 - t)(py_d + y_c) \tag{10.5}$$

式中,t 为内生的收入税率;$py_d + y_c \equiv Y$,为经济总收入;p 为污染产业的产品价格,清洁产业的产品价格标准化为 1。

最后,均衡预算意味着总税收等于政府支出:

$$t(py_d + y_c) = g + x \tag{10.6}$$

给定 g、x、k,污染产业的生产者通过选择有效劳动力 hl_d 和污染产业投入 Z 来最小化生产成本。和式(10.1)相关的双重成本函数如下:

$$C = \varphi(\alpha + \beta)\alpha^{-1}w^{\alpha/(\alpha+\beta)}\tau^{\beta/(\alpha+\beta)}(x + k)^{(\alpha+\beta-1)/(\alpha+\beta)}g^{-\eta/(\alpha+\beta)}y_d^{1/(\alpha+\beta)} \tag{10.7}$$

式中,$\varphi \equiv D^{-(1/(\alpha+\beta))}(\alpha/\beta)^{\beta/(\alpha+\beta)}$;$w$ 为单位有效劳动 hl_d 的工资率;τ 为污染税率。

利用 Shepherd 推论,污染要素需求如下:

$$Z = \frac{\partial C}{\partial \tau} = \varphi g^{-[\eta/(\alpha+\beta)]}(w/\tau)^{\alpha/(\alpha+\beta)}(x + k)^{(\alpha+\beta-1)/(\alpha+\beta)}y_d^{1/(\alpha+\beta)} \tag{10.8}$$

10.2.1.2 竞争均衡条件

竞争均衡意味着劳动的边际价值产品在所有三个产业中都是一样的。用式(10.2)和式(10.3)拉平清洁产业和知识产业的劳动边际产品,得到 h 和 w 唯一的均衡水平。

$$h = \frac{B}{A}g^{\mu-\Omega} \tag{10.9}$$

$$w = Ag^{\Omega} \tag{10.10}$$

从式(10.9)来看,如果 $\mu \geq \Omega$,那么人力资本生产在政府提供的公共产品中是非递减的。另外,从式(10.10)来看,单位有效劳动的均衡工资率在政府提供的公共产品中是递增的。

竞争性经济的表现是最大化总产出收益,约束条件为处在生产可能性边界(Production Possibility Frontier,PPF)上的经济。在式(10.1)～式(10.3)中运用式(10.9),并将 Sheppard's 推论运用于成本函数来计算出 hl_d,得到 l_c、l_d、l_r 的表达式。用式(10.4)中的表达式来得到 PPF。

$$\bar{L} = g^{-\Omega}/A + y_c g^{-\mu}/B + y_d^{1/\alpha} D^{-(1/\alpha)} (A/B) Z^{-(\beta/\alpha)} (x+k)^{(\alpha+\beta-1)/\alpha} g^{(\alpha(\Omega-\mu)-\eta)/\alpha}$$

$$(10.11)$$

经济的总收入, $py_d + y_c$ 在式(10.11)的约束条件下,对 y_d 和 y_c 去最大值, 得到 $\partial y_c / \partial y_d = -p$ 的条件,这意味着:

$$\partial y_c / \partial y_d \equiv -\alpha_{-1} y_d^{(1-\alpha)/\alpha} D^{-(1/\alpha)} A Z^{-(\beta/\alpha)} (x+k)^{(\alpha+\beta-1)/\alpha} g^{[\alpha(\Omega-\mu)-\eta]/\alpha+\mu} = -p$$

$$(10.12)$$

解式(10.12),得到 y_d 的明确表达式:

$$y_d = (p\alpha/A)^{\alpha/(1-\alpha)} D^{1/(1-\alpha)} Z^{\beta/(1-\alpha)} (x+k)^{(1-\alpha-\beta)/(1-\alpha)} g^{(\eta-\alpha\Omega)/(1-\alpha)}$$

$$(10.13)$$

最优污染税率或最优税收等价污染管制等于收入与污染之间的边际替代率:

$$\tau^* = \frac{\gamma}{u'(c)} \qquad (10.14)$$

我们区分将生产污染完全内部化的最优污染税率(或最优税收等价管制) τ^* 与政府选择的实际污染税率(或最优税收等价管制) τ 。根据制度与社会条件的不同,政府可能选择低于最优税率 τ 的水平 τ^* 。假定实际污染税率是最优税率的一定比例, $\tau = \zeta(l)\tau$,其中 $\zeta \le l$,I 是政治与制度条件的一个向量,会影响环境政策的有效性。因此,实际污染税率如下:

$$\tau = \frac{\gamma\zeta(l)}{u'(c)} \qquad (10.15)$$

由式(10.1)~式(10.6)、式(10.8)~式(10.10)、式(10.12)和式(10.15) 这 11 个独立公式组成的系统求解同样数量的内生变量, Z 、 y_d 、 y_c 、 c 、 t 、 w 、 h 、 l_d 、 l_c 、 l_r 和 τ ,是参数和相关外生变量 g 和 x 的函数。我们侧重于阐明 g 和 x 对 Z 的影响,但该模型也求解其他的内生变量。

10.2.1.3 政府支出构成对污染的影响

首先从公共物品支出的增加得出政府支出构成对污染的影响,这一增加完全通过同时产生的私人物品支出的削减来为之融资。这对应于增加公共物品支出的预算份额,给定政府预算 G 不变。通过 $x = G - g$,在式(10.8)中求出 g 的对数微分, G 不变,则得到:

$$\frac{\mathrm{dLn}Z}{\mathrm{dLn}g} = -\frac{\eta}{\alpha+\beta} + \frac{1}{\alpha+\beta}\frac{\partial \mathrm{Ln}y_d}{\partial \mathrm{Ln}g} + \frac{\alpha}{\alpha+\beta}\frac{\partial \mathrm{ln}w}{\partial \mathrm{ln}g} +$$
$$\frac{(1-\alpha-\beta)}{(\alpha+\beta)}\pi_g - \frac{\alpha}{\alpha+\beta}\frac{\mathrm{dLn}\tau}{\mathrm{dLn}g}$$

(10.16)

式中，$\pi_g \equiv [g/(k+x)]$。

式(10.16)将政府支出构成变化对防范污染方面公共支出的影响分解为五个方面。

第一，直接影响为负。这意味着其他因素不变，g 增加时，同样水平的污染产业产出只需要更少的污染生产投入。

第二，污染产业产出的规模效应。更高的 g 值会提高劳动生产率，反过来在其他因素不变时，可以影响污染经济部门的产出水平。污染产业产出水平并不必然会提高，因为 g 值的增加会使各个经济部门都提高劳动生产率，而不仅仅是污染经济部门。如果这使得污染经济部门产出增加（减少），那么该效应会增加（减少）污染。

第三，污染—劳动替代效应。更高的 g 值会提高经济体工资水平，从而增加污染，因为劳动和污染是替代品。

第四，政府预算的影响。g 值提高会降低 x 值，意味着生产使用更少的资本。给定产出水平不变，资本使用的下降必须通过其他可变要素投入的增加，包括污染的增加来补偿。

第五，环境管制效应。如果公共产品比政府的私人补贴更有效率，g 值增加，同时 x 的值减少，会对国民收入和收入税有正向净影响，从而为降低收入税率创造条件。而其他因素不变，可支配收入的增加会提高人均消费水平，带来更高的污染税，提高排污水平。

分别定义 $A_c \equiv y_c/c$ 和 $A_d \equiv py_d/c$ 为清洁品产出价值和污染品产出价值占消费支出的比例，可得出如下推论。

推论 1——政府对公共产品支出的增加，若完全由因等量私人物品支出减少而节约的资金提供融资，则能够降低污染，当且仅当：

$$\left[\eta - (1-\alpha-\beta)\pi_g\right]\frac{[1-(1-\alpha)a(c)\Lambda_d]}{[\alpha+(1-\alpha)a(c)\Lambda_c]} < \Omega + \frac{(1-\alpha)a(c)(\alpha\Lambda_d+\Lambda_c)}{[\alpha+(1-\alpha)]a(c)\Lambda_c}\mu$$

(10.17)

推论 1 说明,政府支出向公共产品的倾斜在以下情形下更能够减少污染:①公共物品在清洁产业和知识产业的产出弹性大;②公共物品在污染产业的产出弹性小;③边际消费效用的弹性大。式(10.17)不等式左侧第一个带括号项代表公共物品对污染产业产出水平的净影响比例,η 是直接影响,$-(1-\alpha-\beta)\pi_g$ 是通过减少 x,用于支持公共物品的间接影响。如果 $\eta-(1-\alpha-\beta)\pi_g < 0$,那么增加 g 的值会使得污染产业的产出水平下降,并成为污染降低的充分条件,无论其他影响如何。当污染产业产出水平上升时,$\eta-(1-\alpha-\beta)\pi_g > 0$。以下命题用推论 1 阐明污染下降的充分条件,无论 $\eta-(1-\alpha-\beta)\pi_g$ 为正号还是负号。

命题 1——如果假设 A3 和假设 A4 成立,即如果 $\eta \leqslant \Omega \leqslant \mu \leqslant 1$ 且 $a(c \geqslant 1)$,若此时政府对公共产品支出的增加完全由私人物品支出减少而节约的资金提供融资,那就能够降低污染。

证明:式(10.17)中,如果 $a(c \geqslant 1)$,则 $[(1-(1-\alpha)]a(c)A_d/[\alpha+(1-\alpha)a(c)A_c)] \leqslant 1$。另外,式(10.17)不等号右侧第二项为正。因此,$\Omega \geqslant \eta$ 情况下,式(10.17)必得到满足,故而污染减轻。

即使在政府对公共产品支出的产出弹性在所有产业都相同的情况下(特别是如果 $\Omega = \eta$),命题 1 也能成立。也就是说,即使政府支出效应在所有产出部门中都中立,结果也成立。

10.2.1.4 政府支出规模对污染的影响

现在考察总财政支出 G 的中立增长的影响,此时 g 与 x 都以同样比率增长。G 对 Z 的影响可写为

$$dLnZ/dLnG = \partial LnZ/\partial Lng \mid_{dx=0} + \partial LnZ/\partial Lnx \mid_{dg=0} \tag{10.18}$$

用式(10.18)得出的一般均衡模型的解,可得到如下推论。

推论 2——收入税增加支持政府总支出的扩张(不改变支出结构),减少污染,当且仅当:

$$[\eta+(1-\alpha-\beta)\pi_x]\frac{1-(1-\alpha)a(c)\Lambda_d}{\alpha+(1-\alpha)a(c)\Lambda_c} + \frac{(1-\alpha)a(c)G}{[\alpha+(1-\alpha)a(c)\Lambda_c]c}$$

$$< \Omega + \frac{(1-\alpha)a(c)(\alpha\Lambda_d+\Lambda_c)}{[\alpha+(1-\alpha)a(c)\Lambda_c]}\mu$$

$$\tag{10.19}$$

此时 $\pi_x \equiv x/(x+k)$ 。

证明过程见"10.2.1.8 推论的证明"中的推论 1 证明。

这里,如果知识产业 μ 和清洁产业 Ω 的产出弹性 g 的加权总和大于污染产业 η 的产出弹性 g 与政府支出份额的加权总和,那么污染在总支出中降低。从式(10.19)可以清楚看到,假设 A3 与 A4 是条件成立的必要非充分条件,较高的边际效用弹性 $a(c)$ 也不能保证式(10.19)成立。我们在下面的命题中概述我们的发现。

命题 2——如果假设 3 与假设 4,即 $\mu \leqslant \Omega < \eta < 1$ 且 $a(c) < 1$ 能够满足,那么增加总财政支出(由增加的收入税支持)对污染的影响,在支出结构不变的情况下,是不明确的。

证明:从对式(10.19)的观察中直接得出。

另外,还有如下推论。

命题 2 的推论——如果假设 3 与假设 4 不成立,即 $\mu \leqslant \Omega < \eta < 1$ 且 $a(c) < 1$,总财政支出增加,而支出结构不变,则必然会增加污染。

证明过程见"10.2.1.8 推论的证明"中的"命题 2 推论的证明"。

本推论的重要性在于,它提供了对用于理论模型其他地方的假定 3 和假设 4 的实证检验方法。

10.2.1.5 实证模型

我们考察政府支出对污染程度影响的方法是建立实证模型并在模型中控制各种经济因素,用代理指标来控制规模效应以及和税收相当的污染控制条例。污染模型的实证模型参数表可通过把式(10.13)与式(10.15)代入式(10.8)计算得到:

$$Z = F(g, x, p, l, k, c) \tag{10.20}$$

假定决定式(10.15)中 τ 到 τ^* 之间比例距离的向量 I 取决于政治经济学因素和制度,用 Pol 表示;GDP 增速,用 R 表示;人均消费,用 c 表示。民主、政治制度更有效的较富裕国家更能建立接近达到最优污染税水平 τ^* 的污染控制条例。另外,假定经济增长速度(GDP 增速)可能对管制条例控制污染水平的能力有影响。增长太快的国家可能没有时间调整环保条例,以应对经济增长对环境带来的持续压力。同时,把贸易政策(T)当成影响相对价格 p 以及生产率的一个因素。在此基础上,g 乘以 x 再除以 G,此时 $G = g + x$,然后用 c 对 G 进行标准化,得到:

$$Z = F(s, l - s, \tilde{G}, T, Pol, R, k, c) \tag{10.21}$$

式中,$s \equiv g/G$ 且 $\tilde{G} \equiv G/c$。

从式(10.21)中得到如下实证关系:

$$\begin{aligned}
\mathrm{Ln}Z_{ijt} &= \psi_1 \mathrm{Ln}s_{jt} + \psi_2 \mathrm{Ln}\tilde{G}_{jt} + \psi_3 \mathrm{Ln}Y_{jt} + \psi_4 \mathrm{Ln}T_{jt} + \psi_5 Pol_{jt} + \\
&\quad \psi_6 R_{jt} + \psi_7 \mathrm{Ln}k_{jt} + \psi_8 \mathrm{Ln}c_{jt} + \partial_{ij} + \zeta_t + \varepsilon_{ijt}
\end{aligned} \tag{10.22}$$

式中,i、j 和 t 分别为污染监测点、国家和时间;$\psi_j (j = 1, \cdots, 8)$ 为固定参数;Z_{ijt} 为国家 j 在 t 年于监测点 i 测到的污染集中度;s_{jt} 为国家 j 在时间 t 的公共物品支持份额;$\tilde{G}_{jt}$ 为政府消费支出占 GDP 的比例;T_{jt} 为贸易政策开放度指数;Y_{jt} 为单位面积 GDP 产出;Pol_{jt} 为政治经济变量的一个向量,包括民主指数、民主下保持稳定的年数和新闻自由的虚拟变量;R_{jt} 为 GDP 增速;k_{jt} 为 GDP 投资率(资本存量代理指标);c_{jt} 为家庭人均收入;∂_{ij} 为国家 j 的监测点 i 的选址影响,可以固定或随机;ζ_t 为所有国家一样的事件影响;ε_{ijt} 为随机误差项。

10.2.1.6　解释事项

理论模型和生产造成的污染相关,因此通常关注的是作为生产过程副产品而非消费过程产生的空气污染物。通过划分空气污染物类型来计算污染来源的份额分布,并确定大部分污染是源于工业(发电或工业生产过程)还是源于消费[道路机动车和家庭燃烧木材(表10.5)]。

样本国家有持续数据统计的有六种空气污染物:SO_2、CO_2、P_6、O_3、挥发性有机化合物和 CO。NO_2、CO 和挥发性有机化合物主要来自机动车尾气,更有可能成为基于表10.5中分布来源的消费污染物。由于 NO_2 和挥发性有机化合物的结合会产生 O_3,因此 O_3 可看作消费类污染物。大多数 SO_2 和 P_6 来自发电和工业生产过程。由于 20 世纪 80 年代中期以来已经局部或全面禁止含铅汽油的使用,大多数国家剩余的铅积蓄主要来自工业生产过程。因此,着重研究大气中的 SO_2 和 P_6 和铅污染。

表 10.5 空气污染物来源（2002 年） 单位：%

污染源	二氧化硫	一氧化碳	铅	挥发性有机化合物	氮氧化物
生产来源（包括发电和工业生产过程）	80	3	56	9	27
消费来源（包括道路车辆和住宅木材燃烧）	2	60	0	30	38
生产和消耗（包括大燃料燃烧、作道路议事、溶剂使用、火灾、废物处理和其他）	18	37	44	61	34

水污染的衡量手段是生物需氧量（Biochemical Oxygen Demand，BOD），大多数 BOD 排放来自食品工业（平均 44%），第二是纺织业（平均 16%）。总体而言，BOD 主要是一种生产过程产生的污染物，虽然其一小部分由消费产生。

由于对总产出和制度因素（如实施税收等价污染管制的决定因素 τ）的测量进行了控制，政府消费变量的因子会表现直接效应、污染劳动替代效应和政府预算效应三者之和（见 10.16）。然而，这里 τ 使用的代理变量可能不完美、不全面，故而期望政府变量也能表现出一些未观测的环境管制效应。通过在贸易文献中常见的用于对污染效应进行分类的手段，政府支出变量的因子主要反映出组合效应和部分技术效应。

10.2.1.7 经济事项

政府支出的影响并不是立竿见影的，因此这里使用公共物品的滞后份额和政府消费支出的滞后份额，这样可以缓减反向因果关系造成的偏差。然而，如果政府支出变量的滞后值和被遗漏的变量会影响污染水平，这里而会出现一些与政府支出变量没有因果关系的变量，同样会对污染水平产生影响，因而其他偏差同样可能持续存在。固定监测点效应的使用可能控制与时间无关的被遗漏变量，但随时间变化被遗漏变量的问题仍然存在。

随时间变化被遗漏变量会歪曲政府变量的值，如果和政府支出变量相关联。我们特别关注的是被遗漏的、随时间变化的政府管制，它们难以被测量到，且可能和公共物品支出相关联。环境管制的变化也可能和这样一些因素有关，它们在政府支出变量之外，而可能与政府支出变量相关联。

我们利用一个常用的分析过程,称为增加控制途径(Added lontrols Approach,ACA)。它最早由 Altonji 等(2005)提出,旨在解决随时间变化被遗漏变量的一般问题。ACA 增强控制的办法是,依照一定次序使用大量额外的制度、政治和经济方面随时间变化的控制集。这些增加的控制集可能与未观测到的或难以测量的随时间变化的因素相关联,包括可能扭曲政府变量效应的环境管制。如果使用大量控制集,且符号和利益的因子不发生变化,那么难以测量的随时间变化因素不大可能影响估计值。问题就在于,通过增加变量提高估计拟合度是否会影响估计因子。

10.2.1.8 推论的证明

推论 1 证明:为得出 g 对 Z 的影响,运用式(10.8)、式(10.13)和式(10.15)来确定 g 对 w、y_d 和 τ 的影响,假定 $dx/dg = -1$:

$$\frac{\mathrm{d}\mathrm{Ln}w}{\mathrm{d}\mathrm{Ln}g} = \Omega \tag{A1}$$

$$\frac{\mathrm{d}\mathrm{Ln}d}{\mathrm{d}\mathrm{Ln}g} = \frac{\beta}{1-\alpha}\frac{\mathrm{d}\mathrm{Ln}z}{\mathrm{d}\mathrm{Ln}g} - \frac{1-\alpha-\beta}{1-\alpha}\frac{g}{x+k} + \frac{\eta-\alpha\Omega}{1-\alpha} \tag{A2}$$

$$\frac{\mathrm{d}\mathrm{Ln}\tau}{\mathrm{d}\mathrm{Ln}g} = -\frac{u^{''}(c)\mathrm{d}cg}{u^{'}(c)\mathrm{d}gc} = a(c)\frac{\mathrm{d}\mathrm{Ln}c}{\mathrm{d}\mathrm{Ln}g}; \tag{A3}$$

式中,$a(c) \equiv -u''(c)c)/[u'(c)]$。

对式(10.5)和式(10.6)全部微分得到

$$\frac{\mathrm{d}\mathrm{Ln}c}{\mathrm{d}\mathrm{Ln}g} = \frac{1}{1-t}\frac{\mathrm{d}\mathrm{Ln}Y}{\mathrm{d}\mathrm{Ln}g} \tag{A4}$$

式中,Y 为总收入,且是 g、x 和 Z 的函数。

对 Y 取全微分得到

$$\frac{\mathrm{d}\mathrm{Ln}Y}{\mathrm{d}\mathrm{Ln}g} = (\frac{\partial Y}{\partial g} - \frac{\partial Y}{\partial x})\frac{g}{Y} + \frac{\partial YZ}{\partial ZY}\frac{\mathrm{d}\mathrm{Ln}Z}{\mathrm{d}\mathrm{Ln}g} \tag{A5}$$

g、x 和 Z 分别对 Y 的部分影响为

$$\frac{\partial Y}{\partial g} = (\eta + \mu\alpha)\frac{py_d}{g} + (\Omega + \mu)\frac{y_c}{g}$$

$$\frac{\partial Y}{\partial x} = \frac{(1 - \alpha - \beta)py_d}{x + k} \tag{A6}$$

……

$$\frac{\partial Y}{\partial Z} = \frac{\beta py_d}{Z}$$

将式(A6)代入式(A5),并把式(A5)代入式(A4)和式(A3),得到

$$\frac{\mathrm{dLn}\tau}{\mathrm{dLn}g} = \frac{a}{(1-t)}\big[(\eta + \mu\alpha) - (1 - \alpha - \beta)\pi_g\big]\frac{py_d}{Y} + \tag{A3'}$$
$$(\Omega + \mu)\frac{y_c}{Y} + \beta\frac{py_d}{Y}\frac{\partial \mathrm{Ln}Z}{\partial \mathrm{Ln}g}$$

将式(A1)与式(A2)代入式(A6),简化后得到

$$\frac{\mathrm{dLn}Z}{\mathrm{dLn}g} = \frac{\eta - \alpha\Omega - (1 - \alpha - \beta)\pi_g}{1 - \alpha - \beta} - \frac{1 - \alpha}{1 - \alpha - \beta}\frac{\mathrm{dLn}\tau}{\mathrm{dLn}g} \tag{A6'}$$

在式(A6')中运用(式 A3'),简化后得到

$$\frac{\mathrm{dLn}Z}{\mathrm{dLn}g} =$$

$$\frac{\eta - \alpha\Omega - (1 - \alpha - \beta)\pi_g - (1 - \alpha)a(c)\{[((\eta + \mu\alpha) - (1 - \alpha - \beta)\pi_g]\Lambda_d + (\Omega + \mu)\Lambda_c\}}{(1 - \alpha - \beta) + a(c)\beta\Lambda_d(1 - \alpha)} \tag{A7}$$

式中,$\Lambda_c \equiv y_c^*/c$; $\Lambda_d \equiv py_d^*/c$ 。

由于被除数为正,得到 g 中 Z 值下降的充要条件:

$$\big[\eta - (1 - \alpha - \beta)\pi_g\big]\frac{1 - (1 - \alpha)a(c)\Lambda_d}{\alpha + (1 - \alpha)a(c)\Lambda_c} < \Omega + \frac{(1 - \alpha)a(c)(\alpha\Lambda_d + \Lambda_c)}{\alpha + (1 - \alpha)a(c)\Lambda_c}\mu$$

证毕。

推论 2 证明:为了得出 G 对 Z 的影响,同时保持消费常量的组成结构不变,利用式(A1)和式(A2)解出式(10.18),得到

$$\frac{\mathrm{dLn}Z}{\mathrm{dLn}g} = \frac{\eta - \alpha\Omega + (1 - \alpha - \beta)\pi_x}{1 - \alpha - \beta} - \Big(\frac{1 - \alpha}{1 - \alpha - \beta}\Big)\frac{\mathrm{dLn}\tau}{\mathrm{dLn}G} \tag{A8}$$

式中,$\pi_x \equiv x/(x + k)$ 。

从式（A3）可以得知，$\mathrm{dLn}\tau/\mathrm{dLn}G = a(c)\mathrm{dLn}c/\mathrm{dLn}G$。为了得出 $\mathrm{dLn}c/\mathrm{dLn}G$，对式（A5）和式（A6）全微分，同时得到

$$\frac{\mathrm{dLn}c}{\mathrm{dLn}g} = \frac{1}{(1-t)}\left(\frac{\mathrm{dLn}Y}{\mathrm{dLn}G} - t\right) \tag{A9}$$

G 对 Y 的全部效应由下式得出：

$$\frac{\mathrm{dLn}Y}{\mathrm{dLn}G} = = \frac{\mathrm{dLn}Y}{\mathrm{dLn}x}\Big|_{dx=0} + \frac{\mathrm{dLn}Y}{\mathrm{dLn}g}\Big|_{dx=0} = \frac{\partial Yg}{\partial gY} + \frac{\partial Y}{\partial Z}\frac{Z}{Y}\frac{\partial \mathrm{Ln}Z}{\partial \mathrm{Ln}g} + \frac{\partial Yx}{\partial xY} + \frac{\partial YZ}{\partial ZY}\frac{\partial \mathrm{Ln}Z}{\partial \mathrm{Ln}x} \tag{A10}$$

将式（A6）代入式（A10）和式（A9）可得

$$\frac{\mathrm{dLn}\tau}{\mathrm{dLn}G} =$$

$$a(c)\big[\eta + \mu\alpha + (1-\alpha-\beta)\pi_x\big]\Lambda_d + (\Omega + \mu\Lambda_c) + \frac{\beta p y_d}{Z(1-t)}\left(\frac{\partial \mathrm{Ln}Z}{\partial \mathrm{Ln}g} + \frac{\partial \mathrm{Ln}Z}{\partial \mathrm{Ln}x}\right) - \frac{G}{c} \tag{A11}$$

注意到 $(\partial \mathrm{Ln}Z/\partial \mathrm{Ln}G) = (\partial \mathrm{Ln}Z/\partial \mathrm{ln}g) + (\partial \mathrm{Ln}Z/\partial \mathrm{Ln}x)$，将式（A11）代入式（A8），简化后得到

$$\frac{\mathrm{dLn}Z}{\mathrm{dLn}G} =$$

$$\frac{\eta - \alpha\Omega + (1-\alpha-\beta)\pi_x - (1-\alpha)a(c)\big[\{(\eta + \mu\alpha + (1-\alpha-\beta)\pi_x]\Lambda_d + (\Omega + \mu)\Lambda_c\} - G/c)}{(1-\alpha-\beta) + a(c)\beta\Lambda_d(1-\alpha)} \tag{A12}$$

被除数为正，故要让式（A12）为负，仅需要除数为负。将式（A12）设定为小于 0，简化后得到

$$\left[\eta + (1-\alpha-\beta)\pi_x\right]\frac{1-(1-\alpha)a(c)\Lambda_d}{\alpha + (1-\alpha)a(c)\Lambda_c} + \frac{(1-\alpha)a(c)}{\alpha + (1-\alpha)a(c)\Lambda_c}\frac{G}{c}$$

$$< \Omega + \frac{(1-\alpha)a(c)(\alpha\Lambda_d + \Lambda_c)}{(\alpha + (1-\alpha)a(c)\Lambda_c)}\mu$$

证毕。

命题 2 推论的证明：首先假设 $\Omega = \mu = \eta$ 和 $a(c) = 1$，然后重写式（A8），如下：

$$\frac{\mathrm{dLn}Z}{\mathrm{dLn}G} = \frac{\eta(1-\alpha) + (1-\alpha-\beta)\pi_x}{1-\alpha-\beta} - \frac{(1-\alpha)}{(1-\alpha-\beta)}\frac{\mathrm{dLn}\tau}{\mathrm{dLn}G} \tag{A13}$$

为得到 $dLn\tau/dLnG$,在以下条件中得到收入函数 Y:

$$Y = \left[(p\alpha D/A)^{\frac{\alpha}{1-\alpha}} D^{\frac{1}{\alpha}} Z^{\frac{\beta}{1-\alpha}} (x+k)^{\frac{1-\alpha-\beta}{1-\alpha}} + B\overline{L} \right] g^{\eta} \quad (A14)$$

g、x、和 Z 对 Y 的部分影响为

$$Y_g = \eta Y/g$$

$$Y_x = \frac{(1-\alpha-\beta)py_d}{(1-\alpha)(x+k)}$$

$$Y_z = \frac{\beta py_d}{(1-\alpha)Z} \quad (A15)$$

将式(A15)代入式(A10)和式(A9),假设 $a(c)=1$,得到

$$\frac{dLn\tau}{dLnG} = \frac{\eta}{(1-t)} - G/c + \frac{(1-\alpha-\beta)\pi_x\Lambda_d}{(1-\alpha)} + \frac{\beta py_d}{(1-\alpha)(1-t)Z}\frac{\partial LnZ}{\partial LnG} \quad (A16)$$

将式(A16)代入式(A13),得到

$$\frac{\partial LnZ}{\partial lnG} = \frac{-t/(1-t)\eta(1-\alpha) + (1-\alpha-\beta)\pi_x(1-\Lambda_d) + (1-\alpha)G/c}{(1-\alpha-\beta) + \beta\Lambda_d(1-\alpha)} \quad (A17)$$

从式(A5)、式(A6)和 $G = g + x$,可知,$-t/(1-t) = -G/c$,把式(A17)改写为

$$\frac{\partial LnZ}{\partial LnG} = \frac{(1-\alpha-\beta)\pi_x(1-\Lambda_d) + (1-\alpha)(1-\eta)G/c}{(1-\alpha-\beta) + \beta\Lambda_d(1-\alpha)} \quad (A17')$$

由于 $\eta \leq 1$,从式(A17′)可以得出,Z 在 G 是递增的,因为分子和分母都为正。注意到,一般由于式(A12)表明,在 $a(c)$、Ω 和 μ 中 $dLnZ/dLnG$ 递减,但在 η 中递增。因此,如果 $\eta > \Omega$,和/或 $\eta > \mu$,和/或 $a(c) < 1$,那么式(A17′)必也为正。因此,倘若假设 A3 和假设 A4 不成立,那么式(A17′)更加为正,故而污染在 G 中增长。

10.2.2 分权体制下地方政府财政支出的环境效应研究

改革开放以来,中国经济高速发展,取得了举世瞩目的成绩,但为此我国也付出了沉重的代价。中国能源消费与碳排放已取代美国,成为世界第一,能源环境早已成为中国发展的阻碍。深入思考,这在一定程度上与中国典型

的基于"政府主导型"的粗放式发展模式存在相关关系。而这种发展模型来源于中国特色的"中央集权和财政分权"的治理体制。基于自上而下的垂直考核体系和以 GDP 增长为核心的政绩考核制度严重影响地方政府的财政支出行为。分权体制下将经济发展放在首位的政府更偏好于经济服务支出,这种行为使得社会公共服务支出尤其是环境保护支出短缺,进而导致公共服务不到位,影响环境保护。另外,为了吸引外部资源,政府甚至放松对高污染企业的监管,从而进一步加重了地方环境污染。在分权体制下究竟如何约束地方财政支出,使之朝着有利于环境保护和资源友好的方向全面发展,是一个值得深入探讨的问题。本书拟对中国式分权体制下的地方财政支出的环境效应进行深入探讨,旨在挖掘地方财政支出规模对环境的影响机制,以及地方财政支出结构对环境的影响效应,以期为政府从财政支出角度为改善地方环境提供理论基础和政策建议。

随着环境压力的与日俱增,政府在环境保护中扮演着什么样的角色呢?19 世纪 90 年代,马歇尔(1890)《经济学原理》"外部经济"概念的提出,引发了诸多学者从分权管理和财政政策来解决环境问题的思考。基于福利经济学,庇古针对环境污染的外部性提出了"庇古税",他认为可以通过对企业征税将污染的外部成本内部化,这一理论的出现为政府通过财政手段解决环境污染问题奠定了坚实的理论基础。在此基础上,国内外出现了大量从政府分权管理角度研究环境问题的理论研究和实证模型,其中最为典型的就是基于财政联邦主义的环境联邦主义。国内关于财政分权、财政支出与环境质量间关系的研究开展较晚,但也出现了许多有价值的成果,为后人研究奠定了坚实的理论基础。按照研究角度和研究层次的不同,本书对前人的研究进行了以下梳理和归纳。前人的研究主要可以分为两大类,一类直接基于财政分权理论研究财政分权对环境质量的影响,另一类则是关于财政支出与环境质量之间关系的研究。

"外部经济"的提出引发了学者对公共产品的研究,环境质量作为这一领域的典型代表,更成为这一研究的突破口。"环境联邦主义"引发了学者关于政府在治理环境问题时应当采用集权还是分权的思考 。Tibout(1956)"用脚投票"理论中提出,较高的财政分权可以激励当地政府制定便民政策,进而满足居民的公共服务需求,以此为基础的第一代财政分权理论认为分权管理有利于保护环境。Garcia 和 Maria(2007)根据 1996—2001 年西班牙各地区资源治理的调查数据指出,在偏好具有强异质性的前提下,分权治理是最优选择。然而部分学者则认为分权管理是不利于环境质量的,Cumberland(1979,1981)提出地方政府间的不良竞争会带来"竞次"现象,进而加剧环境污染。钱颖一(1997)认为,基于中国自上而下的考核体系,地方官员可能从自身利益出发,在分权管理过程中做出违背居民公共服务需求的决策。为了满足 GDP 绩效考核要求,忽视环境需求,放松对高污染企业的监管,加重环境负担,这是第二代财政分权的基本理论。与此同时,大量学者通过建立实证模型对财政分权与环境质量之间的关系进行分析。陈刚(2009)基于 1994—2006 年省级面板数据指出,地方政府为了吸引更多的 FDI 流入而放松了环境管制,进而导致中国成为跨国污染企业的"污染避难所",这种"竞争到底"的行为来源于中国特有的分权模式。薛刚和潘孝珍(2012)采用支出分权度指标和收入分权度指标作为解释变量,探讨了财政分权对中国环境污染的影响程度。谭志雄和张阳阳(2015)基于熵值法计算环境污染综合指数,运用投入产出模型对中国财政分权与环境之间的关系进行实证研究。研究表明,财政分权与环境污染排放之间存在负相关性。此外还有一些学者认为财政分权与环境质量之间并非单纯的线性关系,刘建明等(2015)基于 2003—2012 年 272 个地级市面板数据,运用 PSTR 模型对财政分权与环境污染之间的关系进行研究,得出财政分权与环境污染之间存在着平滑转换机制,财政分权对环境污染的影响是非线性的。

另外,财政支出作为政府有效的政策工具,为政府宏观调控、把控经济结构起到了重要的作用。早在 1999 年就有学者从财政支出角度研究环境质量问题,近年更是成为众多学者关注的研究热点。冯海波和方元子(2014)运用增长方程和环境方程组成的动态面板模型对地方财政支出的环境效应进行研究,得出财政支出通过公共服务和经济发展两种途径对环境质量产生影响,净环境效应取决于两种影响的方向和大小。胡宗义等(2014)以碳排放为视角也进行了相似的研究,对政府支出和碳排放的双向作用机制进行了探讨。一部分学者更偏向于对地方财政支出的环境效应分类。卢洪友和田丹(2014)认为财政支出对环境质量的影响可以划分为两种效应,一类为直接效应,另一类则为财政支出通过经济发展而产生的间接效应。陈思霞和卢洪友（2014）将公共支出结构对环境质量的综合效应分为六部分，即技术效应、消费者偏好效应、经济规模效应、要素替代效应、预算效应和收入管制效应；并提出一个具体传导机制：在技术、消费偏好和收入管制压力下，企业政府和社会增加污染治理资金投入，进而改善环境质量。另外，还有一些学者对财政支出结构的环境效应进行了研究。王艺明等（2014）的研究表明，保持政府支出总规模不变，增加生产性公共品支出比重会加重环境污染。余长林和杨惠珍（2016）通过构建三部门一般均衡模型对地方财政支出规模和结构的环境效应分别进行了研究，指出地方财政支出通过结构效应和替代效应降低了环境污染，通过增长效应加重了环境污染，同时提高社会性服务财政支出占比有利于改善环境污染。

综上所述，财政分权和财政支出都对环境质量有着不可忽视的影响，更深层次的财政分权通过财政支出对环境造成影响。虽然目前对财政分权和财政支出的环境效应研究从理论到实证已经取得了一定的成果，但是鲜少有学者将地方财政支出放在中国式分权体制下对其环境效应进行分析。基于此，本书在中国式分权体制下，对地方财政支出规模及结构的环境效应进行探讨研究，以期得出有效研究成果，丰富现有理论和实践经验。

本部分研究主要基于以下三部分：第一部分是基于中国式分权，对财政支出规模的环境效应进行检验，考虑到财政分权度对财政支出的影响，在验证模型中加入财政分权度和财政支出规模的交叉乘积项；第二部分则是对分权体制下的地方财政支出结构的环境效应进行检验，其中主要分析经济建设性财政支出和社会服务性财政支出两部分对环境质量的影响；第三部分则是通过依据"工业三废"而构建的环境质量综合得分对我国 31 个省区市进行划分，分为重度污染区域、中度污染区域以及轻度污染区域三部分，对不同程度污染区域分别建立模型进行区域差异分析。

10.2.2.1 模型设定、数据来源与实证方法

（1）实证模型设定。

为了对分权体制下地方财政支出的环境效应进行验证，本书对 2000—2014 年 31 个省区市相关指标构建以下计量模型进行实证分析：

$$\mathrm{Ln}EQ_{it} = \beta_0 + \beta_1 \mathrm{Ln}Fiscal_{it-1} + \beta_2 \mathrm{Ln}dec_{it-1} + \beta_3 \mathrm{Ln}Fiscal_{it-1} \times \mathrm{Ln}dec_{it-1} +$$
$$\varTheta \mathrm{Ln}Control_{it} + \varepsilon_{it} \qquad (10.23)$$

式中,i 为省区市;t 为年份;ε_{it} 为随机扰动项。

本书采用"工业三废"——废水(Water)、废气(Gas)和废弃固体(Solid)排放量以及基于三者生成的综合评价得分作为环境质量指标,即 EQ。Fiscal 表示地方政府财政支出规模,财政支出对环境的影响存在滞后效应,故本书将滞后一期的变量引入模型。为验证财政分权是否通过地方财政支出对环境质量产生影响,本书将财政分权度和地方财政支出规模的交互项引入模型。Control 表示对环境质量造成影响的控制变量,本书包括人均实际 GDP(GDP)、产业结构(Sect)、人口密度(Destiny)、经济开放度(Open)、城镇化率(Urban)和居民受教育程度(Educal)。

同时,为了对地方财政支出结构的环境效应进行验证,本书构建如下计量模型:

$$\mathrm{Ln}EQ_{it} = \beta_0 + \beta_1 \mathrm{Ln}PE_{it-1} + \beta_2 \mathrm{Ln}SE_{it-1} + \varTheta \mathrm{Ln}Control_{it} + \varepsilon_{it} \qquad (10.24)$$

式中,PE 为地方财政支出中经济建设性支出占比;SE 为地方财政支出中社会服务性支出占比。其他均与第一个模型中的设定相同。

(2)数据来源。

本书选取 2000—2014 年 31 个省区市的面板数据作为样本数据。本书中所有涉及价值形态的数据均以 2000 年为基期进行调整。本书数据来源于《中国统计年鉴》《中国环境统计年鉴》《中国教育统计年鉴》《中国能源统计年鉴》。

①环境质量指标(EQ)。关于环境质量的评价指标,本书采取各省区市层面生产性污染物的排放来度量,以"工业三废"为基础指标,将工业废水(Water)、工业废气(Gas)以及工业废弃固体(Solid)排放量纳入综合评价体系,通过 CRITIC 评价方法得到各省区市环境质量的综合得分,以此来衡量地方环境质量。

②核心解释变量。

a. 政府财政支出规模(Fiscal):本书采用各地方人均财政支出来表示地方财政支出规模。其中分子以 2000 年为基期,用相应的 CPI 进行平减。

b. 政府财政支出结构:按照联合国《政府职能分类》中的表述,政府财政支出可以分为一般政府服务、社会服务、经济建设和政府间转移支付四类。本书参考上述分类,将地方政府财政支出分为政府服务支出、经济建设支出、社会服务支出和其他支出四个类别。结合我国实际情况,2007 年财政部对财政支出统计科目进行了较大的调整,为保证统计口径一致、数据有效,本书了参照杨宝剑(2012)研究中对地方财政支出的分类。

c. 财政分权度(Dec):本书是基于中国式分权体制展开的,所以财政分权度的衡量尤为重要。财政分权度代表着地方财政的独立性,财政分权度越大,地方政府对财政支出的支配权力就越大。中国式分权体制下,基于 GDP 增长的政绩考核制度决定了地方政府为发展经济而忽视环境的行为特征,地方政府财政支配权力越大,则越可能带来更多的环境污染。目前为止,财政分权对环境质量的影响渠道并不明确,但可以确定的是财政分权会对政府财政支出产生影响,故本书在模型中引入财政分权度与财政支出规模的交叉乘积项。本书研究的是地方政府财政支出对环境质量的影响,故对财政分权度的度量从支出角度进行测算,即地方财政支出规模占地方财政支出规模与中央财政支出规模的和的比重。

③控制变量。结合大多数学者研究中所采用的控制变量,同时考虑数据的可得性,本书采用以下指标作为控制变量:

人均实际 GDP(GDP):地区 GDP 总量以 2000 年的 CPI 进行平减,然后除以地区年末人口总数得到。人均实际 GDP 用于衡量地区经济发展水平。

产业结构(Sect):不同产业对环境质量的影响各不相同,三大产业中第二产业对环境质量的影响最为明显,依赖于要素投入的工业增长导致的是高污染、高耗能和低产出的局面,因此在本书中采用各省区市第二产业占 GDP 的比重来表示各地区产业结构。

人口密度(Density):一般而言,人口的密集代表着人类活动的频繁。因此,人口密度越大,相应的资源消耗也会较大,同样地排放的环境污染物也会更多。本书采用各省区市年末人口数除以各省区市土地面积来测算该指标。

经济开放度(Open)本书采用各省区市 FDI 占 GDP 的比值作为衡量经济开放度的指标。经济开放度对地方环境质量的影响是双面的,一方面,正如"污染避难所"假设所述,发展中国家为了经济发展吸引投资而降低地方环保标准,以此来吸引发达国家污染密集型企业入驻,从而加重了发展中国家的环境污染;另一方面,引入外资,有利于吸引发达国家先进的生产技术和污染清洁技术,进而改善地方环境质量。

城镇化率(Urban):城镇化率在一定程度上表现的国家经济发展进程,本书采用城镇人口数占年末总人口数比重作为指标对城镇化率进行衡量。

居民受教育程度(Educal):居民受教育程度也是影响环境质量的辅助指标,一方面,居民受教育程度越高,素质越高,环境保护意识也相应越强,从而自觉加入保护环境的行列中;另一方面,居民受教育程度越高,我国技术水平相对越先进,处理环境污染的手段也越强。本书采用人均受教育年限来衡量居民受教育程度。表 10.6 给出了相应指标的原始数据统计学描述。

表 10.6　原始数据统计学描述

变量	单位	均值	标准差	最小值	最大值	观测数
Water	万吨	81978.69	84815.94	363	838551	465
Solid	万吨	6209.012	6668.09	5	45576	465
Gas	亿标立方米	12756.37	12358.31	13	79121	465
Dec	比率	0.7787	0.098898	0.510911	0.957672	465
Fiscal	元/每人	5135.135	5006.685	469.5716	37333.04	465
PE	比率	0.3039	0.081600	0.1025256	0.6853498	465
SE	比率	0.2641	0.052908	0.0831773	0.536245	465
Open	比率	0.335008	0.303313	0.0000634	1.769565	465
GDP	元/每人	25262.76	20065.03	2645.181	103684.2	465
Density	比率	407.196	586.0106	2.11588	3825.692	465
Sect	比率	46.60405	8.179866	19.7597	61.5	465
Urban	比率	0.471880	0.153209	0.2261	0.896	465
Educal	人	8.173771	1.241961	2.99846	12.02836	465

10.2.2.2　实证分析

本书建立的三个模型都是静态面板模型,为判断选择固定效应模型还是随机效应模型,首先对模型进行 Hausman 检验。检验结果显示,固定效应(Fixed Effects,FE)模型估计方法比随机效应(Random Effects,ER)模型更加有效。为了对各个模型进行比较,本书对 FE 模型、RE 模型以及混合最小二乘三种模型均进行了估计。

(1)地方财政支出规模的环境效应分析。

表 10.7 为模型 1 采用 FE 模型估计所得结果,从表 10.7 所示的回归结果可以看出,财政支出规模与工业废弃之间的相关关系不显著,而与工业废弃固体和工业废气分别在 1%、10% 的显著性水平下显著。由此可见,地方财政支出对环境质量的影响并不稳定,且回归结果中财政支出规模的系数为正,这说明到目前为止,地方财政支出规模的增加在一定程度上增加了"工业三废"的排放,进而对环境造成负面影响。这是因为在中国式分权体制下,地方政府为追求以经济为核心的政绩考核,利用手上可支配的财政支出发展经济,忽视地区环境的保护,放松企业环境管制,取得短期经济绩效的同时也加剧了环境污染。近年随着对环境保护的重视,地方政府在逐步改变地区经济发展结构并加大对环境保护的支出规模,但短期内效果并不显著。

表 10.7　FE 模型估计结果

变量	Water	Solid	Gas
	(1)	(2)	(3)
Fiscal	0.0646	0.3699 ***	0.1326 *
	(1.0422)	(2.8253)	(1.7963)
Dec	0.3699 *	0.6406 **	1.0417 **
	(1.5181)	(0.5766)	(1.5232)
Fisca × Dec	− 0.585 ***	− 0.6660 ***	− 0.2708 ***
	(− 3.93)	(− 2.8525)	(− 2.7970)
Open	0.0646 ***	0.3699 ***	0.1326 ***
	(4.0422)	(2.8253)	(3.6963)
GDP	0.0785 ***	0.6660 ***	0.2708 ***
	(1.6571)	(2.8525)	(2.7970)
Density	0.0094 *	0.1539 **	0.0615 **
	(2.1555)	(3.0001)	(2.7500)
Urban	0.1219 **	1.2153 ***	0.8103 ***
	(1.8665)	(5.0629)	(4.9881)
Indus	0.1531 **	0.2341 ***	0.2718 ***
	(2.3720)	(3.2981)	(4.5159)

变量	Water	Solid	Gas
	(1)	(2)	(3)
Educal	− 0.0801 *	− 0.1925 **	− 0.0282 *
	(− 0.4361)	(− 0.5614)	(− 0.2077)
_cons	1.6126 ***	− 0.1568 ***	− 0.0948 ***
	(3.8055)	(− 4.1548)	(− 2.1820)
N	434	434	434
Hausman	0.000	0.000	0.000
R^2	0.9075	0.9433	0.9701
adj − R^2	0.864	0.8372	0.8670
F − test	0.000	0.000	0.000

注：* $P < 0.1$，* * $P < 0.05$，* * * $P < 0.01$

上述估计结果显示,分权度对"工业三废"的影响分别在 10%、5%、1% 显著水平下显著,且取值为正,而地方财政支出和分权度的交叉项三个模型中对"工业三废"排放的影响是显著为负的,表明财政分权通过财政支出对"工业三废"的排放具有减缓作用。为解释这个问题,可求得财政分权对环境质量的影响公式,即 $\frac{\partial lnE}{\partial Fs} = \beta_2 + \beta_4 FD$,公式代表的是财政分权对"工业三废"的直接影响和间接影响的和。由此可分析得出,随着财政支出规模的增加,财政分权对"工业三废"排放的正向作用会减弱。也就是说,在分权体制下,基于财政分权地方财政支出规模的增加有利于降低"工业三废"的排放,进而改善地区环境。

此外,表 10.6 中的估计结果还显示经济开放度的估计系数分别在 10%、5%、5% 的显著性水平下为正,表明各地区引入 FDI 仍出于劣势地位,依旧是"污染避难所"的存在。人均 GDP 的估计系数显著为正,这说明 GDP 的增长会加重"工业三废"的排放,我国目前 GDP 的增长仍然以高耗能、高污染为代价。人口密度的估计系数也是显著为正的,符合前文描述,人口密度越大,人口经济活动越频繁,进而加重环境污染。第二产业占比对"工业三废"排放的影响系数显著为正,目前第二产业占据我国经济的主导地位,也是"工业三废"的排放主力。此外,人均受教育年限的估计系数显著为负,人均受教育年限代表着我国居民受教育程度,随着人均受教育年限的提高,居民素质显著增强,环保意识加强,人们自觉保护环境,积极使用绿色产品,进而对"工业三废"的排放起到抑制作用。表 10.8 为采用 RE 模型和混合最小二乘法估计所得结果。

表 10.8　RE 模型和混合最小二乘法估计结果

变量	Water		Solid		Gas	
	RE	OLS	RE	OLS	RE	OLS
	(1)	(2)	(3)	(4)	(5)	(6)
Fiscal	0.0646 ***	（-4.0711）	0.3699 ***	0.3654 ***	0.1326 ***	-0.0418
	(3.0422)	-0.0427	(2.8253)	(3.1551)	(2.6963)	（-0.3983）
Dec	0.3699 *	-7.2219 ***	0.6406 **	-8.8784 ***	1.0417 **	-6.9011 ***
	(1.5181)	（-4.0711）	(0.5766)	（-3.3859）	(1.5232)	（-3.6207）
Fisca × dec	-0.585 ***	-0.0369 *	-0.6660 ***	-0.4960 *	-0.2708 ***	-0.6451 **
	（-3.93）	（-0.1292）	（-2.8525）	（-1.5277）	（-2.7970）	（-2.4775）
Open	0.0599 *	-0.0541 **	0.1883 *	0.4275 ***	0.0811 *	0.0301 **
	(0.8490)	（-0.4414）	(1.3229)	(3.3196)	(1.0157)	(0.2440)
GDP	0.3284 **	1.2807 ***	1.1931 ***	1.3054 ***	0.8270 ***	1.1503 ***
	(2.1042)	(5.8381)	(7.5175)	(3.9333)	(7.5316)	(4.6940)
Density	0.3498 ***	0.1386 *	0.0609 **	-0.0287 *	0.3141 *	0.0957 *
	(2.9830)	(1.5324)	(0.2454)	（-0.1878）	(1.3239)	(0.7932)
Urban	0.0843 *	0.1634	-0.2464 *	-1.6749 **	0.0023	-1.3296 **
	(0.3401)	(0.3966)	（-1.8285）	（-2.1576）	(0.0249)	（-2.1478）
Indus	0.9110 **	2.0154 ***	1.9655 ***	3.5593 ***	1.1324 ***	2.8838 ***
	(2.5152)	(5.1434)	(3.5076)	(5.3804)	(3.4730)	(8.1389)
Educal	1.9771 ***	1.9132	0.5615	5.4745 ***	0.6130 *	5.6738 ***
	(4.2814)	(1.5177)	(0.7428)	(4.0090)	(1.8421)	(5.3872)
_cons	-2.9404 *	-18.459 ***	-11.779 ***	-31.583 ***	-6.0299 ***	-29.758 ***
	（-3.2060）	（-5.7508）	（-3.4926）	（-6.0796）	（-2.8836）	（-8.3307）
N	434	434	434	434	0.0811	434
R^2	0.8075	0.7412	0.8433	0.7170	0.8701	0.8083
adj-R^2	0.7264	0.7351	0.7394	0.7103	0.7670	0.8038
F-test	0.000	0.000	0.000	0.000	0.000	0.000

注:* $P<0.1$, ** $P<0.05$, *** $P<0.01$

（2）地方财政支出结构的环境效应分析。

表 10.9 显示的是采用 FE 模型估计所得结果。表 10.10 为采用 RE 模型和

混合最小二乘法估计所得结果。

表 10.9 FE 模型估计结果

变量	Water	Solid	Gas
	(1)	(2)	(3)
SE	− 0.2118 **	− 0.2214 ***	− 0.1455 ***
	(− 1.2199)	(− 7.1142)	(− 4.0054)
PE	0.2694 **	0.2460 **	0.0583 ***
	(2.0736)	(2.4666)	(3.5229)
Dec	0.2493 *	3.0043 **	0.2910 **
	(0.6125)	(2.3604)	(1.2882)
Open	0.0270 *	0.0174 **	0.0026 **
	(0.7776)	(0.4308)	(0.6456)
GDP	0.1075 ***	1.1767 ***	0.8119 ***
	(3.7565)	(4.6493)	(5.1418)
Density	0.1049 *	0.0819 **	0.4554 ***
	(1.2303)	(2.0996)	(4.8051)
Urban	0.0594 *	0.3369 **	0.0247 **
	(1.3741)	(1.6858)	(1.1265)
Indus	0.1174 **	1.4822 ***	0.7192 ***
	(1.3898)	(2.9562)	(3.4978)
Educal	− 0.9143 **	− 0.0880 *	− 0.0597 **
	(− 2.1992)	(− 0.7287)	(− 1.1315)
_cons	7.8689 **	− 10.8050 *	− 4.5637
	(2.6377)	(− 1.8662)	(− 1.4339)
N	434	434	434
Hausman	0.000	0.000	0.000
R^2	0.9125	0.9114	0.9657
adj − R^2	0.8341	0.9046	0.9226
F − test	0.000	0.000	0.000

注: * $P<0.1$, * * $P<0.05$, * * * $P<0.01$

表 10.9 所得估计结果显示,社会服务支出占比 SE 对"工业三废"影响的估计系数在 1% 的显著性水平下显著为负,表明社会服务支出规模地增加对"工业三废"的排放有显著的抑制效应。社会服务支出中主要包括教育支出、文化体

育与传媒支出、科学技术支出、医疗卫生支出和环保支出,其中环保支出直接作用于环境,改善环境质量;教育支出有利于提高民众受教育程度,提高居民素质,进而自觉自发保护环境;科学技术支出则有利于技术水平进步和环境保护手段提高,技术水平进步推动产业结构调整,进而对环境起到保护作用。经济性服务支出占比(PE)对"工业三废"的估计系数分别在 5%、5% 和 1% 显著性水平下为正,"为增长而竞争"的地方政府更倾向于投资可获得更大利润而不是较少污染的领域,这些高利润的企业通常具有高耗能、高排放的特点,进而使"工业三废"随之增加。

表 10.10　RE 模型和混合最小二乘法估计结果

变量	Water		Solid		Gas	
	RE	OLS	RE	OLS	RE	OLS
	(1)	(2)	(3)	(4)	(5)	(6)
SE	− 0.1226	0.2739	− 0.1257	0.8821	− 0.0773	0.9698 *
	(− 0.5358)	(0.5941)	(− 0.7003)	(1.2610)	(− 0.6172)	(1.8057)
PE	0.3443 **	0.2397	0.2609 *	0.2484	− 0.0433	− 0.0006
	(2.3212)	(0.8338)	(1.6722)	(0.6500)	(− 0.4044)	(− 0.0020)
Dec	− 1.6067 **	− 7.8001 ***	− 3.4642 ***	− 4.7350 *	− 0.1996	− 3.0521 *
	(− 2.0749)	(− 6.2754)	(− 3.1020)	(− 1.9463)	(− 0.3340)	(− 1.8103)
Open	0.0246	− 0.0031	− 0.0048	− 0.0215	0.0118	− 0.0275
	(0.4483)	(− 0.0627)	(− 0.0441)	(− 0.3134)	(0.2956)	(− 0.5756)
GDP	0.2879	1.1929 ***	1.1440 ***	0.9104 **	0.8205 ***	0.8158 **
	(1.5258)	(4.6875)	(7.1662)	(2.2510)	(7.4600)	(2.5861)
Density	0.3734 ***	0.1406	0.0859	− 0.0912	0.3311	0.0449
	(3.2979)	(1.5770)	(0.3650)	(− 0.6185)	(1.3677)	(0.3997)
Urban	0.0433	0.3567	− 0.3555	− 1.6550 **	− 0.0234	− 1.0885 *
	(0.1899)	(0.9198)	(− 0.9375)	(− 2.1627)	(− 0.1876)	(− 1.8371)
Indus	0.8835 ***	2.0280 ***	1.7799 ***	3.3471 ***	0.9470 ***	2.8918 ***
	(2.5893)	(5.5979)	(3.6581)	(4.9093)	(3.5791)	(8.8859)
Educal	1.8872 ***	1.9546 *	0.3965	5.0467 ***	0.4212	5.5826 ***
	(4.4815)	(1.7373)	(0.4038)	(3.3742)	(1.0001)	(5.5593)
_cons	− 2.4169	− 16.756 ***	− 12.141 ***	− 25.806 ***	− 5.6411 ***	− 23.997 ***
	(− 0.8695)	(− 4.9356)	(− 3.5236)	(− 4.0077)	(− 2.8246)	(− 5.5126)

续表

变量	Water		Solid		Gas	
	RE	OLS	RE	OLS	RE	OLS
	（1）	（2）	（3）	（4）	（5）	（6）
N	434	434	434	434	0.0811	434
R^2	0.8794	0.7442	0.7080	0.7076	0.8635	0.8106
adj-R^2	0.8041	0.7382	0.6842	0.7007	0.8324	0.8061
F-test	0.000	0.000	0.000	0.000	0.000	0.000

注：* $P<0.1$，* * $P<0.05$，* * * $P<0.01$

（3）地区差异性分析。

我国各区域环境污染程度差异较大，污染较严重的省份多为人口丰富、经济发达地区。本书在"工业三废"的基础上运用 critic 综合评价方法建立地方环境综合评价指标，并通过该指标对 31 个省份重新划分区域，分为重度污染区域、中度污染区域以及轻度污染区域。分别对三个区域建立模型，运用 FE 模型估计所得结果如表 10.11 所示。

表 10.11　重度污染区域、中度污染区域以及轻度污染区域 FE 模型估计结果

变量	重度污染区域	中度污染区域	轻度污染区域
	（1）	（2）	（3）
$L(Z)$	0.1015 ***	0.0921 ***	0.0973 ***
	（2.99）	（2.719）	（2.543）
Fiscal	0.0685 *	0.0792 **	0.0910 **
	（0.7562）	（1.1274）	（1.5382）
Dec	2.0868 *	1.7981 **	1.2143 ***
	（2.1749）	（2.3142）	（2.0609）
Fisca×Dec	−0.2970 ***	−0.2431 ***	−0.1974 ***
	（−3.0413）	（−2.4273）	（−2.5973）
_cons	4.5014	4.5014	4.5014
	（0.6091）	（0.6091）	（0.6091）
N	434	434	434
Hausman	0.000	0.000	0.000
R^2	0.7875	0.8273	0.8192
adj-R^2	0.7142	0.7092	0.8013

变量	重度污染区域	中度污染区域	轻度污染区域
	(1)	(2)	(3)
$F-test$	0.000	0.000	0.000

注:$*\ P<0.1$,$*\ *\ P<0.05$,$*\ *\ *\ P<0.01$

从表 10.11 所示的估计结果来看,分权体制下地方财政支出规模在不同污染程度区域的影响存在着显著的估计差异。首先,地方财政支出在三个模型中分别在 10% 、5% 、5% 显著性水平下为正,其系数分别为 0.0685,0.0792 和 0.0910;其次,财政分权度的估计系数按照重度、中度、轻度的顺序分别在显著性水平为 10% 、5% 和 1% 下显著,且均为正值;最后,分权度和财政支出的交叉乘积项的估计系数均在 1% 的显著性水平下为负,且重度污染区域的系数绝对值最大,即分权度和财政支出的交叉乘积项对"工业三废"排放的抑制作用最强。三个方面均与模型 1 估计结果一致。

本节基于 2000—2014 年 31 个省区市的面板数据建立固定效应模型,对分权体制下地方财政支出的环境效应进行研究,主要结论和启示如下:

第一,目前我国地方财政支出规模对"工业三废"排放的直接影响并不完全显著,且为正相关关系,这源于长期以来我国不合理的政绩考核制度和粗放型经济发展模型。从这个角度而言,地方政府财政支出规模的增加加重了环境负担。然而从财政分权度和财政支出规模交叉乘积项而言,其估计系数均在 1% 显著性水平下为负,即基于财政分权,地方政府支出规模的增加对"工业三废"排放具有抑制作用,这是财政分权对环境质量的间接影响。当地方财政支出高于临界值时,分权度的增加将减少"工业三废"的排放。因此,为了实现环境保护,不能单纯地增加分权度或者加大地方财政支出,而是需要将两者结合起来考虑。中央政府应改变基于"GDP 增长"的政绩考核制度,改变现在基于分权体制而出现的"恶性竞争",优化分权体制,合理把控地方财政支出规模。

第二,增加社会服务支出占比有利于抑制"工业三废"排放。而经济建设支出则会增加"工业三废"排放。为改善地区环境质量,地方政府应当转变地方财政支出结构,加快产业结构升级。

第三,地方财政支出规模对"工业三废"的影响存在区域差异性。地方财政支出规模和分权度及其交叉乘积项都在重度污染区域的影响程度最大,中度污染区域次之,轻度污染区域最小。基于此,应当在不同污染程度区域实行不同的财政分权考核制度和财政支出政策,因地制宜才能更有效地保护环境。

10.2.3 政府环境治理公共支出效应的动态 CGE 分析

采取局部均衡的分析视角分析政府环境治理支出效应,可以较好地把握政府环境治理支出的关键要素或直接影响,但考虑到生态环境的经济、自然、社会等属性,采取局部均衡分析无法综合定量把握政府环境治理支出对各经济主体行为的影响。由于 CGE 具有经济总体的一般均衡、多部门之间的联系、产品和要素市场的出清、价格或数量的内生以达到均衡、可计算性、分析外生冲击对经济结构产生的影响等特点(赖明勇和祝树金,2008),当生态环境治理、宏观经济发展和不同产业部门等多方面的影响都要纳入政府环境治理支出研究的视野中时,相应研究也就进入了一般均衡分析的范畴。

目前,CGE 模型已经成为一种规范的政策分析工具,其主要应用领域包括发展战略对经济增长、不同部门产出、收入分配等的影响,税收政策调整的福利影响,贸易政策的影响,劳动力市场政策分析,税收、公共财政政策分析,部门经济政策分析以及能源环境领域的能源政策、环境政策、温室气体减排政策的经济影响等。本书借鉴国外先进的 CGE 建模理论和技术,在不改变现有湖南大学和原澳大利亚维多利亚大学 CoPS 中心共同开发的 CHINGE 模型和 MCHUGE 模型结构的情况下,通过增加不完全竞争模块、能源模块、环境模块,以及相应的政策模块等实现现有 CGE 模型应用扩展。

10.2.3.1 MCHUGE 模型的动态跨期链接机制

MCHUGE 模型最大的特色在于其动态跨期链接机制,其动态机制主要有以下三个方面:一是投资与资本存量的动态累积;二是投资与报酬率之间的正向关系;三是工资增长与劳动力市场的动态调整。

(1)资本积累机制。

资本积累包括投资,也有折旧,因此当期资本存量的变动可以表述为当期投资的增加减去当期资本的折旧,如下:

$$\Delta K = I_0 - DK_0 \qquad (10.25)$$

$$\Delta K \Pi_0 = I_0 \Pi_0 - D K_0 \Pi_0 \qquad (10.26)$$

式中，I 为投资；K 为资本存量；D 为资本折旧率；Π 为每单位新资本的价格。下标 0 代表起始值。

(2)投资配置机制。

投资配置机制由两个要素组成：一是"投资/资本"比与预期报酬率具有正相关性；二是预期报酬率会通过部分调整机制而收敛至真实的报酬率。

给定 P_k 为每单位借贷资本价格，Π 为每单位产业资本价格，则实际的毛报酬率 $R = P_k / \Pi$，下期毛资本增长率 $G = I/K$，E 为下期预期报酬率，则预期报酬率与资本存量增长率之间的关系可以表示为

$$G = F(E) \qquad (10.27)$$

当 $F(E) > 0$ 时，预期报酬率与资本增长率之间具有正向相关关系。

如果利用部分调整机制，则设定本期期末的预期报酬率 E_1 是本期期初预期报酬率 E_0 与本期期末实际报酬率 R_1 的平均值，则预期报酬与实际报酬部分调整机制可以用下式来表示：

$$E_1 = (1 - b)E_0 + bR_1 \qquad 0 < b < 1$$
$$E_0 + \Delta E = (1 - b)E_0 + b(R_0 + \Delta R) \qquad (10.28)$$

(3)工资增长与劳动力市场的动态调整。

若实际工资根据就业量发生动态调整，则其调整机制可以表述为：如果每期期末的就业量超过时间趋势就业量 $x\%$，则本期实际工资就会上升 $\gamma x\%$。但是，由于在实际中就业量与实际工资呈反方向变动关系，因此就业量会慢慢调整至时间趋势就业量。给定 L 为实际就业量，T 为时间趋势就业量，W 为实际工资，则实际工资调整方程式可以用下式来表示：

$$\Delta W/W_0 = \gamma [(L_0/T_0) - 1] + \gamma \Delta(L/T) \qquad (10.29)$$

10.2.3.2　模型拓展

在本书中，政府环境治理支出的节能减排效应主要侧重于考察单位 GDP 能耗和 CO_2 排放两个方面。因此，相应的能源模块和环境模型拓展及参数设定仍沿用前期研究(刘亦文和胡宗义，2014)给出的基本结构体系。

环境治理支出按照来源不同可以分为公共部门环境治理支出和私人部门

环境治理支出。政府作为公共部门的最主要成员,是环境治理资本投入最重要来源。由于传统 CGE 模型中并没有对资本投入进行部门细分,因此这里将环境治理支出函数形式定义为

$$Z_j = A \left[\sum_{i=1}^{2} \delta_{ij} z_{ij}^{-\rho} \right]^{-1/\rho} \tag{10.30}$$

式中,Z_j 为在 j 产业中环境治理支出总和;z_{1j}、z_{2j} 为在 j 产业中公共部门和私人部门环境治理支出数量;A、δ 和 ρ 为参数值,并且满足 $\sum_{i=1}^{n} \delta_i = 1$。

本书通过对公共部门环境治理支出进行冲击分析,即可得出其所带动的影响效果程度。

10.2.3.3 情景设计

原环保部法规司司长李庆瑞(2015)预计"十三五"期间环保投入占国民生产总值的比例将超过 2%。李佐军(2015)认为环保投入最终会由中央、地方政府投入和社会资本 3 个主要部分组成。而对于政府和社会资本的投入比例,专家们基本认定社会资本将会成为其中的"大头",占比为 1/3 ~ 1/2。因此,本书以 2011 年公共部门环境治理支出为基准方案,给定 1% 的政府环保投资冲击,分析公共部门环境治理支出在经济发展、产业产出水平、产业资本收益率、节能减排等社会目标实现中的地位与作用。

10.2.3.4 仿真结果分析

本书利用 MCHUGE 模型对节能减排财政政策对我国宏观经济变量、产业发展、节能减排以及就业的影响程度进行了仿真研究,主要分析结果如表 10.12 ~ 表 10.14 所示。

表 10.12　政策模拟的宏观效应(相对于基准方案的百分比变动率)

主要宏观经济变量	2012	2013	2014	2015	2016	2017	2018	2019	2020
宏观经济变量									
支出法 GDP	1.579	1.556	1.515	1.473	1.434	1.400	1.371	1.347	1.326
居民福利(GNP)	1.440	1.395	1.358	1.320	1.286	1.257	1.233	1.212	1.195
居民消费	1.447	1.409	1.375	1.340	1.307	1.279	1.256	1.236	1.219
投资	1.574	1.378	1.276	1.212	1.169	1.144	1.127	1.116	1.107

主要宏观经济变量	2012	2013	2014	2015	2016	2017	2018	2019	2020
政府支出	1.444	1.406	1.372	1.337	1.305	1.277	1.253	1.233	1.216
出口	1.461	1.559	1.559	1.535	1.505	1.473	1.445	1.421	1.402
进口	1.290	1.227	1.185	1.153	1.128	1.110	1.097	1.087	1.081
要素市场									
收入法 GDP	1.579	1.556	1.515	1.473	1.434	1.400	1.371	1.347	1.326
资本租赁价格	1.009	0.668	0.466	0.326	0.223	0.145	0.084	0.035	-0.006
实际工资	0.204	0.371	0.503	0.607	0.687	0.749	0.795	0.829	0.854
税后实际工资	0.204	0.371	0.503	0.607	0.687	0.749	0.795	0.829	0.854
土地租赁价格	2.157	2.109	2.027	1.938	1.854	1.780	1.717	1.665	1.621
就业	1.033	0.861	0.702	0.567	0.455	0.366	0.295	0.238	0.193
资本存量	-0.001	0.242	0.415	0.546	0.649	0.730	0.796	0.849	0.892
土地存量	0.000	0.000	0.000	0.000	0.000	0.000	0.000	0.000	0.000
价格指数									
GDP 平减指数	-0.470	-0.509	-0.502	-0.485	-0.466	-0.448	-0.433	-0.420	-0.411
投资品价格指数	-0.344	-0.365	-0.352	-0.333	-0.315	-0.298	-0.284	-0.273	-0.265
消费者物价指数	-0.266	-0.312	-0.318	-0.313	-0.305	-0.295	-0.287	-0.279	-0.274
实际贬值	0.473	0.513	0.506	0.489	0.470	0.451	0.435	0.423	0.413
贸易条件	-0.276	-0.300	-0.302	-0.299	-0.295	-0.290	-0.285	-0.282	-0.279
节能减排									
单位 GDP 能耗	-0.105	-0.187	-0.269	-0.344	-0.410	-0.467	-0.519	-0.566	-0.609
CO_2 排放	-1.810	-1.817	-1.761	-1.711	-1.669	-1.634	-1.606	-1.586	-1.574

数据来源:MCHUGE 模拟结果

(1)宏观经济效应分析。

从对经济增长率(GDP 变动率)的贡献度来看,第 1 年为 0.79%,之后逐年递减,到 2020 年回落到 0.65%,即冲击效果逐渐减弱。这说明政府节能减排财政的投入,通过全要素生产率的提高,在短期内对经济增长的作用所带来的冲击是显著的,也带动了经济增长持续较好的正面效应。由于受国内其他产业的产出影响,政府节能减排财政投入对经济增长的效应出现转弱。

以 2011 年 GDP 的变动水平为例,如表 10.12 所示,从支出法的角度来看,真实 GDP 的变动率主要受投资、消费、政府支出及贸易顺差影响。拉动经济增长的"四架马车"均保持了较高的正向偏离水平。

同时,政府节能减排财政投入对资本存量的积累起到了一定的作用,有利于提高节能减排的各微观主体的积极性。财政投入的增加将提高居民的实际工资水平,由 2011 年的 0.1% 增长到 2020 年的 0.43%。

政府节能减排财政投入对就业率起到了一定的作用,但这种正向冲击逐年减弱,最后将逐渐收敛到 0,即冲击效果渐渐消失。这说明短期内在人力资本自由转移之下,政府节能减排财政投入的确提供了不少就业机会;在中期,由于节能技术进步使然,使得雇主逐渐不再需要大量的劳动力进行生产,随着时间的拉长,技术的成熟,节能减排重点工程、项目的减少,冲击效果慢慢消失。

由于政府节能减排财政投入将促进相关产品降低能耗,有助于提高我国产品的国际竞争力,进而使得出口量增加,因此政府节能减排财政投入对出口量也有影响。第 1 年影响效果为 0.73%,但由于节能产品的生命周期影响,需要经过一段时间的酝酿,短期难以见期成效。因此,政府节能减排财政投入对相关产品的影响效果递延至第 2 年最大,并在一段时间内保持着较高的竞争力。由于技术相对普遍性,从第 4 年开始,受同质产品的出现与替代影响,出口逐渐丧失原有的原始竞争力。

从价格指数来看,由于政府节能减排财政投入带来效率的提高,降低了商品的单位成本,在一定程度上拉低了投资品价格,对缓解消费者物价水平起到了一定的作用,发挥出了抑制通货膨胀的效用。

从表 10.12 中可以看出,政府节能减排财政投入能起到一定的节能减排效果。政府节能减排财政投入在一定程度上有助于促进厂商技术进步,提高能源利用效率,降低能源消耗总量,单位 GDP 能耗在不同情景下都呈现出逐年下降趋势。通过政府节能减排财政投入的激励效应,生产部门更倾向于选择低碳能源替代原高碳能源,进行清洁生产;而消费者也倾向于消费绿色低碳产品,从而降低整个社会的能源消费以及碳排放。

(2)产业效应分析。

在我国,由于政府节能减排财政投入的重点有所选择,财政投入预算至各产业的金额不尽相同,因此对各产业产出水平的影响程度不一。但从表 10.13 中可以看出,政府节能减排财政投入对各产业的产出均呈现出正向冲击,并且这种影响绝大部分是通过市场的扩张作用产生的,而不是对其他产业的挤出效应。从短期来看,皮革制品业(+1.20%)、服装业(+1.18%)、家畜肉类(猪肉除外)加工业(+1.17%)、乳品加工业(+1.07%)、汽车产业(+1.00%)、钢铁行业(+0.94%)、机械设备制造业(+0.91%)等行业增长更为明显。这表明政府节能减排财政投入是有助于我国产业整体发展的。长期而言,政府节能减排财政投入对各行业的产出水平的影响效果逐渐减弱,这是由于政府节能减排财政投入引致的技术创新助推了产出效率的提高,当技术普遍被使用之后,则呈现出缓慢下跌现象。

表 10.13 节能减排财政政策对各产业产出水平的影响（相对基期的百分比变动率）

序号	产业	2011年	2012年	2013年	2014年	2015年	2016年	2017年	2018年	2019年	2020年
1	水稻种植业	0.61	0.60	0.59	0.59	0.58	0.57	0.57	0.57	0.56	0.56
2	小麦种植业	0.73	0.71	0.70	0.68	0.66	0.64	0.63	0.62	0.62	0.61
3	其他谷物种植业	0.74	0.72	0.70	0.68	0.66	0.64	0.62	0.61	0.60	0.59
4	蔬菜水果种植业	0.69	0.67	0.66	0.64	0.62	0.61	0.59	0.58	0.58	0.57
5	油料作物业	0.78	0.77	0.75	0.73	0.71	0.69	0.67	0.66	0.65	0.64
6	糖料作物业	0.62	0.62	0.61	0.60	0.59	0.58	0.57	0.56	0.55	0.55
7	麻类作物业	0.84	0.86	0.84	0.82	0.80	0.78	0.76	0.74	0.73	0.72
8	其他作物业	0.61	0.62	0.60	0.59	0.57	0.55	0.54	0.53	0.52	0.51
9	家畜（猪除外）饲养业	0.88	0.88	0.86	0.84	0.82	0.81	0.79	0.78	0.78	0.77
10	猪、家禽业	0.75	0.73	0.71	0.68	0.66	0.65	0.63	0.62	0.61	0.60
11	奶产品生产业	0.84	0.83	0.82	0.80	0.78	0.77	0.75	0.75	0.74	0.73
12	皮革羊毛业	0.83	0.84	0.82	0.80	0.78	0.76	0.74	0.72	0.71	0.69
13	林业	0.85	0.83	0.81	0.79	0.76	0.75	0.73	0.72	0.72	0.71
14	渔业	0.64	0.63	0.61	0.59	0.58	0.57	0.56	0.55	0.55	0.54
15	煤炭开采业	0.66	0.67	0.65	0.64	0.62	0.60	0.59	0.58	0.57	0.56
16	石油开采业	0.52	0.54	0.55	0.56	0.56	0.55	0.55	0.55	0.54	0.54
17	天然气开采业	0.64	0.67	0.66	0.65	0.63	0.62	0.61	0.60	0.59	0.59
18	其他矿业开采业	0.79	0.81	0.80	0.78	0.76	0.75	0.73	0.72	0.71	0.70
19	家畜肉类（猪肉除外）加工业	1.17	1.23	1.23	1.22	1.20	1.17	1.15	1.14	1.13	1.12
20	猪肉加工业	0.76	0.75	0.73	0.71	0.69	0.67	0.65	0.64	0.63	0.62

续表

序号	产业	2011年	2012年	2013年	2014年	2015年	2016年	2017年	2018年	2019年	2020年
21	动植物油加工业	0.73	0.74	0.73	0.71	0.69	0.68	0.67	0.66	0.65	0.64
22	乳品加工业	1.07	1.11	1.11	1.10	1.08	1.05	1.04	1.02	1.01	1.00
23	大米加工业	0.57	0.57	0.57	0.56	0.56	0.55	0.55	0.55	0.55	0.55
24	糖类制品加工业	0.67	0.67	0.66	0.64	0.62	0.60	0.59	0.57	0.56	0.55
25	其他食品加工业	0.70	0.69	0.68	0.66	0.64	0.63	0.62	0.60	0.60	0.59
26	饮料和烟草加工业	0.81	0.80	0.78	0.76	0.74	0.72	0.71	0.70	0.69	0.68
27	纺织业	0.84	0.86	0.84	0.82	0.80	0.78	0.77	0.75	0.74	0.73
28	服装业	1.18	1.19	1.16	1.13	1.10	1.07	1.05	1.04	1.02	1.02
29	皮革制品业	1.20	1.24	1.23	1.20	1.17	1.15	1.12	1.11	1.09	1.08
30	木制品业（家具除外）	0.75	0.75	0.74	0.72	0.71	0.70	0.70	0.69	0.69	0.69
31	造纸和印刷出版业	0.87	0.87	0.85	0.83	0.81	0.80	0.79	0.78	0.77	0.77
32	石油化工业	0.74	0.75	0.74	0.72	0.71	0.70	0.68	0.67	0.67	0.66
33	化学工业	0.78	0.79	0.78	0.76	0.74	0.72	0.71	0.69	0.68	0.67
34	非金属矿冶炼业	0.80	0.75	0.71	0.68	0.66	0.65	0.64	0.63	0.62	0.62
35	钢铁产业	0.94	0.96	0.94	0.92	0.90	0.88	0.87	0.86	0.85	0.84
36	其他金属冶金业	0.87	0.93	0.93	0.92	0.91	0.89	0.88	0.87	0.87	0.86
37	金属制品业	0.87	0.88	0.86	0.83	0.81	0.80	0.78	0.77	0.76	0.76
38	汽车产业	1.00	1.02	1.01	0.99	0.97	0.96	0.95	0.94	0.93	0.93
39	其他运输工具生产业	0.86	0.84	0.82	0.79	0.77	0.76	0.75	0.74	0.73	0.73
40	办公设备和通信设备生产业	0.77	0.78	0.77	0.75	0.73	0.72	0.70	0.69	0.68	0.67

续表

序号	产业	2011 年	2012 年	2013 年	2014 年	2015 年	2016 年	2017 年	2018 年	2019 年	2020 年
41	机械设备制造业	0.91	0.91	0.90	0.87	0.85	0.84	0.82	0.81	0.80	0.79
42	其他制造业	0.80	0.84	0.86	0.86	0.87	0.87	0.87	0.87	0.87	0.87
43	电力行业	0.80	0.81	0.80	0.78	0.76	0.74	0.73	0.72	0.71	0.71
44	燃气和暖气供应业	0.72	0.74	0.73	0.72	0.71	0.70	0.69	0.69	0.68	0.68
45	水的生产和供应业	0.78	0.79	0.78	0.76	0.74	0.73	0.72	0.71	0.70	0.69
46	建筑业	0.79	0.69	0.64	0.61	0.59	0.58	0.57	0.56	0.56	0.56
47	贸易行业	0.80	0.79	0.77	0.75	0.73	0.72	0.71	0.70	0.69	0.68
48	陆地运输业	0.78	0.78	0.76	0.74	0.73	0.71	0.70	0.69	0.68	0.67
49	水运业	0.70	0.72	0.71	0.70	0.68	0.67	0.65	0.64	0.64	0.63
50	空运业	0.66	0.70	0.70	0.68	0.67	0.65	0.64	0.63	0.62	0.61
51	通信业	0.76	0.79	0.78	0.77	0.75	0.73	0.72	0.71	0.70	0.70
52	金融服务业	0.81	0.82	0.80	0.79	0.77	0.76	0.75	0.74	0.73	0.72
53	保险业	0.77	0.80	0.80	0.79	0.77	0.76	0.74	0.73	0.72	0.71
54	租赁业	0.76	0.75	0.74	0.72	0.70	0.68	0.67	0.66	0.65	0.64
55	娱乐文化体育业	0.81	0.80	0.78	0.76	0.74	0.73	0.71	0.70	0.70	0.69
56	公共事业	0.73	0.71	0.69	0.67	0.65	0.64	0.62	0.61	0.60	0.60
57	房地产业	0.72	0.79	0.82	0.83	0.82	0.81	0.80	0.79	0.78	0.77

（3）就业效应分析。

表 10.14 所示为政府节能减排财政投入对各产业部门的就业影响。作为整个节能减排工作的重要组成部分,近年来我国农村的节能减排形势严峻,中央政府也把农村环保治理纳入了节能减排财政投入的重点。从表 10.14 中可以看出,政府节能减排财政投入对农业部门就业的冲击效果虽然相对其他产业而言正向偏离的幅度稍小,但无论是短期内还是长期中,都显现出了较好的治理效果。

作为我国出口的主要商品,服装业、皮革制品业等行业,由于政府节能减排财政投入降低了产品能耗,提高了产品国际竞争力,进而使得出口量增加,生产扩大,吸纳更多人就业,因而以服装业（+0.49%）为代表的出口行业一直保持着较高的就业率。

从表 10.14 中可以看出,作为政府节能减排重点扶持领域和行业,我国的钢铁产业、其他金属冶金、金属制造业、汽车产业等,由于这些行业具有巨大的节能减排潜力,随着其技术水平的提高,碳排放量可显著降低,就业增加。

从表 10.14 中还可以发现,受政府节能减排财政投入影响,空运业（-0.35%）、房地产业（-0.27%）、糖类制品加工业（-0.22%）、电力行业（-0.21%）等行业均减少就业。

不难发现,政府节能减排财政投入有利于各部门就业人员的流动,进而优化人力资源的配置。

表 10.14　政府节能减排财政投入对各产业部门的就业影响（相对基期的百分比变动率）

序号	产业	2011 年	2012 年	2013 年	2014 年	2015 年	2016 年	2017 年	2018 年	2019 年	2020 年
1	水稻种植业	0.16	0.15	0.13	0.12	0.10	0.09	0.09	0.08	0.08	0.08
2	小麦种植业	0.32	0.30	0.26	0.23	0.21	0.18	0.17	0.15	0.14	0.13
3	其他谷物种植业	0.36	0.32	0.28	0.25	0.21	0.18	0.16	0.14	0.12	0.11
4	蔬菜水果种植业	0.32	0.28	0.25	0.21	0.18	0.16	0.14	0.13	0.11	0.10
5	油料作物种植业	0.42	0.39	0.35	0.31	0.27	0.24	0.22	0.20	0.18	0.17
6	糖料作物种植业	0.20	0.20	0.18	0.15	0.13	0.11	0.10	0.09	0.08	0.07
7	麻类作物种植业	0.65	0.65	0.61	0.57	0.53	0.49	0.46	0.43	0.41	0.39
8	其他作物种植业	0.19	0.19	0.17	0.13	0.10	0.08	0.06	0.04	0.02	0.01
9	家畜（猪除外）饲养业	0.67	0.64	0.59	0.55	0.52	0.49	0.47	0.45	0.44	0.43
10	猪、家禽业	0.48	0.42	0.37	0.33	0.29	0.26	0.23	0.21	0.20	0.18
11	奶产品生产业	0.61	0.57	0.53	0.49	0.46	0.44	0.42	0.41	0.40	0.39
12	皮革羊毛业	0.65	0.65	0.61	0.57	0.53	0.49	0.46	0.43	0.41	0.39
13	林业	0.44	0.40	0.36	0.33	0.31	0.28	0.27	0.26	0.25	0.24
14	渔业	0.29	0.26	0.22	0.19	0.17	0.14	0.13	0.11	0.10	0.09
15	煤炭开采业	0.61	0.59	0.52	0.46	0.40	0.35	0.31	0.27	0.24	0.22
16	石油开采业	0.24	0.24	0.22	0.20	0.18	0.17	0.15	0.14	0.13	0.12
17	天然气开采业	1.26	0.99	0.81	0.70	0.62	0.57	0.52	0.50	0.48	0.47
18	其他矿业开采业	0.68	0.61	0.55	0.50	0.46	0.43	0.41	0.40	0.39	0.38
19	家畜肉类（猪肉除外）加工业	1.69	1.50	1.24	1.02	0.85	0.73	0.63	0.57	0.53	0.50
20	猪肉加工业	0.41	0.36	0.30	0.24	0.20	0.16	0.12	0.10	0.08	0.07

续表

序号	产业	2011年	2012年	2013年	2014年	2015年	2016年	2017年	2018年	2019年	2020年
21	动植物油加工业	0.57	0.48	0.37	0.27	0.19	0.13	0.08	0.05	0.02	0.00
22	乳品加工业	1.25	1.14	0.98	0.83	0.71	0.61	0.54	0.48	0.44	0.41
23	大米加工业	0.15	0.12	0.09	0.06	0.03	0.01	0.00	-0.01	-0.02	-0.02
24	糖类制品加工业	0.60	0.41	0.23	0.09	-0.01	-0.08	-0.14	-0.18	-0.20	-0.22
25	其他食品加工业	0.59	0.42	0.27	0.15	0.06	0.00	-0.05	-0.09	-0.11	-0.13
26	饮料和烟草加工业	0.59	0.50	0.41	0.33	0.27	0.22	0.18	0.14	0.12	0.10
27	纺织业	0.65	0.61	0.52	0.43	0.35	0.28	0.23	0.18	0.14	0.12
28	服装业	1.00	0.96	0.87	0.78	0.71	0.64	0.59	0.55	0.52	0.49
29	皮革制品业	1.02	1.03	0.96	0.88	0.80	0.73	0.68	0.63	0.60	0.57
30	木制品业(家具除外)	0.43	0.38	0.33	0.27	0.23	0.19	0.17	0.15	0.13	0.12
31	造纸和印刷出版业	0.60	0.55	0.48	0.42	0.36	0.31	0.28	0.25	0.23	0.21
32	石油化工业	0.59	0.50	0.38	0.27	0.18	0.11	0.05	0.01	-0.02	-0.05
33	化学工业	0.53	0.50	0.42	0.34	0.26	0.20	0.15	0.11	0.07	0.04
34	非金属矿冶炼业	0.50	0.37	0.28	0.21	0.16	0.12	0.09	0.06	0.05	0.03
35	钢铁产业	0.66	0.65	0.59	0.52	0.47	0.42	0.38	0.35	0.33	0.31
36	其他金属冶金业	0.61	0.65	0.60	0.54	0.48	0.44	0.39	0.36	0.34	0.32
37	金属制品业	0.59	0.56	0.49	0.42	0.36	0.31	0.27	0.24	0.22	0.20
38	汽车产业	1.00	0.91	0.78	0.68	0.58	0.51	0.45	0.41	0.37	0.34
39	其他运输工具生产业	0.63	0.53	0.44	0.36	0.30	0.25	0.21	0.18	0.16	0.15
40	办公设备和通信设备生产业	0.54	0.50	0.41	0.33	0.25	0.19	0.14	0.09	0.06	0.03

续表

序号	产业	2011年	2012年	2013年	2014年	2015年	2016年	2017年	2018年	2019年	2020年
41	机械设备制造业	0.73	0.67	0.57	0.49	0.41	0.35	0.30	0.26	0.23	0.20
42	其他制造业	0.76	0.73	0.65	0.56	0.48	0.42	0.36	0.32	0.28	0.26
43	电力行业	1.21	0.28	0.07	-0.02	-0.08	-0.12	-0.16	-0.18	-0.20	-0.21
44	燃气和暖气供应业	0.36	0.33	0.26	0.20	0.14	0.10	0.07	0.04	0.02	0.01
45	水的生产和供应业	0.83	0.42	0.19	0.06	-0.02	-0.07	-0.11	-0.14	-0.16	-0.17
46	建筑业	0.40	0.25	0.17	0.12	0.08	0.06	0.04	0.02	0.01	0.00
47	贸易行业	0.52	0.43	0.33	0.25	0.18	0.12	0.07	0.03	0.00	-0.03
48	陆地运输业	0.55	0.41	0.28	0.17	0.10	0.04	-0.01	-0.04	-0.06	-0.08
49	水运业	0.39	0.32	0.21	0.12	0.05	-0.01	-0.06	-0.09	-0.11	-0.13
50	空运业	0.61	0.31	0.06	-0.09	-0.18	-0.25	-0.29	-0.32	-0.34	-0.35
51	通信业	1.09	0.42	0.16	0.04	-0.03	-0.07	-0.10	-0.12	-0.14	-0.15
52	金融服务业	0.61	0.47	0.35	0.26	0.20	0.15	0.12	0.09	0.07	0.06
53	保险业	0.58	0.47	0.35	0.26	0.19	0.13	0.09	0.06	0.03	0.02
54	租赁业	0.48	0.36	0.26	0.19	0.13	0.09	0.05	0.03	0.01	0.00
55	娱乐文化体育业	0.45	0.38	0.32	0.26	0.22	0.19	0.16	0.14	0.13	0.12
56	公共事业	0.29	0.25	0.21	0.18	0.15	0.13	0.11	0.10	0.08	0.07
57	房地产业	1.41	0.80	0.41	0.15	-0.02	-0.12	-0.19	-0.23	-0.25	-0.27

10.3 能源 R&D 活动引致的能源技术进步的经济社会效应

在 CGE 模型仿真研究过程中,模拟场景的科学设置至关重要,这有利于得到政策变动对变量数值的冲击方向,便于掌握政策变化的可能效应。前文已经分析了技术内生和外生两种情况下能源技术进步对能源消耗的作用机理,而外生型能源技术进步表现为自发的能源效率改进率和备用技术,内生型能源技术进步则来源于研发投资和技术学习。R&D 是技术进步的重要推动力,它在一定程度上决定了技术创新的速率和质量。在能源技术领域,技术研发被看作应对全球气候变化风险,提供可靠安全的能源供应的重要手段,能源技术研发所推动的技术进步对于能源的安全、充足供应、能源效率的提高以及环境的改善都是极为重要的(WEC,2001)。然而,能源技术进步通常是一个比较缓慢的过程,不可能一蹴而就。因此,为了有效测度能源技术进步等对中国经济增长、产业发展、进出口贸易、节能减排等多方面的影响效应,在实际模拟过程中,本节主要研究能源 R&D 活动引致的能源技术进步所带来的经济社会效应变化。为此,我们设定了能源技术进步 0.5% 的政策模拟场景,分析这种情况下可能带来的各变量数值变化。

本书 MCHUGE 模型的闭合规则是通过历史模拟、分解模拟、预测模拟和政策模拟四种闭合方式加以实现的,模拟时期设定为 2011—2020 年。本部分通过应用中国能源—经济—环境系统协调发展的大规模复杂结构动态 MCHUGE 模型,仿真研究能源技术进步等对中国宏观经济、节能减排、产业发展、进出口贸易等多方面的影响效应,相关模拟结果如表 10.15 ~ 表 10.16 所示。

表 10.15　能源技术进步对宏观经济影响的模拟结果(相对基期的百分比变动率)

年份	2011	2012	2013	2014	2015	2016	2017	2018	2019	2020
宏观经济变量										
支出法 GDP	0.786	0.775	0.754	0.733	0.713	0.696	0.682	0.670	0.660	0.651
居民福利(GNP)	0.717	0.695	0.676	0.657	0.640	0.626	0.613	0.603	0.594	0.587
消费	0.721	0.702	0.685	0.667	0.651	0.637	0.625	0.615	0.606	0.599
投资	0.786	0.687	0.636	0.603	0.582	0.569	0.560	0.555	0.550	0.547

续表

年份	2011	2012	2013	2014	2015	2016	2017	2018	2019	2020
政府支出	0.720	0.700	0.683	0.666	0.649	0.635	0.623	0.613	0.605	0.598
出口	0.726	0.775	0.776	0.764	0.749	0.733	0.719	0.707	0.698	0.690
进口	0.643	0.611	0.590	0.574	0.562	0.553	0.546	0.541	0.538	0.535
要素市场										
收入法 GDP	0.786	0.775	0.754	0.733	0.713	0.696	0.682	0.670	0.660	0.651
资本租赁价格	0.504	0.333	0.233	0.163	0.111	0.073	0.042	0.018	-0.002	-0.019
实际工资	0.102	0.185	0.251	0.303	0.343	0.373	0.396	0.413	0.426	0.434
税后实际工资	0.102	0.185	0.251	0.303	0.343	0.373	0.396	0.413	0.426	0.434
土地租赁价格	1.072	1.049	1.008	0.963	0.921	0.885	0.853	0.827	0.805	0.786
就业	0.515	0.429	0.350	0.282	0.227	0.182	0.146	0.118	0.096	0.078
资本存量	0.000	0.121	0.207	0.272	0.323	0.364	0.396	0.422	0.444	0.461
土地存量	0.000	0.000	0.000	0.000	0.000	0.000	0.000	0.000	0.000	0.000
价格指数										
GDP 平减指数	-0.234	-0.254	-0.251	-0.242	-0.233	-0.224	-0.216	-0.210	-0.205	-0.201
投资品价格指数	-0.172	-0.182	-0.176	-0.166	-0.157	-0.149	-0.142	-0.137	-0.132	-0.129
消费者物价指数	-0.133	-0.156	-0.159	-0.157	-0.152	-0.148	-0.143	-0.140	-0.137	-0.135
实际贬值	0.236	0.256	0.252	0.244	0.234	0.225	0.217	0.211	0.206	0.202
贸易条件	-0.138	-0.150	-0.151	-0.150	-0.147	-0.145	-0.143	-0.141	-0.139	-0.138

数据来源：政策情景模拟结果

表 10.16 能源技术进步对产业产出影响的模拟结果（相对基期的百分比变动率）

序号	产业	2011 年	2012 年	2013 年	2014 年	2015 年	2016 年	2017 年	2018 年	2019 年	2020 年
1	水稻种植业	0.606	0.602	0.595	0.586	0.579	0.573	0.569	0.566	0.565	0.565
2	小麦种植业	0.725	0.714	0.696	0.677	0.660	0.645	0.633	0.623	0.617	0.612
3	其他谷物种植业	0.735	0.723	0.702	0.679	0.658	0.639	0.623	0.610	0.599	0.590
4	蔬菜水果种植业	0.692	0.674	0.655	0.637	0.620	0.606	0.594	0.584	0.576	0.570
5	油料作物业	0.783	0.772	0.750	0.727	0.705	0.686	0.669	0.656	0.646	0.637
6	糖料作物业	0.617	0.621	0.612	0.599	0.586	0.575	0.566	0.559	0.553	0.549
7	麻类作物业	0.842	0.856	0.841	0.820	0.798	0.777	0.758	0.743	0.730	0.718
8	其他作物业	0.610	0.617	0.605	0.587	0.569	0.553	0.539	0.527	0.517	0.510
9	家畜（猪除外）饲养业	0.883	0.881	0.863	0.843	0.824	0.808	0.794	0.784	0.775	0.768
10	猪、家禽业	0.754	0.731	0.707	0.684	0.664	0.646	0.630	0.618	0.608	0.599
11	奶产品生产业	0.841	0.833	0.815	0.797	0.780	0.766	0.755	0.746	0.740	0.734
12	皮革羊毛业	0.828	0.839	0.823	0.801	0.778	0.757	0.738	0.721	0.707	0.695
13	林业	0.851	0.833	0.809	0.785	0.765	0.748	0.735	0.724	0.717	0.711
14	渔业	0.640	0.626	0.610	0.595	0.582	0.570	0.560	0.553	0.547	0.542
15	煤炭开采业	0.659	0.665	0.653	0.636	0.619	0.604	0.591	0.580	0.570	0.562
16	石油开采业	0.522	0.544	0.554	0.556	0.555	0.552	0.549	0.545	0.542	0.538
17	天然气开采业	0.642	0.668	0.662	0.649	0.635	0.622	0.610	0.601	0.593	0.587
18	其他矿业开采业	0.794	0.809	0.798	0.780	0.762	0.745	0.731	0.720	0.711	0.703
19	家畜肉类（猪肉除外）加工业	1.172	1.233	1.233	1.216	1.195	1.173	1.155	1.141	1.131	1.124
20	猪肉加工业	0.759	0.751	0.731	0.709	0.688	0.670	0.654	0.642	0.632	0.625

续表

序号	产业	2011 年	2012 年	2013 年	2014 年	2015 年	2016 年	2017 年	2018 年	2019 年	2020 年
21	动植物油加工业	0.731	0.738	0.726	0.710	0.694	0.679	0.667	0.657	0.650	0.644
22	乳品加工业	1.069	1.113	1.111	1.095	1.076	1.055	1.037	1.022	1.010	1.000
23	大米加工业	0.572	0.571	0.566	0.561	0.556	0.552	0.550	0.550	0.550	0.552
24	糖类制品加工业	0.669	0.671	0.656	0.637	0.618	0.600	0.585	0.573	0.563	0.555
25	其他食品加工业	0.698	0.694	0.679	0.661	0.644	0.629	0.616	0.605	0.596	0.589
26	饮料和烟草加工业	0.809	0.797	0.778	0.758	0.739	0.723	0.710	0.700	0.691	0.685
27	纺织业	0.844	0.859	0.845	0.824	0.804	0.784	0.766	0.752	0.739	0.728
28	服装业	1.178	1.185	1.159	1.128	1.099	1.073	1.053	1.037	1.025	1.016
29	皮革制品业	1.195	1.241	1.228	1.202	1.175	1.148	1.125	1.107	1.095	1.085
30	木制品业（家具除外）	0.754	0.751	0.737	0.723	0.711	0.702	0.696	0.692	0.690	0.690
31	造纸和印刷出版业	0.869	0.869	0.852	0.832	0.814	0.799	0.788	0.779	0.772	0.768
32	石油化工业	0.740	0.749	0.739	0.724	0.709	0.696	0.684	0.674	0.666	0.659
33	化学工业	0.776	0.794	0.782	0.763	0.743	0.724	0.708	0.693	0.681	0.670
34	非金属矿冶炼业	0.801	0.745	0.708	0.681	0.661	0.647	0.636	0.629	0.624	0.619
35	钢铁产业	0.938	0.959	0.943	0.922	0.900	0.882	0.868	0.857	0.849	0.843
36	其他金属冶金业	0.874	0.930	0.932	0.920	0.906	0.892	0.881	0.873	0.867	0.863
37	金属制品业	0.870	0.876	0.857	0.835	0.814	0.797	0.783	0.772	0.764	0.757
38	汽车产业	1.003	1.017	1.006	0.991	0.975	0.961	0.949	0.940	0.933	0.928
39	其他运输工具生产业	0.864	0.843	0.816	0.793	0.773	0.758	0.746	0.738	0.733	0.730
40	办公设备和通信设备生产业	0.772	0.785	0.772	0.754	0.734	0.717	0.701	0.687	0.676	0.666

续表

序号	产业	2011年	2012年	2013年	2014年	2015年	2016年	2017年	2018年	2019年	2020年
41	机械设备制造业	0.906	0.913	0.895	0.874	0.853	0.835	0.820	0.809	0.799	0.791
42	其他制造业	0.803	0.844	0.858	0.864	0.867	0.868	0.869	0.870	0.871	0.872
43	电力行业	0.797	0.809	0.795	0.777	0.759	0.743	0.730	0.720	0.712	0.705
44	燃气和暖气供应业	0.724	0.741	0.735	0.724	0.712	0.702	0.693	0.687	0.682	0.678
45	水的生产和供应业	0.782	0.789	0.778	0.761	0.744	0.730	0.717	0.708	0.700	0.693
46	建筑业	0.787	0.695	0.645	0.613	0.592	0.579	0.570	0.564	0.559	0.556
47	贸易行业	0.799	0.790	0.771	0.752	0.734	0.718	0.706	0.696	0.688	0.681
48	陆地运输业	0.782	0.780	0.763	0.744	0.726	0.711	0.698	0.688	0.680	0.674
49	水运业	0.696	0.720	0.713	0.698	0.683	0.668	0.655	0.644	0.635	0.628
50	空运业	0.661	0.698	0.696	0.684	0.669	0.654	0.641	0.630	0.621	0.614
51	通信业	0.764	0.791	0.783	0.766	0.749	0.735	0.722	0.712	0.704	0.698
52	金融服务业	0.810	0.815	0.804	0.789	0.773	0.759	0.747	0.737	0.730	0.724
53	保险业	0.767	0.798	0.798	0.788	0.773	0.758	0.744	0.732	0.721	0.712
54	租赁业	0.761	0.753	0.736	0.717	0.698	0.682	0.669	0.658	0.648	0.641
55	娱乐文化体育业	0.813	0.800	0.780	0.760	0.741	0.726	0.713	0.703	0.695	0.689
56	公共事业	0.729	0.708	0.689	0.669	0.652	0.637	0.624	0.614	0.605	0.597
57	房地产业	0.724	0.792	0.821	0.829	0.824	0.813	0.801	0.789	0.778	0.767

数据来源：政策情景模拟结果

10.3.1 能源技术进步的宏观经济效应

CGE 模型通过各经济主体之间的相互关联,能够对经济系统进行整体描述。由能源 R&D 活动引致的能源技术进步不仅对经济增长和节能减排产生影响,也会对整个经济系统带来影响,相关模拟结果如表 10.14 所示。

从表 10.14 中可以看出,相对基准情景,2011—2020 年能源 R&D 活动引致的能源技术进步带来的 GDP 增长率在 0.651% ~ 0.786% 区间内正向偏离。能源 R&D 活动能够促进能源 R&D 投资量的增长,即最终需求中用于能源 R&D 投资的部分增大,因而知识资本的存量增大,相应地,在下一时期用于生产投入的知识资本投入量也增大,从而带来总产出的增长。由于知识资本的可累积特征,模拟期内,随着时间的推移,能源 R&D 活动引致的能源技术进步仍然可以对 GDP 增长产生正向促进作用。但从表 10.14 中还可以发现,随着时间的推移,能源技术进步对 GDP 增长率的作用呈逐年减弱趋势。这种趋势反映了要素的边际收益递减的性质。究其原因,我们可以根据生产结构中的要素投入组合进行探讨。生产函数中产出是由不同的要素和中间投入按照一定的函数结构(如嵌套的 CES 函数结构)进行组合而实现的。一种要素投入的增加相应增加了对其他要素的需求。虽然要素之间存在一定的替代作用,但是 CES 形式的函数结构决定了替代仅仅是一定程度上的,因而随着知识资本投入的增加,其他要素投入如物理资本、劳动力并不会完全同步增加,使得知识资本投入带来的产出增长效果会逐渐下降。同时,这种趋势可能与技术创新过程存在一定的路径依赖性和技术生命周期有关。当一项新的能源技术被开发出来时,可能会出现自我强化现象,导致技术创新路径依赖出现;同时,任何一项新开发的能源技术都有其自身的技术生命周期,一旦该技术进入衰退期,其对 GDP 增长的促进作用就会逐渐转弱。

能源 R&D 活动引致的能源技术进步有利于提高整个社会的福利水平。表 10.14 中,以 GNP 衡量的居民福利出现了 0.587% ~ 0.717% 不同程度的正向偏离;作为福利水平主要衡量指标——消费水平也出现了 0.599% ~ 0.721% 不同程度的正向偏离。能源技术进步有利于提高居民实际工资水平,实际工资在 2011 年增加 0.102%,到 2020 年增加幅度达到了 0.434%。但是能源技术进步对就业的影响却是一把"双刃剑",就业水平从 2011 年增加 0.515% 下降到 2020 年仅增加 0.078%。由能源 R&D 活动引致的能源技术进步在一定程度上有助于平抑物价水平。从表 10.14 中可以发现,在能源技术进步的推动下,GDP 平减指数、投资品价格指数和消费者物价指数均出现了不同程度的下降,且呈倒 U 形趋势发展。从微观角度来看,由能源 R&D 活动引致的能源技术有助于新工艺、新材料的开发和运用,使得生产成本普遍下降,从而促使商品价格下降;另外,能源技术进步将大大加快能源产品及其相关技术产品的更新换代速度,原有产品或因技术含量较低或型号落后被迫降价。从宏观角度来看,借助熊彼特的说法,技术进步就是生产过程中引入了新的组合或者新的生产函数。在其他条件(劳动和资本)不变的情况下,新的生产函数可以提供更高的劳动生产率或资本产出率。

10.3.2　能源技术进步的节能减排效应

能源 R&D 活动可以促进能源 R&D 投资增加,使得用于生产的知识资本投入量增加,进而促进产出增长以及通过要素替代作用促进单位 GDP 能耗和 CO_2 排放的下降。图 10.1 的模拟结果充分验证了上述作用机制。从图 10.1 中可以看出,在能源 R&D 活动引致的能源技术进步带动下,单位 GDP 能耗和 CO_2 排放相对于基准情景均出现了不同程度的持续下降趋势,且单位 GDP 能耗下降幅度高于 CO_2 排放下降幅度。单位 GDP 能耗在 2011 年下降 0.215%,到 2020 年下降幅度达到了 1.108%。与此同时,CO_2 排放下降率从 2011 年的 0.177% 提高到 2020 年的 1.551%。不难发现,随着时间的推移,能源 R&D 活动引致的能源技术进步对单位 GDP 能耗和 CO_2 排放的作用也越来越强烈,这是因为能源 R&D 活动带来的能源 R&D 投资增长并不会立即增加知识资本的存量,从而生产过程中的知识资本投入量以及相应的要素替代作用也不会立即实现,但随着时间的变化,知识资本开始积累,经济系统的生产结构中知识投入所占比重就更大,相应的节能减排效果也更为明显。

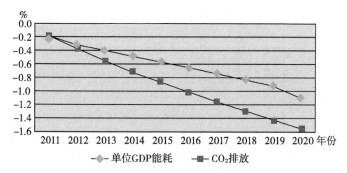

图 10.1　能源技术进步带来的节能减排效应

10.3.3　能源技术进步的贸易效应

作为实现一个国家出口结构调整及竞争力可持续的力量,技术进步对该国保持出口竞争优势起着根本支撑或决定性作用。技术进步不仅能促进新产品的开发和应用,还可以通过优化投入要素资源配置组合,提升生产效率,降低产品成本,提高产品质量,以实现出口商品的竞争优势和相对价格优势,进而促进出口总量的提高。同样,由能源 R&D 活动引致的能源技术进步可以有力地提升我国出口贸易水平。从图 10.2 中可以看出,2011—2020 年,能源技术进步对出口贸易有 0.690% ~ 0.776% 正向偏离影响。与此同时,进口贸易出现了持续下降趋势,从 2011 年的 0.643% 下降到 2020 年的 0.535%,这可能与能源技术进步的挤出效应和替代效应有关。

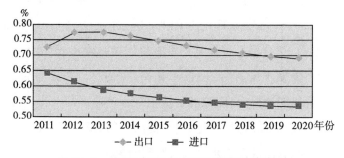

图 10.2　能源技术进步对进出口贸易的影响

在 MCHUGE 模型中,贸易条件被定义为出口价格与进口价格之比。从图 10.3 可以发现,在能源技术进步作用下,贸易条件在 2011 年之后出现了下降趋势并于 2013 年逐步回升。不难发现,从长期来看,能源技术进步有助于贸易条件的改善。

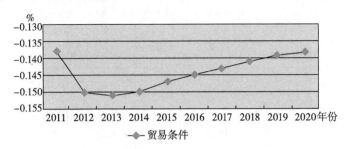

图 10.3　能源技术进步对贸易条件的影响

10.3.4　能源技术进步对产业产出效应

与 GDP 的增长相对应,模拟期内,能源技术进步对 57 个产业部门产出相比基准情景都有所增加。如表 10.16 所示,57 个产业部门产出增加最大的有汽车产业、乳品加工业、家畜肉类(猪肉除外)加工业、服装业和皮革制品业等,2011年这 4 个产业部门分别增加了 1.003%、1.069%、1.172%、1.178% 和 1.195%。其他产出增长较大的部门包括钢铁产业(0.938%)、机械设备制造业(0.906%)、造纸和印刷出版业(0.869%)、其他金属冶金业(0.874%)、金属制品业(0.870%)、其他运输工具生产业(0.864%)、奶产品生产业(0.841%)、麻类作物业(0.842%)等。产出增长相对较少的产业部门则主要包括能源部门和农业部门,如能源部门中的煤炭开采业(0.659%)、石油开采业(0.522%)和天然气开采业(0.642%),农业部门中的水稻种植业(0.606%)和糖料作物业(0.617%)。能源 R&D 活动促使知识资本替代能源投入,使得各产业部门的单位产出能源投入强度下降,产出增长率提高,进而推动各产业部门产出增加。由于知识资本替代能源投入,能源消费量相对各产业部门产出增加幅度处于下降趋势,因而总的能源需求量下降。由于部门间的关联,能源需求量下降,相应地影响到各个能源部门的产出水平,因此产出增幅较少的主要是能源部门。而我国大部分农村地区用能设施落后低效,农业部门科技水平不高,对能源技术进步灵敏度偏低,因此由能源 R&D 活动引致的能源技术进步对农业部门产出影响程度相对较低。

从表 10.16 中还可以发现,能耗较高的部门其产出增长在能源技术进步作用下也得到了较大幅度的提升,如非金属矿冶炼业、钢铁产业、其他金属冶金业、金属制品业、造纸和印刷出版业等。这是因为能源 R&D 活动下,耗能较高的部门的生产结构中,知识资本对能源投入的替代更为容易,因而知识资本投入强度的变化率更大。因此,能源技术进步通过促进这些能源供应和耗能工业部门的知识资本投入增长以及相应加大了对能源投入的替代,从而具有产出增长和节能减排的效应。

第 11 章

能源技术进步的国际比较及对低碳经济发展的实证研究

11.1　能源技术创新的国际比较与经验借鉴

当前,无论是学术界还是实务界都广泛地认同技术进步与技术创新对经济增长的巨大推力,经济理论(Dension,1962,1985;Griliches,1996;Slow,1957)和实证研究(Freeman,1989;Grubler,1998;Mokyr,1990)都表明,技术进步是长期经济发展最重要的贡献因素。另外,20 世纪 70 年代以来,大量研究证实,能源技术进步是解决环境问题的重要途径之一。Herbert Simon(1973)、Nathan Rosenberg(1976)、Vernon Ruttan(1971)、Chauncey Starr 和 Richard Rudman(1973)在著作中便指出,环境问题的可行的解决途径需要更多、更好地掌握技术。IPCC 在《排放情景特别报告》和《第三次评测报告》两个报告中均指出,在解决未来温室气体减排和气候变化的问题上,技术进步是最重要的决定因素,其作用超过其他所有驱动因素之和。有学者研究表明,对 2100 年碳排放的预测值在 2～40GtC 这样一个非常大的范围内,这是由与能源技术相关的不同的假设引起的,如能源效率和较低碳排放技术的成本等(Nakicenovic et al.,1998)。因此,应大力推进能源技术发展和更新,尤其是碳减排领域的技术发展。

意识到技术变化在应对气候变化中的重要作用以及在未来经济竞争中的重要意义后,近年来各发达国家纷纷制定相应的技术战略,并投入大量资金重点加强清洁能源技术的研究与开发。这些战略将有力推动 21 世纪世界能源科技的发展,并可能对世界能源市场的前景和全球环境的改善产生重大影响。目前,欧盟、美国、日本等发达国家和地区在其制定的气候变化战略中均将先进技术的开发和普及列为优先的战略选择。对比能源技术在各个国家的发展和现实状况,能源技术在不同国家还是呈现出了多样化,无不深深地打着各国资源状况,以及由资源状况决定的能源政策的烙印。

(1)各国能源技术研发政策的多样性。首先,由于资源状况、经济发展和能源消费结构等方面的影响,在应对 20 世纪 70 年代两次石油危机时,各国政府能源研发投入经费应对能源价格波动的变化呈现出多种轨迹,如响应时间的长短、响应的强度,以及随着国际石油价格变动而诱发的研发投入变化的方向和幅度等都不尽相同。其次,各国在能源研发优先领域的技术选择上呈现多样化。例如,石油危机结束以来,德国及多数欧洲国家优先于新能源技术的研发,意大利优先于电力及其存储技术的研发,法国优先研发核能技术,美国和日本优先于节能技术和其他技术的研发等。

(2)各国制度的不同是目前能源技术路径不同的唯一解释因素(Martin,1996)。在法国分散的电力企业整合为法兰西电力(Électricité De France,EDF)后,EDF 依靠政府的支持使法国走上了向“all-electric,all-nuclear”的发展道路,并最终锁定于核能技术。丹麦政府通过微小技术市场的建立,使得丹麦在风能的发展上居于世界前列。各国国内能源市场都热衷于形成各主要市场参与者网络,以支持信息的交换和各种各样的学习机制。不仅如此,国家的制度安排也能够通过其他途径,如国家标准的设置等来影响技术发展的方向。

各国制定的能源与气候变化技术战略中都包含了相应的技术变化促进政策和激励机制,除了在公共财政中增加相关技术的 R&D 投入外,各国普遍采用了基于市场的各种经济激励措施,包括政府补贴、税收减免、成立基金、配额制度等①。

11.2 能源技术进步对低碳经济发展的实证研究

现有研究表明,促进能源技术进步是发展低碳经济、推进节能减排、破解能

---

① 汪曾涛. 碳税征收的国际比较与经验借鉴[J]. 理论探索,2009(4):68−71.

源环境问题、实现经济可持续发展的核心。能源技术进步不仅仅是一个单纯的工程意义上技术变化的过程,也是与社会经济、市场结构、制度安排等密切相关,而又相互影响作用的一个复杂过程(Perez,2004)。一方面,能源技术进步会推动经济的增长,促使产业结构变化;另一方面,经济发展水平、社会制度、机构等的安排也将对能源技术进步的方向和速度产生正的或负的影响。那么,低碳经济与技术进步有着什么样的关系? 技术进步能否推动低碳经济的发展? 低碳经济的发展在多大程度上受技术进步的影响? 本章将技术进步内生于低碳经济发展模型,通过选取 10 个国家的面板数据建立模型研究技术进步对低碳经济发展的影响。

11.2.1　模型构建、变量选择及数据处理

11.2.1.1　模型构建

由于面板数据同时具有截面数据、时间数列数据所构成的多维空间反应变量的特征与性质,因此在建模过程中,相比于时间数列数据、截面数据,面板数据模型具有很多优点:个体的异质性能在面板数据中得到控制;面板数据能够给出更多、更全面的信息,同时还能减少回归变量之间的多重共线性;面板数据能够满足复杂经济模型的多种要求,进而可以构造更复杂的行为模型等。根据面板数据中时间及截面个数的多少,可以将其分为短面板和长面板,短面板数据的特征是数据中时间期数较小,截面个数远大于时间序列数;相反,长面板的截面个数较小,而时间序列数较多,在实际应用中两类面板数据均得到学者的青睐。

从面板数据的二维特征来看,面板数据模型在设立过程中可以同时考虑截面个体的固定效应以及不同时刻上的时间效应,这可以通过分别在模型中添加个体虚拟变量与时间趋势项或其平方项来实现。而在长面板数据中,每个个体拥有更多的信息,这就将模型估计的焦点集中在随机扰动项 ε_{it} 具体形式的估计上。

考虑如下模型:

$$y_{it} = x'_{it}\beta + \varepsilon_{it} \tag{11.1}$$

式中,截面 $i = 1,2,\cdots,N$;时间 $t = 1,2,\cdots,T$;自变量 x_{it} 可以包含常数项、解释

变量、个体虚拟变量、时间趋势项等;随机扰动项 ε_{it} 服从 $AR(1)$ 过程,即

$$\varepsilon_{it} = \rho_i \varepsilon_{i,t-1} + v_{it} \tag{11.2}$$

式中, $|\rho_i| < 1$, $\{v_{it}\}$ 独立同分布均值也为 0。

可以根据模型中截面之间的 ρ_i 是否相等将随机扰动项的估计形式分为自回归系数是否相同的 $AR(1)$ 过程。

此外,根据面板数据模型中个体效应的不同存在形式,可将模型(1)具体分为 3 种类型:无个体影响的不变系数模型、变截距模型、含有个体影响的变系数模型。

首先,无个体影响的不变系数模型的单方程回归形式可以写为

$$y_{it} = a + x_{it}\beta + \mu_{it}, \quad i = 1,2,\cdots,N \tag{11.3}$$

在该模型中,假设在个体成员上既无个体影响也没有结构变化,即对每个个体方程,截距项 α 与系数项 β 均相同。

其次,变截距模型的单方程回归形式可以写为

$$y_{it} = a_{it} + x_{it}\beta + \mu_{it}, \quad i = 1,2,\cdots,N \tag{11.4}$$

在该模型中,假设在个体成员上只存在个体影响而没有结构变化,并且个体影响的差别可以用截距项 α_i ($i = 1,2,\cdots,N$)来描述,即模型中各个体成员方程的截距项 α_i 不同,而 $k \times 1$ 维系数向量 β 相同。

最后,含有个体影响的变系数模型的单方程回归形式可以写为

$$y_{it} = a_{it} + x_{it}\beta_{it} + \mu_{it}, \quad i = 1,2,\cdots,N \tag{11.5}$$

该模型中,假设在个体成员上既存在个体影响,又存在结构变化,即由截距项 α_i 来描述个体影响的差别,而用 β_i 来描述个体成员的结构变化。

异方差及自相关性的检验是长面板数据模型估计的前提。传统的经典假设认为不同个体的随机扰动项方差均相等,但是由复杂个体组成的截面数据往往存在异方差的现象,所以为达到模型估计的准确性,有必要对数据的异方差性进行检验。

长面板数据异方差的检验采用了似然比检验的方法,其原假设为“不同个体的随机扰动项方差均相等”,即“ $H_0: \sigma_i^2 = \sigma^2$ ($i = 1,2,\cdots,N$)”。似然比检验的思想是:在有效约束的条件下,似然函数的最大值不应该有大幅度的降低。它是通过比较有约束条件下的似然函数最大值和无约束条件下的似然函数最

大值来实现的。长面板的异方差检验中,加上$(n-1)$个"同方差"约束之后,似然函数的最大值必然会降低,如果降低很多,则应该拒绝"同方差"的原假设,认为数据存在"组间异方差性"。在 Stata 面板数据的异方差检验中还可以应用沃尔德检验方法,这里不再详述。

相对于截面个数,长面板的时间序列数很多,这就更容易造成自相关问题。而实证研究也表明,对于长面板数据,自相关问题一般比组间异方差问题更严重。面板数据的自相关检验一般分为两种:组内自相关和组间截面相关。

Wooldridge(2002)提供了一种组内自相关的检验方法。考虑如下一阶差分模型:

$$\Delta y_{it} = \Delta x_{it}\beta + \Delta \varepsilon_{it} \tag{11.6}$$

假设不存在组内自相关,则扰动项 $\Delta \varepsilon_{it}$ 的方差和协方差分别为

$$\mathrm{Var}(\Delta \varepsilon_{it}) = \mathrm{Var}(\varepsilon_{it} - \varepsilon_{i,t-1}) = \mathrm{Var}(\varepsilon_{it}) + \mathrm{Var}(\varepsilon_{it-1}) = 2\sigma_{\varepsilon}^{2}$$

$$\mathrm{Cov}(\Delta \varepsilon_{it}, \Delta \varepsilon_{i,t-1}) = \mathrm{Cov}(\varepsilon_{it} - \varepsilon_{i,t-1}, \varepsilon_{i,t-1} - \varepsilon_{i,t-2}) = -\mathrm{Cov}(\varepsilon_{i,t-1}, \varepsilon_{i,t-1})$$

$$= -\mathrm{Var}(\varepsilon_{i,t-1}) = -\sigma_{\varepsilon}^{2}$$

故自相关系数表示为

$$\mathrm{Corr}(\Delta \varepsilon_{it}, \Delta \varepsilon_{i,t-1}) = \frac{\mathrm{Cov}(\Delta \varepsilon_{it}, \Delta \varepsilon_{i,t-1})}{\mathrm{Var}(\Delta \varepsilon_{it})} = -0.5 \tag{11.7}$$

因此,组内自相关的原假设为"$H_0:\rho = -0.5$",对其进行 Wald 检验、t 检验或者 F 检验。如果拒绝原假设,则认为数据存在组内一阶自相关性。

面板数据往往还存在截面之间的相关性,即组间截面相关。其常用的检验方法包括 Breusch - Pagan LM 检验、Pesaran 检验、Friedman 检验、Frees 检验。其检验原理为:在"不存在组间自相关"的假设成立下,模型根据残差计算的个体扰动项之间的相关系数应接近0,若将这些相关系数排列成一个矩阵,则该矩阵非主对角线元素应在 0 附近;如果矩阵非对角线上的元素离 0 较远,则应拒绝原假设,认为存在组间截面相关。

面板数据模型有多种估计方法,而且估计方法的选择取决于模型的设定形式及其他多种条件的限制,但各种方法大都由普通最小二乘法演化而来,因此这里只简单介绍固定影响变截距模型的普通最小二乘估计。

固定影响变截距模型假定个体成员上的个体影响可以由常数项的不同来

说明,其模型可表示为 $y_{it} = \alpha_{it} + \beta x_{it} + \mu_{it}$, $i = 1,2,\cdots,N$ 。对应的向量形式如下:

$$Y = \begin{bmatrix} y_1 \\ y_2 \\ \vdots \\ y_N \end{bmatrix} = \begin{bmatrix} e \\ 0 \\ \vdots \\ 0 \end{bmatrix} a_1 + \begin{bmatrix} 0 \\ e \\ \vdots \\ 0 \end{bmatrix} a_2 + \cdots + \begin{bmatrix} 0 \\ 0 \\ \vdots \\ e \end{bmatrix} a_N + \begin{bmatrix} x_1 \\ x_2 \\ \vdots \\ x_N \end{bmatrix} \beta + \begin{bmatrix} u_1 \\ u_2 \\ \vdots \\ u_N \end{bmatrix} \quad (11.8)$$

式中:

$$y_i = \begin{bmatrix} y_{i1} \\ y_{i2} \\ \vdots \\ y_{iN} \end{bmatrix}_{T \times 1} \quad e = \begin{bmatrix} 1 \\ 1 \\ \vdots \\ 1 \end{bmatrix}_{T \times 1} \quad x_i \begin{bmatrix} x_{i,11} & x_{i,12} & \cdots & x_{i,1k} \\ x_{i,21} & x_{i,22} & \cdots & x_{i,2k} \\ \vdots & \vdots & \ddots & \vdots \\ x_{i,T1} & x_{i,T2} & \cdots & x_{i,Tk} \end{bmatrix}_{T \times k} \quad u_i = \begin{bmatrix} u_{i1} \\ u_{i2} \\ \vdots \\ u_{iN} \end{bmatrix}_{T \times 1}$$

利用普通最小二乘法可以得到参数 α_i 和 β 的最优线性无偏估计,为:

$$\hat{\beta}_{FE} = \Big[\sum_{t=1}^{T} \sum_{i=1}^{N} (x_{it} - \bar{x}_i)(x_{it} - \bar{x}_i)' \Big]^{-1} \Big[\sum_{t=1}^{T} \sum_{i=1}^{N} (x_{it} - \bar{x})(y_{it} - \bar{y}_t) \Big]$$

$$(11.9)$$

$$\hat{a}_i = \bar{y}_i - \bar{x}_i' \hat{\beta}_{FE} \quad (11.10)$$

式中:

$$\bar{x}_i = \frac{1}{T} \sum_{t=1}^{T} x_{it}$$

$$\bar{y} = \frac{1}{T} \sum_{t=1}^{T} y_{it}$$

$$x_{it} = (x_{1,it}, x_{2,it}, \cdots, x_{k,it})'$$

一方面,技术进步会提高一国能源资源的利用效率,从而减少污染物的排放;新能源开发技术使得传统高污染能源退出生产体系,碳捕捉、碳汇等碳处理技术将生态中的 CO_2 封存起来,这些技术都会直接减少生态环境中的碳含量,从而降低大气中的碳浓度。另一方面,技术进步会促使生产效率的提高,相比于技术进步之前,或许就会出现单位时间内资源的消耗量增大的情况,从而增加了碳排放量,进一步提高了大气中的碳浓度。可见,技术进步对低碳经济发展的影响是未知的,但从长久来看技术进步的积极作用是毋庸置疑的。此外,技术进步属于滞后变量,或因新技术的推广需要时间,或因新技术的使用成本较高,大部分新技术的推动作用并不能在当期立即显现,这就要求我们在建模中将技术进步的滞后变量作为解释变量之一。

本书利用10个国家的样本数据,将单位 GDP 碳排放量作为衡量低碳经济发展水平的因变量,将单位工业增加值所消耗的能源量及其滞后值作为自变量,构建变系数面板数据模型,分析技术进步对低碳经济发展的影响。模型基本形式如下:

$$y_{it} = x'_{it}\beta_i + \varepsilon_{it} \tag{11.11}$$

式中,y_{it} 为单位 GDP 的碳排放量;x_{it} 为截距项、单位工业增加值的能源消耗量及其滞后值、个体效应、时间效应等虚拟变量;i 为是个样本国家;t 为样本时期;β_i 为各种解释变量的待估系数,从该系数可以看出该模型为变系数模型;ε_{it} 为模型误差扰动项,它表述了除技术进步以外的因素对低碳经济发展的影响。

11.2.1.2　变量选择与数据处理

本书主要研究技术进步对低碳经济发展的影响。技术进步影响一国或一地区的经济、生活等多个方面,它使得人们的生产生活更具有效率。技术进步往往被描述为自主研发、技术引进以及消化吸收能力,然而关于技术进步的定量表示却没有统一的规则,本书采用每单位工业增加值的能源消耗量来衡量一国的技术进步水平。一国单位工业增加值的能源消耗量越小,则单位能源产出越大,该国能源利用效率越高,相应的能源运用技术就会越成熟,技术进步水平就会越高。

低碳经济被描述为一种以低能耗、低污染、低排放为基础的经济发展模式,在这种发展模式下,各种能源的消耗及污染物的排放均被转化为 CO_2 的排放量,因此低碳经济的发展可以用碳排放量来描述。本书选取各国单位 GDP 的碳排放量来反映一国低碳经济的发展水平。如果单位 GDP 的碳排放量逐渐降低或存在降低的趋势,则说明该国低碳经济的发展较成功,经济的发展模式与低碳经济的要求较一致;反之,则说明该国经济仍沿着传统的高耗能、高污染的模式发展,经济发展模式离低碳经济还较远,应该加快低碳改革,尽早实现碳排放量的下降。

本书选取了 10 个国家作为研究对象,其中 5 个是发达国家,包括美国、日本、韩国、新加坡、英国;5 个是发展中国家,包括中国、巴西、印度、南非、墨西哥。研究数据采用的是 1971—2009 年的面板数据。样本数据来自世界银行以及《BP 世界能源统计年鉴》,其中各国 GDP 以及工业增加值均以现价美元为单位,所有数据均利用极差法无量纲化处理。

11.2.2　实证研究

本书运用统计软件 Stata 10.0 进行模型估计检验。首先进行数据的异方差及相关性检验。表 11.1 给出了组间异方差的两种检验结果。

表 11.1　组间异方差性检验结果

检验方法	统计量	P 值	结论
似然比检验	LR chi2(9) = 297.90	Prob > chi2 = 0.0000	存在组间异方差
沃尔德检验	chi2(10) = 5785.09	Prob > chi2 = 0.0000	存在组间异方差

可以看到,以上两种检验方法均强烈拒绝"组间同方差"的原假设,即认为数据"存在组间异方差"。

自相关性分为组内自相关和组间截面相关,其检验结果如表 11.2 所示。Wooldridge 检验的 P 值告诉我们强烈拒绝"不存在一阶组内自相关"的原假设;Breusch – Pagan LM 检验、Friedman 检验、Frees 检验同时告诉我们强烈拒绝"不存在组间截面相关"的原假设;Pesaran 检验也在 5% 的显著性水平下告诉我们拒绝原假设,认为数据存在组间界面相关。此外,Frees 检验还给出了残差相关系数矩阵非对角线元素绝对值的平均值,该值达到了 0.417,远大于 0 值,因此数据存在组间截面相关性。

表 11.2　数据相关性检验结果

检验方法	统计量	P 值	结论
伍德里奇检验	F(1,9) = 41.205	Prob > F = 0.0001	存在一阶组内自相关
布伦斯 – 帕甘检验	chi2(45) = 412.309	P_r = 0.0000	存在组间截面相关

检验方法	统计量	P 值	结论
派尔森检验	cross sectional independence = 2.515	$P_r = 0.0119$	存在组间截面相关
弗里德曼检验	cross sectional independence = 59.887	$P_r = 0.0000$	存在组间截面相关
弗雷斯检验	横截面独立性 = 1.666	$P_r = 0.0000$	存在组间截面相关

Average absolute value of the off – diagonal elements = 0.417

因此,本书在模型估计方法上应当选用同时处理组内自相关和组间同期相关的 FGLS 方法,首先估计 10 个国家的综合效应模型,即固定系数模型,其估计结果如下:

$$y_t = 0.7268 + 0.1611x_t - 0.0415x_{t-1} - 0.6325t$$
$$(12.75) \quad (3.65) \quad (-0.97) \quad (-8.43)$$

估计结果中,解释变量 t 为时间虚拟变量,本书为减少自由度的损失,将所有时间虚拟变量融合成一个变量值。方程下面括号中的数值表示相对应的估计系数的 z 统计量值,从中可以看出,除 x_{t-1} 之外其他变量都十分显著。

从模型系数估计结果的符号上可以看出,单位工业增加值的能源消耗量 x_t 的系数 β_{1i} 为正数,而其滞后一期项 x_{t-1} 的系数 β_{2i} 为负数。因此,所研究的样本中,各国当期单位工业增加值的能源消耗量与单位 GDP 的碳排放量呈正相关;而滞后一期的单位工业增加值的能源消耗量与当期单位 GDP 的碳排放量呈负相关。由前面的分析知道,每单位工业增加值的能源消耗量可以看作一国技术进步的程度,因此其滞后项就可以看作一国技术进步的滞后影响,单位工业增加值的能源消耗量越小,即单位能源产出量越大,表示该国技术进步越成熟;而单位 GDP 的碳排放量又可以看作一国低碳经济的发展程度,单位 GDP 的碳排放量越小,表示该国低碳经济发展得越好。模型中因变量 y_t 随自变量 x_t 的减小而减小,随着 x_{t-1} 的减小而增大,因此,样本中当期技术进步能够推动低碳经济的发展,且单位技术水平的提高能够带来低碳经济发展水平 16.11% 的提高;而滞后一期的技术进步却对当期低碳经济的发展产生了相反的作用,但从系数估计的 z 统计量值上看,这种抑制作用并不明显。

此外,从时间虚拟变量上看,随着技术进步长期的发展,其对低碳经济的发展反而是不利的。这可以从技术进步的滞后一阶上得到解释,新技术的不断产生推动人类各项活动的快速发展,技术进步不断淘汰人类生活中落后的生产工具及生产资料,推动人类各项活动效率的迅速提高。而对于低碳经济的发展,联合国气候变化委员会指出技术进步是关键因素。在短期中,新能源的研发及使用、碳汇、碳捕捉等先进技术直接降低了生态环境中的碳含量,从而推动低碳经济的发展,技术进步对低碳经济发展的推动作用毋庸置疑;而在长期中,随着新技术的不断扩散,人类在生产生活中熟练地掌握了新技术的使用,从而使得人类的生产效率大幅度提高,单位时间内人们生产的产品数量上升,同时生产所使用的能源资源(包括新能源)的数量也会大幅度上升,这就导致技术进步后人类净碳排放量的上升,从而抑制了低碳经济的发展。因此,一国低碳经济的发展既受当期技术进步的促进影响,也受技术进步的滞后的抑制影响,低碳经济发展的具体情况要考虑新技术与传统技术的综合作用。

同时,本书为考察不同国家之间技术进步与低碳经济发展之间关系的不同,进而对变系数模型进行了估计,估计结果如表 11.3 所示。表 11.3 中,β_{1i}、β_{2i} 分别表示技术进步及其滞后一期的估计系数,t 表示时间虚拟变量,$\beta_{1i} + \beta_{2i}$ 表示各国技术进步对低碳经济发展的总效应。

表 11.3 变系数模型待估参数的估计结果

序号	国家	β_{1i}	β_{2i}	t	$\beta_{1i} + \beta_{2i}$
1	中国	0.24637	-0.17421	-1.02648	0.07217
2	巴西	1.16539	-0.54877	0.32027	0.61662
3	印度	1.14451	-0.93419	0.29884	0.21033
4	南非	0.38140	-0.04214	-0.37105	0.33926
5	墨西哥	0.17799	-0.03446	0.22227	0.14353
6	美国	-0.55923	0.89377	-0.65295	0.33454
7	日本	0.86297	0.11802	-0.36191	0.98100
8	英国	-0.01255	0.15396	-0.82387	0.14141
9	韩国	1.74197	-1.71368	-1.03399	0.02829
10	新加坡	-0.13709	-0.26695	-1.15854	-0.40404

从变系数模型估计结果的系数符号上可以看出,5 个发展中国家的技术进步均表现出与总方程一样的效果,即当期技术进步推动了低碳经济的发展,滞后期技术进步则抑制了低碳经济的发展,但只有中国和南非体现出了这种技术进步的长期抑制效应;而在发达国家中这种效应则表现得更混乱,美国和英国

出现了当期技术进步的抑制以及滞后期的促进,日本则表现为技术进步在长期与短期内都促进了低碳经济的发展,新加坡则表现为短期和长期均抑制了低碳经济的发展。但从时间虚拟变量上看,长期的技术进步总是阻碍着发达国家的低碳发展,其原因就是技术进步在发达国家实现了较好的生产能力转变,较高的生产效率所产生的碳污染远远超过碳处理技术所带来的碳减小效应。从表11.3 最后一列可以看到,技术进步的综合效应还是很明显的,除新加坡外其余国家都表现为技术进步对低碳经济发展的促进作用。也就是说,综合考虑新技术与传统技术的共同作用可以看出,随着技术的不断更新进步,各国低碳经济发展的状况越来越好,可见技术进步确实推动着低碳经济的发展。

从技术进步综合效应系数大小上来看,处于第一的是日本,其新技术与传统技术得到完美结合,技术进步对低碳经济的发展起到了很强的促进作用。第二是巴西,巴西以其先进的新一代技术推动着低碳经济的发展,虽然没能将新老技术密切结合在一起,但总的技术效应对低碳经济发展的贡献还是非常可观的。此外,比较发达国家与发展中国家,发展中国家的技术进步综合效应均值(0.276379)大于发达国家(0.216241),这说明技术进步对低碳经济发展的促进作用在发展中国家表现得比在发达国家中明显,发展中国家技术进步的边际低碳效率要高于发达国家,即发展中国家的低碳经济的发展对技术进步的弹性系数要大于发达国家,这为发达国家有义务将技术转让给发展中国家以推动全球低碳经济发展提供了佐证。

发展中国家的经济水平比较落后,相比于发达国家,发展中国家的技术研究能力明显不足,发展中国家的高新技术产量也因此远远低于发达国家。发展中国家所使用推广的技术大都是发达国家所研究甚至是发达国家所淘汰的技术,这些相对于发达国家来说成为传统技术的新技术就会十分成熟,遵循发达国家曾经使用这些技术的相关经验,这些成熟的新技术就会在发展中国家迅速得到推广,从而使新技术的促进作用显现得更迅速。而发达国家处在全球技术研发领域的前列,新技术的开发与使用又具有很大的不确定性,这就使发达国家新技术的推广与使用含有很大的风险,从而降低了技术进步的推动作用。在低碳经济的发展中,发达国家更是处于技术研究的前端,而大部分发展中国家只是尾随其后,因此技术进步对低碳经济发展的促进作用在发展中国家里显得更明显。但从技术进步的总效应上看,无论是发达国家还是发展中国家,技术进步都对低碳经济的发展起着促进作用。

模型中时间虚拟变量非常显著,因此有必要给出各个年份具体系数估计情况,图 11.1 给出了 1972—2008 年时间虚拟变量系数估计走势。从图 11.1 中可以看出,样本考察期内时间虚拟变量系数估计值一直处于 0 值之上,这表明当年技术进步对低碳经济的发展确实起着较大的促进作用。但从趋势图上来看,时间虚拟变量估计系数表现为长期下降的状态,即近年来技术进步促进低碳发展的作用明显降低,老技术的应用越来越熟练,各国生产效率大幅度提高,碳释放强度远远超过了新技术对碳污染的治理能力,这给各国的减排任务带来了很大的压力。

图 11.1 时间虚拟变量系数估计走势

政策建议

改革开放以来,历经四十余年的高速增长,中国经济正逐渐回归到以"中高速、新动力和优结构"为主要特征的新常态。新常态下,经济增长需要从过度依赖生产要素投入转向技术效率驱动。传统的技术效率只关注技术进步的经济价值,而忽略了人与自然环境的协调发展。绿色技术效率是综合考虑能源、环境与经济发展的有效指标,促进绿色技术效率的提高对推进中国经济转型与调整,提升经济发展的质量具有积极的意义。基于本书的实证分析结果,可从如下四个方面提出提高中国绿色技术效率水平的相关政策建议。

1. 双管齐下,全力推进技术进步

实证结果表明,技术进步对绿色技术效率的影响是正向的,但值得注意的是,技术进步包括自主创新和技术引进两种途径,两者对绿色技术效率的影响大小有较大差异,自主创新对绿色技术效率的促进效果明显大于技术引进。因此,本书提出与之相关的建议时分别进行说明。

(1)加大创新投入,提高自主创新能力。本书实证结果显示,技术创新投入越多越有利于中国绿色技术效率水平的提高。历史经验表明,技术创新终究来自本土企业,发达国家对中国仍存在核心技术封锁。所以,提高自主创新能力是中国目前的当务之急。为营造良好的创新氛围,极大地释放创新活力,政策部门应从如下几个方面着手:

第一,充分发挥政府的引导和市场的调节作用,改善当前科技管理和运行机制,大力支持中小微企业科技创新活动。以企业需求为导向,构建公共创新服务平台,为中小微企业提供技术创新服务。

第二,进一步加大财政科技投入力度,保持财政科技支出持续稳定增长,改进财政科技支持方式,把研发投入和创新绩效作为财政经费支持的重要考察指标。大力支持清洁能源、高新技术等环境友好型产业发展,加大关键技术研发扶持力度,促进产业技术成果转化。

第三,加强科研经费监管,保证钱用到创新的人身上、创新方向上,提高经费使用效率,确保科研工作健康发展。

第四,科技创新本质是人才驱动,着力加强人才引进,注重开发培养,积极推进高层次人才、技能人才的队伍建设。加快建立完善符合各类人才特点、与人才贡献相适应的激励机制,使科技人才有发展和创业的机会与舞台。

第五,加强自主知识产权产品的开发与管理,鼓励企业统筹运用各种创新手段,开发具有自主知识产权的关键技术和产品。引导企业增强知识产权保护意识,加快知识产权信息服务平台建设,积极推进支柱产业、重点行业和企业建立专业性专利数据库。

(2)合理引进先进技术,增强技术消化吸收能力。技术引进能够促进绿色技术效率提高,但效果不佳。这主要是由于技术引进存在一个消化吸收和再创新的过程。我国企业由于技术基础相对薄弱,消化吸收速度迟缓,消化吸收的质量和水平较低,在此基础上进行的再创新更是难上加难,步履维艰。此外,技术引进的不适应性也会导致对技术的消化吸收不足。发展中国家通常引进的不是世界上最先进的技术,引进时就已经落后于别人,加之无法消化、吸收,更无法进行融合再创造。过一段时间后,当发现这些技术无法适应经济发展需要时,只能再次引进,这样的恶性循环会使我国在技术方面永远处于劣势。因此,在不断加大先进技术引进力度的同时,要基于本国经济和社会发展实际需要,考虑本国已有知识储备,合理地引进国外先进技术。为此,需要加强技术引进前的可行性论证,成立专业性技术公司,组建一支强有力的人才队伍,专门负责从事技术引进的可行性论证,避免企业在技术引进时盲目追求先进性,忽略自身发展需要和已有知识储备。进一步加强消化、吸收与再创新能力,各级政府应建立消化吸收再创新专项基金,同时鼓励各种风险基金参与进行,最大限度地降低企业在消化吸收再创新过程中的风险,提高企业将引进技术进行再融合创造的热情。对国家重点行业的关键技术的消化吸收应给予重点支持,鼓励企业间联合引进技术,降低单个企业引进技术的资金压力的风险负担。

2.择良而入,合理引进国外资本

实证结果显示,外商直接投资增加会阻碍中国绿色技术效率的提高,而对外贸易则会显著促进中国绿色技术效率的提高。这说明我国外资引入存在较大的盲目性,在"唯GDP至上"的错误观念引导下,各地政府不加甄别地进行外资引进,将大量高污染、高消耗的低端产业奉为"座上宾",致使在短期内取得一定经济成就,但对资源环境造成了长期性的破坏。因此,必须从长远出发,有选择地引进国外资本,提高外资质量,坚决抵制"洋垃圾"。

各级政府需要树立"绿水青山就是金山银山"的正确观念,坚持实施绿色发展战略,外资引进不能以牺牲生态环境为代价。地方政府应该对外资质量进行科学评估,对不符合科学性和自主性的外资项目以及可能造成严重生态恶化的项目要坚决制止。具体来说,应该成立项目评估小组,通过系统的评估指标进行测评,对评估结果进行审议;对同类项目进行全面对比,有污染的项目必须保证可控可治方可引进等。国外资本经常利用东道国的政策漏洞,甚至以撤出投资为要挟,换取东道国地方监管部门的沉默,法律、法规的缺失则进一步纵容了外资企业大肆污染环境的嚣张气焰。因此,要努力推进法律、法规的完善工作,加大惩罚力度,提高违法成本,避免外资一边缴罚款,一边继续恶劣地污染环境。充分发挥舆论和媒体的监督、引导作用,曝光严重污染生态环境的外资企业,造成强大的舆论压力,促使外资企业积极整改,承担应有的社会责任。

3.推陈出新,积极优化产业结构

工业发展对中国绿色技术效率具有明显的负向作用,而服务业发展对中国绿色技术效率具有明显的正向作用。这表明我国应该积极推进产业结构调整,优化产业结构,提高经济生产效率。

首先,推动传统产业优化升级,加快淘汰落后产能。从我国经济发展实情来看,传统产业尤其是工业粗放发展模式已经与当前经济社会以及人民日益增长的美好生活需要不相适应,必须对其进行改造升级。当然,传统产业并非一定是落后产业,只要进行科学的改造升级,大都能焕发生机活力。应从整体经济发展和满足人民对美好生活的需要出发,既不能超越实际,也不能听之任之。强化科技创新,是传统产业释放新的活力,推进经济新旧动能加快转换,夯实经济可持续健康发展的基础。落后产能的生产力远低于平均水平,污染物排放、能耗等均高于行业平均水平。因此,必须加快淘汰落后产能,这样才能降低发展成本,提高发展质量和效益。

其次,加快培育战略性新兴产业。当今世界各国将产业发展重点转向战略性新兴产业,产业竞争进入白热化阶段,只有紧紧抓住战略性新兴产业这一发展机遇,才能在世界产业竞争中把握战略制高点和主动权。目前,我国正处于经济转型的关键节点,依托互联网技术、信息技术等发展起来的一系列新兴产业对我国的产业升级和经济发展具有重要的引领作用。"互联网 +"、机器学习、人工智能等发展方兴未艾,极大地促进了生产效率的提高,且我国在这些方面处于世界前列。应进一步巩固已有优势,并推动互联网、机器学习、人工智能等同实体经济融合,推动制造业加速向数字化、网络化、智能化发展。

最后,大力发展现代服务业。服务业被称为国家经济发展的"稳定器"和"助推器",在经济发展中扮演着举足轻重的角色。因此,要适应现代经济发展趋势,加快传统服务业向现代服务业转变,推动现代服务业与制造业融合发展,促进服务业创新发展和新动能培育。大力发展生产性服务业,其凭借专业性强、产业融合度高等特点,能快速提高我国产业竞争力,积极推进生产性服务业与其他产业深度融合。放宽服务行业准入标准,提高服务行业对外开放水平,推动服务行业走出国门,在世界大舞台寻求更大的发展空间。

4.因地制宜,科学制定提升政策

实证结果显示,中国省际绿色技术效率具有显著的空间正相关关系,且不同地区的绿色技术效率增长速度和收敛特征差异较大。东部、中部和西部的技术水平、相关政策制度、产业结构等区域特征条件大相径庭。因此,在制定绿色技术效率提升政策时,应充分考虑各省自身经济环境特征,实现全国整体绿色技术效率水平更上一层楼。

对比三大区域绿色技术效率水平可知,我国绿色技术效率水平呈现由东部到中部再到西部依次递减的格局,并且中、西部省份之间的差距随时间推进逐渐拉大,而东部省份之间的差距随时间变化逐渐缩小。可见,中国绿色技术效率差异是由东部—中部差异及东部—西部差异主导的。因而,要促进中国绿色技术效率水平的提升,必须保持东部省份绿色技术效率水平的稳步提升,发挥其示范带头作用,引领其他地区乃至全国绿色技术效率水平的提升。充分利用东部沿海省份在技术、人才、资本等多方面的优势,进一步优化资源配置,加大技术创新投入力度,继续深化改革,加大对外开放水平,大力发展清洁行业,全面促进生产效率提高,努力实现经济绿色发展。加快部署中、西部地区绿色技术效率水平赶超策略,努力减小与东部地区的差距。国家应在政策层面对中、西部地区发展给予一定照顾,增加财政投入,改善基础设施,优化中、西部地区经济发展环境。

主要参考文献

［1］习近平.决胜全面建成小康社会 夺取新时代中国特色社会主义伟大胜利:在中国共产党第十九次全国代表大会上的报告［M］.北京:人民出版社,2017.

［2］胡锦涛.坚定不移沿着中国特色社会主义道路前进——为全面建成小康社会而奋斗:在中国共产党第十八次全国代表大会上的报告［M］.北京:人民出版社,2012.

［3］胡锦涛.高举中国特色社会主义伟大旗帜——为夺取全面建设小康社会新胜利而奋斗:在中国共产党第十七次全国代表大会上的报告［M］.北京:人民出版社,2007.

［4］习近平.关于《中共中央关于全面深化改革若干重大问题的决定》的说明［J］.求是,2013(22):19 - 27.

［5］本书编写组.党的十九大报告辅导读本［M］.北京:人民出版社,2017.

［6］刘云山.《中共中央关于全面深化改革若干重大问题的决定》辅导读本［M］.北京:人民出版社,2013.

［7］Akarca A T, Long T V. On the relationship between energy and GNP:A reexamination［J］. Journal of Energy and Development, 1980(5):326 - 331.

［8］Acemoglu D, Aghion P, Bursztyn L, et al. The environment and directed technical change［J］. American Economic Review,2012,102(1):131 - 166.

［9］Acemoglu D. Directed technical change［J］. Review of Economic Studies,2002,69(4):781 - 809.

［10］Alessandro Antimiani, Valeria Costantini, Elena Paglialunga. The sensitivity of climate - economy CGE models to energy - related elasticity parameters:Implications for climate policy design[J]. Economic Modelling, 2015,51:38 – 52

[11]Ambec S,Cohen M A,Elgie S,et al. The porter hypothesis at 20:Can environmental regulaiton ehance innovation and comprtitiveness[R]. Resources for the Future Discussion Paper,2011.

[12]Arrow K J. The economic implications of learnig by doing[J]. Review of Economic Studies, 1962, 29(3):155 – 173.

[13]Arshad Mahmood, Charles O. P. Marpaung. Carbon pricing and energy efficiency improvement—why to miss the interaction for developing economies? An illustrative CGE based application to the Pakistan case[J]. Energy Policy, 2014 (67):87 – 103.

[14]Scott E Atkinson,Donald H Lewis A cost – effectiveness analysis of alternative air quality control strategies[J]. Journal of Environmental Economics and Management, 11974(3):237 – 250.

[15]Bahmani – Oskooee M, Nasir A B M. ARDL approach to test the productivity bias hypothesis[J]. Review of Development Economics, 2004, 8 (3): 483 – 488.

[16]Banerjee A, Dolado J J, Mestre R. Error – correction mechanism tests for cointegration in a single – equation framework[J]. Journal of Time Series Analysis, 1998, 19 (3): 267 – 283.

[17]Battese E,Collei T. Frontier production functions technical efficiency and panel data with application to famer in India [J]. Journal of Productivity Analysis, 1992(03):153 – 169.

[18]Battese G E ,Coelli T J. A model for technical efficiency effects in a stochastic production frontier for panel data [J]. Empirical Economics, 1995 (20): 325 – 332.

[19]Jayson Beckman Thomas Hertel,Wallace Tyner. Validating energy – oriented CGE models[J]. Energy Economics, 2011, 33(5):799 – 806.

[20]Borges A M. Applied general equilibrium models : an assessment of their usefulness for policy analysis[J]. Oecd Economic Studies 1986,7(7):7 – 43.

[21] Bovenberg L A, Smulers S. Environmental quality and pollution – augmenting technological change in a two – sector endogenous growth model[J]. Journal of Political Economy,1995(57):369 – 391.

[22] Bretschger L, Smulders S. Sustainability and substitution of exhaustible natural resources: How structural change affects long – term R&D – investments[J]. Journal of Economic Dynamics & Control ,2012(36):536 – 549.

[23] Brown R L, Durbin J, Evans J M. Techniques for testing the constancy of regression relationships over time[J]. Journal of the Royal Statistical Society, 1975 (37B): 149 – 192.

[24] Burniaux J – M, Martin J P, Nicoletti G, et al. GREEN a multi – sector, multi – region general equilibrium model for quantifying the costs of curbing CO2 e-missions: a technical manual[R]. OECD Publishing, 1992.

[25] Burniaux J – M, Nicoletti G, Oliveira – Martins J. Green: A global model for quantifying the costs of policies to curb CO_2 emissions [J]. OECD Economic Studies, 1992(19):39 – 72.

[26] Burniaux J M, Truong T GTAP – E: An energy environmental version of the GTAP model[R]. GTAP Technical Paper,2002.

[27] Cai W, Wang C, Liu W. Sectoral analysis for international technology development and transfer: cases of coal – fired power generation, cement and aluminium in china[J]. Energy Policy, 2009(37): 2283 – 2291.

[28] Chen, Wenying. The costs of mitigating carbon emissions in China: findings from China MARKAL – MACRO modeling[J]. Energy Policy ,2005,33(7): 885 – 896.

[29] Zhang C H, liu H Y, Hans Th. A. Bressers et al. Productivity growth and environmental regulations – accounting for undersiable outputs: Analysis of China's thirty provincial regions using the Malmqusit – Luenberger index[J]. Journal of Ecological Economics,2011,70(12):2369 – 2379.

[30] Colev M, Elliott R, Shimamoto K. Industrial characteristics, environmental regulations and air pollution:An analysis of the UK manufacturing sector[J]. Journal

of Environmental Economics and Management,2005,50(1):121 – 143.

[31]Conrad K,Schroder M. Choosing environmental policy instruments using general equilibrium models [J]. Journal of Policy Modeling, 1993, 15 (5/6): 521 – 543.

[32]Criqui, P. (2001), POLES – Prospective Outlook on Long – term Energy Systems, Information Document, LEPII – EPE, Grenoble[DB/OL]. http://web. upmf – grenoble. fr/lepii – epe/textes/POLES8p_01. pdf.

[33]Cumberland J H. Efficiency and equity in interregional environmental management[J]. Review of Segional Studies,1981,2(1):1 – 9.

[34]Cumberland J H. Interregional pollution spillovers and consistency of environmental policy[M]. New York:NYU Press,1979.

[35]Dasgupta P, Heal G. The optimal depletion of exhaustible resources[C]. The Review of Economic Studies, Symposium on the Economics of Exhaustible Resources, U. K: Oxford University Press, 1974, 41: 3 – 28.

[36]Dasgupta S,Laplante B,Mamingi N,et al. Inspections pollution prices, and environmental performance: evidence from china [J]. Ecological Economics, 2001(36):487 – 498.

[37]Debons A. Command and control: Technology and social impact[J]. Advances in Computers, 1971(11): 319 – 390.

[38]Delfin S. Go, Hans Lofgren, Fabian Mendez Ramos,et al. Estimating parameters and structural change in CGE models using a Bayesian cross – entropy estimation approach[J]. Economic Modelling,2016(52):790 – 811.

[39]Dixon P B, Rimmer M T. Dynamic general equilibrium modeling for forecasting and policy. a practical guide and documentation of monash [M]. North – Holland:ElsevierScience,2002.

[40]Dixon P B, Rimmer M T. Rimme. Johansen's legacy to CGE modelling: Originator and guiding light for 50 years[J]. Journal of Policy Modeling,2016(38): 421 – 435.

[41]Dufournaud M C, Harrington J, Rogers P. Leontief's environmental re-

percussions and the economic structure revisited: a general equilibrium formulation [J]. Geographical Analysis,1988,20(4):318 –327.

[42] Energy Information Administration(EIA). Integrating module of the national energy modeling system: Model documentation. Office of Integrated Analysis and Forecasting, Energy Information Administration, U. S[R]. Department of Energy, DOE/EIA – M057(2007), Washington, DC,2007.

[43] Energy Information Administration(EIA). Model Documentation Report: System for the Analysis of Global Energy Markets(SAGE), Volume 1, Model Documentation. Office of Integrated Analysis and Forecasting, Energy Information Administration, U.S. Department of Energy, DOE/EIAM072(2003)/1, Washington,2003.

[44] Erkan C, Mucuk M, Uysal D. The impact of energy consumption on exports: The Turkish case[J]. Asian Journal of Business Management, 2010, 2(1): 17 –23.

[45] European Commission. Energy in Europe, European energy to 2020:a scenario approach [M]. Belgium:Directorate general for energy,1996.

[46] Fang Wang, Jian Li, Wen Tu. Voluntary agreements,flexible regulation and CER: Analysis of games in developing countries and transition economies[J]. Procedia Engineering, 2017(174):377 –384.

[47] Fowlie M, Holland S P, Mansur E T. What do emissions markets deliver and to whom? Evidence from Southern California's NOx trading program[J]. The American Economic Review, 2012, 102(2): 965 –993.

[48] Francesco Testa,Fabio Iraldo,Marco Frey. The effect of environmental regulation on firm's competitive performance:The case of the building &construction sector in some EU regions [J]. Journal of Environmental Management, 2011: 2136 –2144.

[49] Schmidt S S,Yaisawarng S. Accounting for environmental effects and statistical noise in data envelopment analysis[J]. Journal of Productivity Analysis,2002 (17):157 –174.

[50] Garcia Valinas,Maria. What Level of decentralization is better in environ-

mental context? An application to water Policies[J]. Environmental Resource,2007,
38(2):213 - 229.

[51]Gillingham K , Newell R G, Pizer W A. Modeling endogenous technologi-
cal change for climate poliey analysis [J]. Energy Eeonomies, 2008, 30 (6):
2734 - 2753.

[52] Glyn Wittwer. Economic modeling of water: The Australian CGE experi-
ence[M]. Berlin:Springer,2014.

[53] Grant Allan, Nick Hanley, Peter McGregor, et al. The impact of in-
creased efficiency in the industrial use of energy: A computable general equilibrium
analysis for the United Kingdom[J]. Energy Economics,2007,29(4) : 779 - 798.

[54]Greening L A,Greene D L,Difiglio C. Energy efficiengy and consump-
tion—the rebound effect—a survey[J]. Energy Policy,2000,28 (6 - 7):389 - 401.

[55]Greenstone M, Hanna R. Environmental regulations, air and water pollu-
tion, and infant mortality in India[R]. National Bureau of Economic Research
Working papers, 2011.

[56]Greenstone M. The impacts of environmental regulation on industrial activi-
ty: Evidence from the 1970 and 1977 clean air act amendments and the census of
manufactures[J]. Journal of Political Economy,2002,110(06),117 - 1219.

[57]Grimaud A, Rougé L. Environment, directed technical change and eco-
nomic policy[J]. Environment Resource Economic,2008,41 (3):439 - 463.

[58]Groth C, Schou P. Can Non - renewable resources alleviate the knife -
edge character of endogenous growth? [J]. Oxford Economic Papers,2002(54):
386 - 411.

[59]Hahn R W. Economic prescriptions for environmental problems: how the
patient followed the doctor's orders[J]. Journal of Economic Perspectives,1989, 3
(2):95 - 114.

[60]Hahn R W. The impact of economics on environmental policy[J]. Journal
of Environmental Economics and Management, 2000, 39(3):375 - 399.

[61]Halicioglu F. A dynamic econometric study of income, energy and exports

in Turkey[J]. Energy, 2011, 36(5): 3348 – 3354.

[62]Hanna R, Oliva P. The effect of pollution on labor supply: Evidence from a natural experiment in Mexico City[R]. National Bureau of Economic Research Working papers, 2011.

[63]Hans W Gottinger. Global Environmental Economics [M]. Kluwer Academic Publishers,1998.

[64]Hassler J, Krusell P, Olovsson C. Energy – saving technical change[R]. NBER Working Paper, 2012.

[65]Heaps C. An introduction to LEAP. Retrieved November 2008[DB/OL]. http://www. energycommunity. org/documents/LEAPIntro. pdf ,2008.

[66]Hoel Michael, Larry S. Karp. Taxes Versus Quotas for a Stock Pollutant [J]. Resource and Energy Economics,2002(24): 367 – 84.

[67]Hope C. The marginal impact of CO_2 from PAGE2002: An integrated assessment model incorporating the IPCC's ve reasons for concern[J]. Integrated Assessment Journal, 2006, 6(1):566 – 577.

[68]Hopkins F. Resource balance, limited information and public policy[J]. Socio – Economic Planning Sciences, 1973, 7(6):633 – 648.

[69]Hossain M S. Multivariate Granger causality between economic growth, electricity consumption, exports and remittance for the panel of three SAARC countries[J]. European Scientific Journal, 2012, 8(1): 347 – 376.

[70]Jaffe A B,Stavins R N. Dynamic incentives of environmental regulaitons: The effects of alternative policy instruments on technology diffusion[J]. Journal of Environmentl Economics and Management,1995(29):43 – 63.

[71]Jaffe A B. Environmental regulation and innovation:A panel data study [J]. Review of Economics and Statistics,1997,79(14): 610 –619.

[72]Jordan A, Rüdiger K, Wurzel W, et al. New´instruments of environmental governance: patterns and pathways of change[J]. Environmental Politics, 2003, 12(1):1 –24.

[73]Jorgenson D J,and Wilcoxen P J. Environmental regulation and U. S eco-

nomic growth[J]. RAND Journal of Economics,1990,21(2):314 - 340.

[74]Pavitt K,Walker W. Government policies towards industrial innovation: a review [J]. Research Policy, 1976,5(1):11 - 97.

[75]Karp Larry S, Jiangfeng Zhang. Regulation of stock externalities with correlated abatement cost, environmental and resource economics, 2005 (32): 273 - 99.

[76]Kathuria V. Informal regulation of pollution in a developing country: Evidence from india[J]. Ecological Economics,2007,63(2):403 - 417.

[77]Knittel C R, Miller D L, Sanders N J. Caution, drivers! Children present: Traffic, pollution, and infant health[R]. National Bureau of Economic Research Working papers, 2011.

[78]Kraft J, Kraft A. On the relationship between energy and GNP[J]. Journal of Energy and Development, 1978(3): 401 - 403.

[79]Kremers J J M, Erksson N R, Dolado J J. The power of cointegration tests [J]. Oxford Bulletin of Economics & Statistics, 1992, 54 (3): 325 - 347.

[80]Lanjouw J O, Mody A. Innovation and the international diffusion of environmentally responsive technology[J]. Research Policy,1996,25(4):549 - 571.

[81]LANOIE P,LAURENT - LUCCHETTI J,et al. 2007. Environmental Policy, innovation and performance:new insights on the porter hypothesis[Z]. Working Paper No.2007 - 07,Grenoble Applied Economics Laboratory.

[82]Lawrence H. Goulder, Andrew Schein, 2013, carbon tax vs. cap - and - trade: a critical review, NBER, http://www. nber. org/papers/w19338 .

[83]Loulou R,Labriet M. ETSAP - TIAM: the TIMES integrated assessment model Part I:Model structure[J]. Computational Management Science, 2008,5(1): 41 - 66.

[84]Loulou R. ETSAP - TIAM: the TIMES integrated assessment model Part II: Mathematical formulation[J]. Computational Management Science, 2008,5(1): 7 - 40.

[85]Lütkepohl H. Structural vector autoregressive analysis for cointegrated var-

iables[J]. Advances in Statistical Analysis, 2006, 90(1): 75 – 88.

[86]Maisonnave H, Pycroft J, Saveyn B, et al. Does climate policy make the EU economy more resilient to oil price rises? A CGE analysis[J]. Energy Policy , 2012(47):172 – 179.

[87]Manne A, Mendelsohn R, Richels R. MERGE : A model for evaluating regional and global effects of GHG reduction policies[J]. Energy Policy, 1995, 23 (1):17 – 34.

[88]Marshall A. Principles of economics[M]. London:Macmillan and Co. Ltd, 1980.

[89]Masih A M M, Masih R. Energy consumption, real income and temporal causality: results from a multi – country study based on cointegration and error – correction modeling techniques[J]. Energy Economics, 1996(18): 165 – 183.

[90]Messner S, Strubegger M. User's Guide for MESSAGE III, WP – 95 – 69 [R]. International Institute for Applied Systems Analysis, Laxenburg, Austria, 1995.

[91]Mielnik O, Goldemberg J. Foreign direct investment and decoupling between energy and gross domestic product in developing countries[J]. Energy Policy, 2002, 30(2): 87 – 89.

[92]Mikel González – Eguino. The importance of the design of market – based instruments for CO_2 mitigation: An AGE analysis for Spain[J]. Ecological Economics,2011,70(12): 2292 – 2302.

[93]Narayan P K. The saving and investment nexus for China: evidence from cointegration tests[J]. Applied Economics, 2005, 37(17): 1979 – 1990.

[94]Newell R G, Jaffe A B, Stavins R N. The induced innovation hypothesis and energy – saving technological change[J]. The Quarterly Journal of Economics, 1999, 114(3):941 – 975.

[95]Newell Richard G, William Pizer. Regulating stock externalities under uncertainty, journal of environmental economics and management, 2003 (45): 416 – 32.

[96]Nordhaus W D. Managing the global commons: The economics of climate

change[M]. Cambridge: MIT Press,1994.

[97]Nordhaus, William D,Yang Zili. A regional dynamic general – equilibrium model of alternative climate – change strategies[J]. American Economic Review, American Economic Association, 1996, 86(4):741 –65.

[98]Nordhaus, William D. Rolling the DICE: an optimal transition path for controlling greenhouse gases[J]. Resource and Energy Economics, 1993,15(1): 27 –50.

[99]Nordhaus, William. Designing a friendly space for technological change to slow global warming[J]. Energy Economics, 2011, 33(4): 665 –673.

[100] OECD. GREEN: The user manual. mimeo[M]. Paris: Development Centre, 1994.

[101]Orlov A, Grethe H. Carbon taxation and market structure: a CGE analysis for Russia[J]. Energy Policy , 2012(51):696 –707.

[102]Ouattara B. Foreign aid and fiscal policy in Senegal[D]. Manchester: University of Manchester, 2004.

[103]Paltsev S,Reilly J,Jacoby H,Eckaus R,et al. The MIT emissions prediction and policy analysis (EPPA) model: version 4, MIT joint program on the science and policy of global change[M]. Cambridge: Massachusetts,2005.

[104] Panayotou T. Demystifying the environmental kuznets curve: Turning alack box into a policy tool. Special issue on environmental kuznets curves [J]. Environment Development Economics,1997,2(4):465 –484.

[105]Panayotou T. Empirical tests and policy analysis of environmentalDegradation at dfferent stages of economic development,ILO[M]. Geneva:Technology and Employment Programme, 1993.

[106] Panida Thepkhun, Bundit Limmeechokchai, Shinichiro Fujimori, et al. Thailand's low – carbon scenario 2050: The AIM/CGE analyses of CO_2 mitigation measures[J]. Energy Policy, 2013(62):561 –572.

[107]Patriquin M N, Alavalapati J R R, Wellstead A M, et al. Estimating impacts of resource management policies in the Foothills Model Forest[J]. Canadian

Journal of Forest Research, 2003, 33(1):147 – 155.

[108] Pedro Simoes, Krist of De Witte, Rui Cunha Marques. Regulatory structures and operational environment in the Portuguese waste sector[J]. Waste Management, 2010(30):1130 – 1137.

[109] Pesaran M H, Shin Y, Smith R. Bounds testing approaches to the analysis of level relationships [J]. Journal of Applied Econometrics, 2001, 16 (3): 289 – 326.

[110] Pesaran M H, Shin Y. An autoregressive distributed – led modeling approach to cointegration analysis [M]. Cambridge: Cambridge University Press, 1998.

[111] Pizer W A. The optimal choice of climate change policy in the presence of uncertainty[J]. Resource and Energy Economics, 1999(21):255 – 287.

[112] Pizer W A. Combining price and quantily controls to mitigate global climate change[J]. Journal of Public Economics, 2002(85):409 – 433.

[113] Popp D. Induced innovation and energy prices[J]. American Economic Review, 2002, 92(1):160 – 180.

[114] Liang Q M, FanY, Wei Y M. Carbon taxation policy in China: How to protect energy – and trade – intensive sectors? [J]. Journal of Policy Modeling, 2007, 29(2): 311 – 333.

[115] Qiang Wang, Xi Chen. Energy policies for managing China's carbon emission[J]. Renewable and Sustainable Energy Reviews, 2015(50): 470 – 479.

[116] Kemp R. Environmental policy and technical change[M]. UK: Edward Elgar, 1997.

[117] Rafindadi A A. Econometric prediction on the effects of financial development and trade openness on the german energy consumption: A startling revelation from the data det[J]. International Journal of Energy Economics and Policy, 2015, 5(1): 182 – 196.

[118] Riahi K, Roehrl R A. Greenhouse gas emissions in a dynamics – as – usual scenario of economic and energy development[J]. Technological Forecasting &

Social Change, 2000(63):175 – 205.

[119]Roger Ramer. Dynamic effects and structural change under environmental regulation in a CGE model with endogenous growth[R]. ETH, Swiss Federal Institute of Technology, CER – ETH – Center of Economic Research at ETH Zurich, Working Paper 11/153,2011.

[120]Romer P M. Endogenous technological change[J]. Journal of Political Economy,1990,98 (5):S71 – S102.

[121]Sadorsky P. Financial development and energy consumption in Central and Eastern European frontier economies[J]. Energy Policy, 2011, 39(2): 999 – 1006.

[122]Sadorsky P. The impact of financial development on energy consumption in emerging economies[J]. Energy Policy, 2010, 38(5): 2528 – 2535.

[123]Sadorsky P. Trade and energy consumption in the Middle East[J]. Energy Economics, 2011, 33(5): 739 – 749.

[124]Shahbaz M, Hye Q M A, Tiwari A K, et al. Economic growth, energy consumption, financial development, international trade and CO2 emissions in Indonesia[J]. Renewable and Sustainable Energy Reviews, 2013(25): 109 – 121.

[125]Shahbaz M, Khan S, Tahir M I. The dynamic links between energy consumption, economic growth, financial development and trade in China: Fresh evidence from multivariate framework analysis[J]. Energy Economics, 2013 (40): 8 – 21.

[126]Shahbaz M, Lean H H. Does financial development increase energy consumption? The role of industrialization and urbanization in Tunisia[J]. Energy Policy, 2012(40): 473 – 479.

[127]Shoven J B. Applying general equilibrium[M]. Cambridge:Cambridge University press, 1992.

[128]Silvia Rezessy, Paolo Bertoldi. Voluntary agreements in the field of energy efficiency and emission reduction: Review and analysis of experiences in the European Union[J]. Energy Policy, 2011,39(11):7121 – 7129.

[129]Smulders S, de Nooij M. The impact of energy conservation on technology and economic hrowth [J]. Resource and Energy Economics , 2003 (25): 59 – 79.

[130]Solow R M. Intergenerational equity and exhaustible resources[C]. Review of Economic Studies, Symposium on the Economics of Exhaustible, U. K: Oxford University Press,1974(41):29 –45.

[131]Solow R M. Technical change and the aggregate production function[J], Review of Economics and Statistics,1957(39):312 –320.

[132]Springer K. The DART general equilibrium model: A technical Description[R]. Kiel Institute of World Economics working paper,1998.

[133]Stiglitz J. Growth with exhaustible natural resources: Efficient and optimal growth paths[C]. The Review of Economic Studies, Symposium on the Economics of Exhaustible Resources, UK: Oxford University Press,1974(41):123 –137.

[134]Tatiana Filatova. Market – based instruments for flood risk management: A review of theory, practice and perspectives for climate adaptation policy[J]. Environmental Science & Policy, 2014(37):227 –242.

[135]Tiebout C M. A pure theory of local expenditures[J]. The journal of Political Economy,1956,64(5):416 –424.

[136]Tol R S J. On the optimal control of carbon dioxide emissions: an application of FUND[J]. Environmental Modeling and Assessment, 1997(2):151 –163.

[137]van Zon A, Yetkiner I H. An endogenous growth model with embodied energy – saving technical change[J]. Resource and Energy Economics ,2003(25): 81 – 103.

[138]van Zon A, Yetkiner I H. Further results on "An endogenous growth model with embodied energy – eaving technical change"[R]. Working Paper,0701, Izmir University of Economics,2007.

[139]Wang H J,Schmidt P. One – step and two – step estimation of the effects of exogenous variables on technical efficiency[J]. Journal of Productivity Analysis, 2002(18):129 –144.

[140] Wei Li, Zhijie Jia, Hongzhi Zhang. The impact of electric vehicles and CCS in the context of emission trading scheme in China: A CGE – based analysis [J]. Energy, 2017(119):800 – 816.

[141] Wei Li, Zhijie Jia. The impact of emission trading scheme and the ratio of free quota: A dynamic recursive CGE model in China[J]. Applied Energy, 2016 (174):1 – 14.

[142] Weitzman M L. Prices vs. Quantities[J]. Review of Economic Studies, 1974(41):477 – 491.

[143] Wenling Liu, Zhaohua Wang. The effects of climate policy on corporate technological upgrading in energy intensive industries: Evidence from China[J]. Journal of Cleaner Production, 2017, 142(4):3748 – 3758.

[144] William Nordhaus. Impact on economic growth of differential population growth in an economy with high inequality[J]. South African Journal of Economics, Economic Society of South Africa, 2008, 76(2): 314 – 315.

[145] World Bank. Five years after Rio: Innovations in environmental policy [R]. Washington, D. C. : World Bank, 1997.

[146] Xianbing Liu, Can Wang, Weishi Zhang, et al. Awareness and acceptability of Chinese companies on market – based instruments for energy saving: A survey analysis by sectors[J]. Energy for Sustainable Development, 2013, 7 (3): 228 – 239.

[147] Zhang Jiangxue, Cai Ning. Study on the green transformation of China's industry[J]. Contemporary Asian Economy Reasearch, 2014, 5(1):26 – 37.

[148] Zhang Z X. Macroeconomic effects of CO_2 emission limits: a computable general equilibrium analysis for China[J]. Journal of Policy Modeling, 1998, 20 (2): 213 – 250.

[149] Zhang Z X. Integrated Economy – Energy – Environment policy analysis: A case study for the people's republic of china[D]. Wageningen: Wageningen University, 1996.

[150] 安崇义, 唐跃军. 排放权交易机制下企业碳减排的决策模型研究[J].

经济研究,2012,47(8):45-58.

[151]安祎玮,周立华,陈勇.基于倾向得分匹配法分析生态政策对农户收入的影响:宁夏盐池县"退牧还草"案例研究[J].中国沙漠,2016,36(3):823-829.

[152]白积洋.经济增长、城市化与中国能源消费:基于EKC理论的实证研究[J].世界经济情况,2010(7):57-64.

[153]包群,邵敏,杨大利.环境管制抑制了污染排放吗?[J].经济研究,2013,48(12):42-54.

[154]庇古.福利经济学[M]上海:上海三联书店,1994.

[155]蔡海霞.中国经济增长动因:能源效率与技术进步研究[M].北京:人民出版社,2016.

[156]曹静.走低碳发展之路:中国碳税政策的设计及CGE模型分析[J].金融研究,2009(12):19-29.

[157]曾硕勋,杨永,施韶亭.基于DEA三阶段模型的中国高新技术产业效率研究[J].企业经济,2013,32(01):116-120.

[158]柴麒敏.全球气候变化综合评估模型(IAMC)及不确定型决策研究[D].北京:清华大学,2010.

[159]陈丙旭.基于自愿环境规制的企业绩效评价体系研究[D].乌鲁木齐:新疆财经大学,2012.

[160]陈刚,FDI竞争、环境规制与污染避难所:对中国式分权的反思[J].世界经济研究,2009(6):3-7+43+87.

[161]陈强,余伟.环境规制与工业技术创新[J].同济大学学报(自然科学版),2014(12):1935-1940.

[162]陈青文.环境保护市场化机制研究[J].浙江树人大学学报(人文社会科学版),2008(6):71-75.

[163]陈荣,张希良,何建坤,等.基于MESSAGE模型的省级可再生能源规划方法[J].清华大学学报(自然科学版),2008(9):151-154.

[164]陈诗一,邓祥征,章奇,等.应对气候变化:用市场政策促进二氧化碳减排[M].北京:科学出版社,2014.

[165]陈诗一,刘兰翠,寇宗来,等.美丽中国:从概念到行动[M].北京:科学出版社,2014.

[166]陈诗一.中国工业分行业统计数据估算:1980—2008[J].经济学(季刊),2011,10(3):735-776.

[167]陈思霞,卢洪友.公共支出结构与环境质量:中国的经验分析[J].经济评论,2014(1):70-80.

[168]陈义平,殷功利.我国出口贸易结构与能源消费关系:基于误差修正模型检验[J].江西社会科学,2013,33(7):66-69.

[169]崔先维.中国环境政策中的市场化工具问题研究[D].长春:吉林大学,2010.

[170]戴觅,余淼杰.企业出口前研发投入、出口及生产率进步:来自中国制造业企业的证据[J].经济学(季刊),2011,11(1):211-230.

[171]单豪杰.中国资本存量K的再估算:1952—2006年[J].数量经济技术经济研究,2008,25(10):17-31.

[172]邓国营,徐舒,赵绍阳.环境治理的经济价值:基于CIC方法的测度[J].世界经济,2012,35(9):143-160.

[173]邓祥征,吴锋,林英志,等.基于动态环境CGE模型的乌梁素海流域氮磷分期调控策略[J].地理研究,2011,30(4):635-644.

[174]丁屹红,姚顺波.退耕还林工程对农户福祉影响比较分析:基于6个省951户农户调查为例[J].干旱区资源与环境,2017,31(5):45-50.

[175]董斌昌,杜希垚.中国能源消费与出口贸易之间关系的实证研究[J].广西财经学院学报,2006(5):98-100.

[176]董战峰,张欣,郝春旭.2014年全球环境绩效指数(EPI)分析与思考[J].环境保护,2015,43(2):55-59.

[177]董直庆,王林辉.技术进步偏向性和我国经济增长效率[M].北京:经济科学出版社,2014.

[178]樊丽明.环境规制的经济效应研究:作用机制与中国实证[D].济南:山东大学,2012.

[179]范进,赵定涛,洪进.消费排放权交易对消费者选择行为的影响:源自

实验经济学的证据[J].中国工业经济,2012(3):30-42.

[180]冯海波,方元子.地方财政支出的环境效应分析:来自中国城市的经验考察[J].财贸经济,2014(2):30-43+74.

[181]傅京燕,代玉婷.碳交易市场链接的成本与福利分析:基于MAC曲线的实证研究[J].中国工业经济,2015(9):84-98.

[182]傅京燕,李丽莎.环境规制、要素禀赋与产业国际竞争力的实证研究:基于中国制造业的面板数据[J].管理世界,2010(10):87-98+187.

[183]高宏霞,杨林,王节.中国各省经济增长与环境污染关系的研究与预测:对环境库兹涅茨曲线的内在机理研究[J].辽宁大学学报(哲学社会科学版),2012,40(01):47-59.

[184]葛察忠,段显明,董战峰,等.自愿协议:节能减排的制度创新[M].北京:中国环境科学出版社,2012.

[185]龚海林.产业结构视角下环境规制对经济可持续增长的影响研究[D].南昌:江西财经大学,2012.

[186]顾六宝,肖红叶.中国消费跨期替代弹性的两种统计估算方法[J].统计研究,2004(9):8-11.

[187]郭正权.基于CGE模型的我国低碳经济发展政策模拟分析[D].北京:中国矿业大学,2011.

[188]韩凤芹.能源税开征的必要性及方案设想[J].财政研究,2006(4):53-55.

[189]何大义,陈小玲,许加强.限额交易减排政策对企业生产策略的影响[J].系统管理学报,2016,25(2):302-307.

[190]何小刚,张耀辉.行业特征、环境规制与工业CO_2排放:基于中国工业36个行业的实证考察[J].经济管理,2011,33(11):17-25.

[191]何小钢.偏向型技术进步与经济增长转型[M].上海:复旦大学出版社,2015.

[192]何旭波.异质R&D视角下中国工业部门内生能源节约型技术进步问题研究[M].北京:经济科学出版社,2016.

[193]胡鞍钢,郑京海,高宇宁,等.考虑环境因素的省级技术效率排名

(1999—2005)[J].经济学(季刊),2008(3):933 – 960.

[194]胡吉祥,童英,陈玉宇.国有企业上市对绩效的影响:一种处理效应方法[J].经济学(季刊),2011,10(3):965 – 988.

[195]胡晓珍,杨龙.中国区域绿色全要素生产率增长差异及收敛分析[J].财经研究,2011,37(4):123 – 134.

[196]胡秀莲,姜克隽.减排对策分析:AIM/能源排放模型[J].中国能源,1998(11):17 – 22.

[197]胡宗义,李继波,刘亦文.中国环境质量与经济增长的空间计量分析[J].经济经纬,2017,34(3):13 – 18.

[198]胡宗义,李毅,刘亦文.中国绿色技术效率的地区差异及收敛研究[J].软科学,2017,31(8):1 – 4.

[199]胡宗义,李毅.环境规制与中国工业绿色技术效率:基于省际面板数据的实证研究[J].湖南大学学报(社会科学版),2017,31(05):42 – 48.

[200]胡宗义,刘亦文.能源消费、技术进步与经济增长关系的实证研究[J].湖湘论坛,2013,26(5):92 – 97.

[201]胡宗义,刘亦文.能源消耗、污染排放与区域经济增长关系的空间计量分析[J].数理统计与管理,2015,34(1):1 – 9.

[202]胡宗义,赵丽可,刘亦文."美丽中国"评价指标体系的构建与实证[J].统计与决策,2014(9):4 – 7.

[203]胡宗义,朱丽,唐李伟.中国政府公共支出的碳减排效应研究:基于面板联立方程模型的经验分析[J].中国人口·资源与环境,2014,24(10):32 – 40.

[204]黄钾涵.关于搭建环境污染第三方治理市场化平台的建议[R].2015年中国环境科学学会学术年会论文集(第一卷),2015.

[205]姜林.中国环境规制效率评价研究[D].沈阳:辽宁大学,2011.

[206]金春雨,程浩,宋广蕊.基于三阶段 DEA 模型的我国区域旅游业效率评价[J]旅游学刊,2012,27(11):56 – 65.

[207]金佳宇,韩立岩.国际绿色债券的发展趋势与风险特征[J].国际金融研究,2016(11):36 – 44

[208]李斌,彭星,陈柱华.环境规制、FDI 与中国治污技术创新:基于省际动态面板数据的分析[J].财经研究,2011,37(10):92-102.

[209]李斌,彭星,欧阳铭珂.文献环境规制、绿色全要素生产率与中国工业发展方式转变:基于 36 个工业行业数据的实证研究[J].中国工业经济,2013(04):56-68.

[210]李勃昕,韩先锋,宋文飞.环境规制是否影响了中国工业 R&D 创新效率[J].科学学研究,2013,31(7):1032-1040.

[211]李钢,董敏杰,沈可挺.强化环境管制政策对中国经济的影响:基于CGE 模型的评估[J].中国工业经济,2012(11):5-17.

[211]李国志.基于技术进步的中国低碳经济研究[M].北京:中国时代经济出版社,2014.

[213]李建平,李闽榕,王金南.全球环境竞争力报告(2015)[M].北京:社会科学文献出版社,2015.

[214]李玲,陶锋.污染密集型产业的绿色全要素生产率及影响因素:基于SBM 方向性距离函数的实证分析[J].经济学家,2011(12):32-39.

[215]李玲,陶锋.中国制造业最优环境规制强度的选择:基于绿色全要素生产率的视角[J].中国工业经济.2012(5):70-82.

[216]李猛.后危机时期政策或冲击对中国宏观经济影响的数量分析:基于环境与金融层面相统合的多部门 CGE 模型[J].数量经济技术经济研究,2011,28(12):3-20.

[217]李娜,石敏俊,袁永娜.低碳经济政策对区域发展格局演进的影响:基于动态多区域 CGE 模型的模拟分析[J].地理学报,2010,65(12):1569-1580.

[218]李善同,翟凡,徐林.中国加入世界贸易组织对中国经济的影响:动态一般均衡分析[J].世界经济,2000(2):3-14.

[219]李胜文,李大胜,邱俊杰,等.中西部效率低于东部吗?:基于技术集差异和共同前沿生产函数的分析[J].经济学(季刊),2013,12(3):777-798.

[220]李树,陈刚.环境管制与生产率增长:以 APPCL2000 的修订为例[J].经济研究,2013,48(1):17-31.

[221]李文启.金融发展、能源消费与经济增长关系研究:基于动态面板数

据的分析[J]. 生态经济, 2015, 31(1): 70 - 74.

[222]梁龙妮,庞军,张永波,等.多收入阶层 CGE 模型在能源资源税改革效应分析中的应用研究[J].环境科学与管理,2016,41(8):56 - 59.

[223]林伯强.电力消费与中国经济增长:基于生产函数的研究[J]. 管理世界, 2003(11): 18 - 27.

[224]林伯强.能源经济学视角的科学发展观的理论探索:评《节能减排、结构调整与工业发展方式转变研究》[J].经济研究,2012,47(3):154 - 159.

[225]刘昌义.气候变化经济学中贴现率问题的最新研究进展[J].经济学动态,2012(3):123 - 129.

[226]刘凤良,吕志华.经济增长框架下的最优环境税及其配套政策研究:基于中国数据的模拟运算[J].管理世界,2009(6):40 - 51.

[227]刘海英,谢建政.排污权交易与清洁技术研发补贴能提高清洁技术创新水平吗:来自工业 SO_2 排放权交易试点省份的经验证据[J].上海财经大学学报,2016, 18(5):79 - 90.

[228]刘建明,王蓓,陈霞.财政分权对环境污染的非线性效应研究:基于中国 272 个地级市面板数据的 PSTR 模型分析[J].经济学动态,2015(3):82 - 89

[229]刘剑锋, 黄敏. 能源消费与金融发展:基于 MS - VAR 的研究[J]. 贵州财经大学学报, 2014(1): 7 - 13.

[230]刘婧宇,夏炎,林师模,等.基于金融 CGE 模型的中国绿色信贷政策短中长期影响分析[J].中国管理科学,2015,23(4):46 - 52.

[231]刘伟明,唐东波.环境规制、技术效率和全要素生产率增长[J].产业经济研究,2012(5):28 - 35.

[232]刘洋.我国环境规制绩效评价及其与经济增长耦合性检验[D].重庆:重庆大学,2014.

[233]刘亦文,胡宗义.中国碳排放效率区域差异性研究:基于三阶段 DEA 模型和超效率 DEA 模型的分析[J].山西财经大学学报,2015,37(2):23 - 34.

[234]刘亦文,文晓茜,胡宗义.中国污染物排放的地区差异及收敛性研究[J].数量经济技术经济研究,2016,33(4):78 - 94.

[235]刘亦文,张勇军,胡宗义.技术进步对低碳经济发展影响的国际比较

与实证研究[J].湖湘论坛,2015,28(6):55－61.

[236]刘亦文,张勇军,胡宗义.能源技术空间溢出效应对省域能源消费强度差异的影响分析[J].软科学,2016,30(3):46－49.

[237]刘宇,温丹辉,王毅,等.天津碳交易试点的经济环境影响评估研究:基于中国多区域一般均衡模型TermCO2[J].气候变化研究进展,2016,12(6):561－570.

[238]刘宇,肖宏伟,吕郢康.多种税收返还模式下碳税对中国的经济影响:基于动态CGE模型[J].财经研究,2015,41(1):35－48.

[239]娄峰.碳税征收对我国宏观经济及碳减排影响的模拟研究[J].数量经济技术经济研究,2014,31(10):84－96＋109.

[240]娄峰.中国经济—能源—环境—税收动态可计算一般均衡模型理论及应用[M].北京:中国社会科学出版社,2015.

[241]卢洪友,田丹.中国财政支出对环境质量影响的实证分析[J].中国地质大学学报(社会科学版),2014,14(4):44－51＋139－140.

[242]卢现祥,张翼.低碳经济与制度安排[M].北京:北京大学出版社,2015.

[243]陆雪琴,文雁兵.偏向型技术进步、技能结构与溢价逆转:基于中国省级面板数据的经验研究[J].中国工业经济,2013(10):18－30.

[244]骆建华.环境污染第三方治理的发展及完善建议[J].环境保护,2014,42(20):16－19.

[245]吕铃钥,李洪远.京津冀地区PM10和PM2.5污染的健康经济学评价[J].南开大学学报(自然科学版),2016,49(1):69－77.

[246]吕明元,安媛媛.环境规制与产业结构生态化转型:基于山东省十七地市的实证分析[J].经济与管理评论.2014,30(6):5－10.

[247]马颖,孙猛.基于状态空间模型的中国能源消费与经济增长关系研究[J].河南科学,2012,30(11):1643－1648.

[248]牛玉静,陈文颖,吴宗鑫.全球多区域CGE模型的构建及碳泄漏问题模拟分析[J].数量经济技术经济研究,2012,29(11):34－50.

[249]彭海珍,任荣明.环境政策工具与企业竞争优势[J].中国工业经济,

2003(7):75 - 82.

[250]彭熠,周涛,徐业傲.环境规制下环保投资对工业废气减排影响分析:基于中国省级工业面板数据的 GMM 方法[J].工业技术经济,2013,32(8):123 - 131.

[251]齐良书.经济、环境与人口健康的相互影响:基于我国省区面板数据的实证分析[J].中国人口·资源与环境,2008,18(6):169 - 173.

[252]齐绍洲.低碳经济转型下的中国碳排放权交易体系[M].北京:经济科学出版社,2016.

[253]钱颖一.激励理论与中国的金融改革[J].金融信息参考,1997(2):24 - 25.

[254]钱争鸣,刘晓晨.我国绿色经济效率的区域差异及收敛性研究[J].厦门大学学报(哲学社会科学版),2014(1):110 - 118.

[255]任力,黄崇杰.中国金融发展会影响能源消费吗?:基于动态面板数据的分析[J].经济管理,2011,31(5):7 - 14.

[256]邵帅,杨莉莉,黄涛.能源回弹效应的理论模型与中国经验[J].经济研究,2013,48(2):96 - 109.

[257]沈洪涛,黄楠,刘浪.碳排放权交易的微观效果及机制研究[J].厦门大学学报(哲学社会科学版),2017(1):13 - 22.

[258]沈能,刘凤朝.高强度的环境规制真能促进技术创新吗?:基于"波特假说"的再检验[J].中国软科学.2012(4):49 - 59.

[259]石敏俊,袁永娜,周晟吕,等.碳减排政策:碳税、碳交易还是两者兼之?[J].管理科学学报,2013,16(9):9 - 19.

[260]时佳瑞,汤铃,余乐安,等.基于 CGE 模型的煤炭资源税改革影响研究[J].系统工程理论与实践,2015,35(7):1698 - 1707.

[261]史修松,赵曙东.中国经济增长的地区差异及其收敛机制(1978 ~ 2009 年)[J].数量经济技术经济研究,2011,28(1):51 - 62.

[262]舒绍福.绿色发展的环境政策革新:国际镜鉴与启示[J].改革,2016(3):102 - 109.

[263]宋马林,王舒鸿.环境规制、技术进步与经济增长[J].经济研究,

2013,48(3):122 - 134.

[264]宋马林.从碳排放到环境效率评价[M].北京:科学出版社,2015.

[265]苏利阳,郑红霞,王毅.中国省际工业绿色发展评估[J].中国人口·资源与环境,2013,23(8):116 - 122.

[266]苏明,傅志华,许文,等.碳税的中国路径[J].环境经济,2009(9):10 - 22.

[267]孙伟,江三良,韩裕光.环境规制、政府投入和技术创新:基于演化博弈的分析视角[J].江淮论坛.2015(2):34 - 38.

[268]谭娟,陈晓春.基于产业结构视角的政府环境规制对低碳经济影响分析[J].经济学家,2011(10):91 - 97.

[269]谭志雄,张阳阳.财政分权与环境污染关系实证研究[J].中国人口·资源与环境,2015,25(4):110 - 117.

[270]汤维祺,吴力波,钱浩祺.从"污染天堂"到绿色增长:区域间高耗能产业转移的调控机制研究[J].经济研究,2016,51(6):58 - 70.

[271]陶长琪,王志平.随机前沿方法的研究进展与展望[J].数量经济技术经济研究,2011,28(11):148 - 161.

[272]王灿,陈吉宁,邹骥.可计算一般均衡模型理论及其在气候变化研究中的应用[J].上海环境科学,2003(3):206 - 212 + 222.

[273]王杰,刘斌.环境规制与企业全要素生产率:基于中国工业企业数据的经验分析[J].中国工业经济,2014(3):44 - 56.

[274]王金南,严刚,姜克隽,等.应对气候变化的中国碳税政策研究[J].中国环境科学,2009,29(1):101 - 105.

[275]王克,王灿,吕学都,等.基于 LEAP 的中国钢铁行业 CO_2 减排潜力分析[J].清华大学学报(自然科学版),2006(12):1982 - 1986.

[276]王克.基于 CGE 的技术变化模拟及其在气候政策分析中的应用[M].北京:中国环境科学出版社,2011.

[277]王克强,邓光耀,刘红梅.基于多区域 CGE 模型的中国农业用水效率和水资源税政策模拟研究[J].财经研究,2015,41(3):40 - 52 + 144.

[278]王林秀,邹艳芬,魏晓平.基于 CGE 和 EFA 的中国能源使用安全评估

[J].中国工业经济,2009(4):85-93.

[279]王猛.构建现代生态环境治理体系[N].中国社会科学报,2015-7-22.

[280]王文军,谢鹏程,胡际莲,等.碳税和碳交易机制的行业减排成本比较优势研究[J].气候变化研究进展,2016,12(1):53-60.

[281]王晓宁,毕军,刘蓓蓓,等.基于绩效评估的地方环境保护机构能力分析[J].中国环境科学,2006(3):380-384.

[282]王艺明,张佩,邓可斌.财政支出结构与环境污染:碳排放视角[J].财政研究,2014(9):27-30.

[283]王有志,宋阳.绿色发展背景下的减排市场机制选择与设计[J].学术交流,2016(8):140-145.

[284]王志平,陶长琪,沈鹏熠.基于生态足迹的区域绿色技术效率及其影响因素研究[J].中国人口·资源与环境,2014,24(1):35-40.

[285]王志平.我国区域绿色技术创新效率的时空分异与仿真模拟[D].南昌:江西财经大学,2013.

[286]魏巍贤.基于CGE模型的中国能源环境政策分析[J].统计研究,2009,26(7):3-13.

[287]吴力波,钱浩祺,汤维祺.基于动态边际减排成本模拟的碳排放权交易与碳税选择机制[J].经济研究,2014,49(9):48-61+148.

[288]武群丽,贾瑞杰.基于超效率DEA的中国电力产业环境效率评价[J].华东电力,2012,40(2):182-186.

[289]武亚军,宣晓伟.环境税经济理论及对中国的应用分析[M].北京:经济科学出版社,2002.

[290]席涛.谁来监管美国的市场经济:美国的市场化管制及对中国管制改革的启迪[J].国际经济评论,2005(1):10-15.

[291]肖建华,游高端.生态环境政策工具的发展与选择策略[J].理论导刊,2011(7):37-39.

[292]辛璐,逯元堂,李扬飏,等.环境保护市场化推进实践与思考[J].环境保护科学,2015,41(1):26-30.

[293]熊妍婷.对外贸易与能源消耗:基于中国面板数据的经验分析[J].

财贸研究,2011,22(6):70-75.

[294]熊艳.基于省际数据的环境规制与经济增长关系[J].中国人口·资源与环境,2011,21(5):126-131.

[295]徐少君.能源消费与对外贸易的关系:基于中国省际面板数据的实证分析[J].国际商务(对外经济贸易大学学报),2011(6):5-16.

[296]徐晓亮.资源税税负提高能缩小区域和增加环境福利吗?:以煤炭资源税改革为例[J].管理评论,2014,26(7):29-36.

[297]徐志伟.工业经济发展、环境规制强度与污染减排效果:基于"先污染,后治理"发展模式的理论分析与实证检验[J].财经研究,2016,42(3):134-144.

[298]许士春,何正霞,龙如银.环境规制对企业绿色技术创新的影响[J].科研管理,2012,33(6):67-74.

[299]许士春.市场型环境政策工具对碳减排的影响机理及其优化研究[D].北京:中国矿业大学,2012.

[300]薛刚,潘孝珍.财政分权对中国环境污染影响程度的实证分析[J].中国人口·资源与环境,2012,22(1):77-83.

[301]杨宝剑,颜彦.地方财政支出结构优化的实证研究:基于东部、中部、西部的省级面板数据分析[J].财贸研究,2012(4):91-97.

[302]杨德平.中国低碳政策系统构建研究:主体、工具与变迁[M].北京:经济科学出版社,2016.

[303]杨福霞.环境政策与绿色技术进步[M].北京:人民出版社,2016.

[304]杨海生,徐娟,吴相俊,经济增长与环境和社会健康成本[J].经济研究,2013,48(12):17-29.

[305]杨岚,毛显强,刘琴,等.基于CGE模型的能源税政策影响分析[J].中国人口·资源与环境,2009,19(2):24-29.

[306]杨龙,胡晓珍.基于DEA的中国绿色经济效率地区差异与收敛分析[J].经济学家,2010(2):46-54.

[307]杨文举.中国省份工业的环境绩效影响因素:基于跨期DEA-Tobit模型的经验分析[J].北京理工大学学报(社会科学版),2015,17(2):40-48.

[308]杨友才,牛欢,孙亚男.我国节能服务业税收改革的政策效应分析:基于双重差分模型(DID)的研究[J].山东大学学报(哲学社会科学版),2016(6):98-107.

[309]杨忠敏.中国能源技术创新对节能减排影响:理论与实证[M].北京:科学出版社,2015.

[310]叶祥松,彭良燕.我国环境规制下的规制效率与全要素生产率研究:1999—2008[J].财贸经济,2011(2):102-109+137.

[311]余泳泽.中国省际全要素生产率动态空间收敛性研究[J].世界经济,2015,38(10):30-55.

[312]余长林,杨惠珍.分权体制下中国地方政府支出对环境污染的影响:基于中国287个城市数据的实证分析[J].财政研究,2016(7):46-58.

[313]袁诚,陆挺.外商直接投资与管理知识溢出效应:来自中国民营企业家的证据[J].经济研究,2005(3):69-79.

[314]袁晓玲,屈小娥.中国地区能源消费差异及影响因素分析[J].商业经济与管理,2009(9):58-64.

[315]袁永科,叶超,杨琴.征收能源税对北京经济发展及金融投入的影响研究[J].管理现代化,2014(2):21-23.

[316]袁永娜,石敏俊,李娜,等.碳排放许可的强度分配标准与中国区域经济协调发展:基于30省区CGE模型的分析[J].气候变化研究进展,2012,8(1):60-67.

[317]原毅军,谢荣辉.环境规制的产业结构调整效应研究:基于中国省际面板数据的实证检验[J].中国工业经济,2014(8):57-69.

[318]原毅军,谢荣辉.环境规制与工业绿色生产率增长:对"强波特假说"的再检验[J].中国软科学,2016(7):144-154.

[319]张传国,陈蔚娟.中国能源消费与出口贸易关系实证研究[J].世界经济研究,2009(8):26-30+88.

[320]张华,魏晓平,吕涛.能源节约型技术进步、边际效用弹性与中国能源消耗[J].中国地质大学学报(社会科学版),2015,15(2):11-22.

[321]张华,魏晓平.技术进步对"能源—环境—经济"系统的直接与间接

效用研究[J].首都经济贸易大学学报,2013,15(05):5-13.

[322]张华,王玲,魏晓平.能源的"波特假说"效应存在吗?[J].中国人口·资源与环境,2014,24(11):33-41.

[323]张会恒.英国的规制影响评估及对我国的启示[J].经济理论与经济管理,2005(1):74-75.

[324]张江雪,蔡宁,杨陈.环境规制对中国工业绿色增长指数的影响[J].中国人口·资源与环境,2015,25(1):24-31.

[325]张江雪,朱磊.基于绿色增长的我国各地区工业企业技术创新效率研究[J].数量经济技术经济研究,2012,29(2):113-125.

[326]张军,吴桂英,张吉鹏.中国省际物质资本存量估算:1952—2000[J].经济研究,2004(10):35-44.

[327]张明顺,张铁寒,冯利利,等.自愿协议式环境管理[M].北京:中国环境科学出版社,2013.

[328]张全.以第三方治理为方向加快推进环境治理机制改革[J].环境保护,2014,42(20):31-33.

[329]张天悦.我国省级环境规制的SE-SBM效率研究[J].工业技术经济,2014,33(4):143-153.

[330]张为付,潘颖.能源税对国际贸易与环境污染影响的实证研究[J].南开经济研究,2007(3):32-46.

[331]张晓娣,刘学悦.征收碳税和发展可再生能源研究:基于OLG-CGE模型的增长及福利效应分析[J].中国工业经济,2015(3):18-30.

[332]张晓莹.环境规制对中国国际竞争力的影响效应[D].济南:山东大学,2014.

[333]张友国.环境经济学研究新进展[M].北京:中国社会科学出版社,2016.

[334]张友国.中国碳排放效率改善的途径及其影响[M].北京:中国社会科学出版社,2014.

[335]赵爱文,何颖,王双英,等.中国能源消费的EKC检验及影响因素[J].系统管理学报,2014,23(3):416-422.

[336]赵进文，范继涛. 经济增长与能源消费内在依从关系的实证研究[J]. 经济研究，2007(8)：31-42.

[337]赵玉民,朱方明,贺立龙.环境规制的界定、分类与演进研究[J].中国人口·资源与环境,2009,19(6):85-90.

[338]郑玉歆,樊明太.中国CGE模型及政策分析[M].北京：社会科学文献出版社,1999.

[339]郑照宁,刘德顺.考虑资本—能源—劳动投入的中国超越对数生产函数[J].系统工程理论与实践,2004(05):51-54+115.

[340]周浩,傅京燕.国际贸易提高了中国能源的消费？[J].财贸经济,2011(1):94-100.

[341]周晟吕.基于CGE模型的上海市碳排放交易的环境经济影响分析[J].气候变化研究进展,2015,11(2):144-152.

[342]周永涛,钱水土. 金融发展、技术进步与对外贸易产业升级[J]. 广东商学院学报,2012,27(1): 44-55.

[343]朱承亮,岳宏志,师萍.环境约束下的中国经济增长效率研究[J].数量经济技术经济研究,2011,28(5):3-20+93.

[344]邹德文,李海鹏.低碳技术[M].北京：人民出版社,2016.

后 记

2006—2008 年,湖南大学"985 工程"哲学社会科学创新基地"开放经济与贸易发展"项目先后多次邀请原澳大利亚莫纳什(MONASH)大学 CoPS 中心 Peter B. Dixon、Maureen T. Rimmer、Yinhua Mai 等专家学者来华教授可计算一般均衡建模与应用,并合作开发了中国静态可计算一般均衡模型——CHINGE 模型和中国动态可计算一般均衡模型——MCHUGE 模型。作为团队成员,本人曾三次参加澳大利亚 MONASH 大学政策研究中心(CoPS)举办的 CGE 模型与政策分析培训班,成功获得 MONASH 大学政策研究中心颁发的结业证书,积极参与了 CHINGE 模型和 MCHUGE 模型的开发与应用,开启了能源环境政策效应计量分析研究,先后在《数量经济技术经济研究》《中国软科学》《统计研究》《科学学研究》《经济科学》等期刊上发表相关论文 50 余篇,专著《CGE 模型在能源税收及汇率领域中的应用研究》荣获湖南省第十一届哲学社会科学优秀成果奖二等奖,博士论文《能源消费、碳排放与经济增长的可计算一般均衡分析》获湖南大学优秀博士学位论文。

能源技术进步不仅是广大科学技术工作者和工程技术人员的辛苦结晶,也是国家能源环境政策的主要体现。本书将能源技术进步视为国家能源环境政策重要组成部分,从生态环境治理政策工具和手段的选择、设计与应用着手,研究能源技术进步理论框架、政策效应与路径优化。本书最早成稿于 2013 年,并于 2017 年获得湖南工商大学学术著作出版基金资助,为了紧扣时代脉搏,本人多次对书稿内容进行适当更新。近年由于我的工作出现了较大变动,导致本书出版工作迟迟没有取得进展。令人欣慰地是,在本书责任编辑、中国经济出版社孙晓霞女士的大力推动下,本书终于要和读者们见面了。

本书得以顺利出版,要特别感谢我的导师胡宗义教授及其团队成员张勇军博士、李毅博士、唐李伟博士、袁亮博士等为本书写作提供了无私的帮助。本书责任编辑、中国经济出版社孙晓霞女士的辛勤付出,她为本书的出版付出了大量辛勤的劳动,她的关爱和支持使我们信心倍增和深感荣幸。由衷感谢湖南工商大学国际商学院院长张漾滨教授、蔡宏宇教授,湖南省地方金融监督管理局党组书记、局长张世平给予的鼓励和提供的无私帮助,在此谨致以诚挚的谢意!

刘亦文

2021 年 5 月